高等职业教育教材

荣获中国石油和化学工业优秀教材一等奖

化工生产技术

第三版

李永真 田铁牛 主编

化学工业出版社

·北京·

内 容 简 介

《化工生产技术》(第三版)以高素质化工技术人员培养为目标,以化工产品生产的技术需要为主线,将整体内容分为三个模块,每个模块下设教学项目,项目内容分解为教学任务。本书既注重理论基础,更注重对学生实践能力及素质的培养。

本书共分为三个模块:模块一化工生产基础知识包括认识化工生产和化工生产基础理论两个项目;模块二化工生产技术选择具有代表性的化学工艺过程和典型化工产品生产为项目内容,包括硫酸、氯碱、煤液化、合成氨、烃类热裂解、醋酸、苯酚及丙酮、邻苯二甲酸二辛酯、聚氯乙烯生产九个教学项目,主要包括典型化学品的生产原理、工艺参数和生产设备、流程组织以及安全控制等内容;模块三以合成氨实训项目为教学案例,以职业发展规律组织内容,将教学内容与信息化形式融合,教学实施突出学生技能训练及职业素质培养。

《化工生产技术》(第三版)可以作为高职高专化工技术类相关专业的教材,也可以作为非化工技术类专业的基础课教材,或企业员工培训教材。

图书在版编目(CIP)数据

化工生产技术/李永真,田铁牛主编. —3版. —北京:化学工业出版社,2020.12 (2025.1重印)
高等职业教育教材
ISBN 978-7-122-38266-5

Ⅰ.①化⋯ Ⅱ.①李⋯②田⋯ Ⅲ.①化工生产-生产技术-高等职业教育-教材 Ⅳ.①TQ06

中国版本图书馆 CIP 数据核字(2020)第 257727 号

责任编辑:徐雅妮 孙凤英   装帧设计:李子姮
责任校对:宋 玮

出版发行:化学工业出版社(北京市东城区青年湖南街13号 邮政编码100011)
印   刷:北京云浩印刷有限责任公司
装   订:三河市振勇印装有限公司
787mm×1092mm 1/16 印张16 字数395千字 2025年1月北京第3版第4次印刷

购书咨询:010-64518888   售后服务:010-64518899
网   址:http://www.cip.com.cn
凡购买本书,如有缺损质量问题,本社销售中心负责调换。

定 价:45.00元   版权所有 违者必究

前言

为深化教育改革、推进素质教育，2002年7月田铁牛主编的《化学工艺》第一版出版，五年期间印刷了7次。后为了适应企业对初进厂工艺操作人员的要求以及学生顶岗实习的需要，于2007年7月进行了修订，出版后广为学校和企业使用。

随着我国石油化工行业的结构调整，化工企业对节能减排、安全生产、降本增效要求的不断提高，对化工从业人员也提出了新的要求。为了适应石化行业的发展，促进学校化工高素质技能型人才的培养，在保留第二版主要内容的基础上，进行了修订，使主要内容涵盖了化工生产必需的生产原理、反应控制、设备及流程组织、操作及安全控制技术，因此更名为《化工生产技术》。

本教材修订后内容分成了三大模块，模块一化工生产基础知识、模块二化工生产技术和模块三项目化教学案例。每个模块采用项目化教学模式编写，设立了项目学习导言和学习目标（知识目标、能力目标和素质目标），并制作了项目配套的PPT，可供教学时参考。项目下设立任务及任务目标，并配有目标自测习题帮助学生检验学习效果。本书内容以化学工艺过程的基本原理、基本规律、基本技术等为基础；选择具有代表性的化学工艺过程和典型化工产品为项目内容，并结合当前形势增加了化工产品生产中的安全控制技术，从而培养学生的责任及安全意识；以信息化合成氨实训项目为教学案例，给教师教学和学生学习提供了多元化信息及教学方法和思路。

这次修订是在征求生产企业、兄弟院校以及化工专业人员意见基础上进行的，由河北化工医药职业技术学院李永真、田铁牛主持，对本书第二版不完善的地方进行了修改和补充。项目一、二主要由田铁牛编写，项目三、四、六主要由郑广俭编写，项目五由胡亚伟编写，项目七、八、九主要由朱宝轩编写，项目十主要由马长捷编写，项目十一由尤彩霞编写，项目十二由李永真编写。

本书在修订过程得到了化学工业出版社、专业老师和企业专家的大力支持和帮助，尤其是河北化工医药职业技术学院李森、天津天欧正安监测有限公司霍俊丽的大力支持，在此表示真诚的感谢！

本书可以作为高职高专化工技术类相关专业的教材，也可以作为非化工技术类专业的基础课教材，或企业员工培训教材。

由于编者水平所限，书中不妥之处在所难免，恳请使用本书的师生和读者批评指正。

编者

2020年11月

目 录

◎ 模块一　化工生产基础知识　　1

项目一　认识化工生产　1
　学习导言　1
任务一　化学工业概貌　1
　一、化学工业及其发展概况　1
　二、化学工业在国民经济中的地位　2
　三、化工行业及其主要化工产品　3
　四、化学工业的发展趋势与重点　4
　五、现代化工生产技术的特点　5
　目标自测　6
任务二　化工生产的原料　6
　一、石油及其化工利用　6
　二、天然气及其化工利用　8
　三、煤的化工利用　10
　四、农副产品的化工利用　12
　五、矿物质的化工利用　16
　目标自测　16
任务三　"三废"治理和综合利用　17
　一、环境保护与资源综合利用　17
　二、废气的净化处理　18
　三、废水的净化处理　19
　四、废渣的净化处理　20
　五、绿色化工技术　20
　目标自测　22
　思考题与习题　22
　能力拓展　23
　阅读园地　23
项目二　化工生产基础理论　24
　学习导言　24
任务一　化工生产过程　24
　一、化工生产的组成　24
　二、化工生产的操作方式　26
　三、化工生产工艺流程　27
　四、化工过程的参数　35
　五、化工过程的质量与能量守恒　37
　目标自测　38
任务二　化工过程的指标与影响因素　39
　一、生产能力与生产强度　39
　二、转化率、选择性和收率　41
　三、化学反应的限量物与过量物　43
　四、化学反应的工艺影响因素　43
　目标自测　45
任务三　催化剂　45
　一、催化反应的分类与催化剂的作用　46
　二、固体催化剂的构成　46
　三、催化剂的特性　47
　四、工业生产对催化剂的要求　48
　五、催化剂的使用　50
　目标自测　52
任务四　化学反应器　53
　一、化学反应器及其类型　53
　二、反应器的基本操作　55
　目标自测　56
任务五　化工安全生产　57
　一、化工生产的特点　57
　二、化工生产的安全技术　58
　目标自测　61
　思考题与习题　61
　能力拓展　62
　阅读园地　63

模块二　化工生产技术

项目三　硫酸的生产 …… 65
　　学习导言 …… 65
任务一　硫酸生产的概貌 …… 65
　　一、硫酸的性质与应用 …… 65
　　二、硫酸生产的原料 …… 67
　　三、硫酸生产技术及发展 …… 67
　　目标自测 …… 68
任务二　二氧化硫的生产 …… 68
　　一、硫铁矿的焙烧原理 …… 69
　　二、沸腾焙烧与沸腾焙烧炉 …… 69
　　三、焙烧炉气的净化 …… 70
　　目标自测 …… 72
任务三　硫酸的生产 …… 72
　　一、二氧化硫催化氧化的基本原理 …… 73
　　二、工艺影响因素及转化器 …… 73
　　三、三氧化硫的吸收 …… 75
　　四、接触法生产硫酸的工艺流程 …… 76
　　五、硫酸生产中的"三废"处理 …… 77
　　目标自测 …… 79
任务四　硫酸生产的安全控制 …… 79
　　一、硫酸生产工艺安全控制要求 …… 79
　　二、硫酸安全生产要点 …… 80
　　三、硫酸生产的防护与紧急处置 …… 80
　　目标自测 …… 81
　　思考题与习题 …… 81
　　能力拓展 …… 81
　　阅读园地 …… 82
项目四　氯碱的生产 …… 83
　　学习导言 …… 83
任务一　氯碱生产的概貌 …… 83
　　一、氯碱工业及其产品 …… 83
　　二、食盐水溶液电解的基本原理 …… 84
　　三、氯碱生产技术及其发展 …… 86
　　目标自测 …… 87
任务二　氯碱的生产 …… 88
　　一、离子膜电解法的基本原理 …… 88
　　二、离子膜电解槽及电解条件 …… 89
　　三、离子膜法生产工艺流程 …… 91
　　四、碱液的蒸发浓缩 …… 94
　　目标自测 …… 95
任务三　盐酸的生产 …… 95
　　一、生产原理与工艺条件 …… 96
　　二、合成炉与工艺流程 …… 96
　　三、吸收操作的基本要求 …… 98
　　四、腐蚀性物料的贮运与防护 …… 98
　　目标自测 …… 99
任务四　氯碱生产的安全控制 …… 99
　　一、工艺安全控制要求 …… 99
　　二、电解工序异常工况及处理 …… 100
　　三、氯碱生产的防护与紧急处置 …… 101
　　目标自测 …… 101
　　思考题与习题 …… 102
　　能力拓展 …… 102
　　阅读园地 …… 102
项目五　煤的液化 …… 104
　　学习导言 …… 104
任务一　煤液化生产的概貌 …… 104
　　一、煤的液化 …… 104
　　二、发展煤液化的意义 …… 105
　　三、煤液化技术的发展概况 …… 105
　　目标自测 …… 105
任务二　煤的直接液化 …… 106
　　一、煤直接液化的基本原理 …… 106
　　二、煤直接液化的溶剂 …… 107
　　三、煤直接液化的催化剂 …… 107
　　四、煤直接液化的工艺影响因素 …… 108
　　五、煤直接液化反应器 …… 109
　　六、煤直接液化工艺流程 …… 110
　　目标自测 …… 113
任务三　煤的间接液化 …… 113
　　一、费托合成基本原理 …… 113
　　二、费托合成催化剂 …… 114

三、费托合成工艺影响因素　114
　　四、费托合成反应器　115
　　五、费托合成技术　118
　目标自测　119
任务四　煤液化生产的安全控制　119
　　一、煤液化工艺安全控制要求　120
　　二、煤直接液化反应工序异常
　　　　工况及处理　120
　　三、煤液化生产的防护与紧急处置　121
　目标自测　121
　思考题与习题　122
　能力拓展　122
　阅读园地　122

项目六　合成氨生产　124
　学习导言　124
任务一　合成氨原料气的生产与净化　124
　　一、氨的性质和用途　124
　　二、合成氨的原料　125
　　三、合成氨原料气的生产与净化　125
　目标自测　130
任务二　氨的合成　131
　　一、基本原理　131
　　二、工艺影响因素及条件　133
　　三、氨合成塔　136
　　四、工艺流程　139
　目标自测　144
任务三　氨的加工　144
　　一、尿素的生产　145
　　二、硝酸的生产　146
　目标自测　147
任务四　合成氨生产的安全控制　147
　　一、合成氨工艺安全控制要求　147
　　二、氨合成工序安全生产要点　148
　　三、合成氨生产的防护与紧急处置　149
　目标自测　149
　思考题与习题　149
　能力拓展　150
　阅读园地　150

项目七　烃类热裂解　152
　学习导言　152
任务一　烃类热裂解的反应原理　152
　　一、烃类热裂解的化学反应　152
　　二、烃类热裂解反应的特点与规律　154
　　三、烃类热裂解的主要工艺因素　155
　目标自测　156
任务二　管式裂解炉与裂解工艺流程　156
　　一、管式裂解炉　156
　　二、烃类热裂解的工艺流程　158
　目标自测　160
任务三　裂解气的净化与分离　161
　　一、裂解气的净化工艺　161
　　二、裂解气的分离工艺　163
　目标自测　169
任务四　烃类热裂解生产的安全控制　170
　　一、裂解工艺安全控制要求　170
　　二、裂解工序安全生产要点　171
　　三、烃类热裂解生产的防护与紧急处置　171
　目标自测　172
　思考题与习题　172
　阅读园地　173
　能力拓展　173

项目八　醋酸的生产　175
　学习导言　175
任务一　醋酸生产的概貌　175
　　一、醋酸的性质及用途　175
　　二、醋酸的生产方法　176
　　三、醋酸生产原料　177
　目标自测　177
任务二　乙醛氧化生产醋酸　177
　　一、反应原理与工艺条件　178
　　二、鼓泡塔反应器　179
　　三、工艺流程　180
　目标自测　181
任务三　甲醇低压羰基化生产醋酸　182
　　一、基本原理　182
　　二、工艺影响因素　183

三、工艺流程　184
　目标自测　185
任务四　醋酸生产的安全控制　185
　　一、乙醛氧化生产醋酸工艺安全控制要求　186
　　二、氧化工序异常工况及处理　186
　　三、醋酸生产的防护与紧急处置　187
　目标自测　187
　思考题与习题　187
　能力拓展　188
　阅读园地　188

项目九　苯酚和丙酮的生产　189
　学习导言　189
任务一　苯酚及丙酮生产的概貌　189
　　一、苯酚和丙酮的性质及用途　189
　　二、苯酚和丙酮的生产方法　190
　　三、苯酚和丙酮的生产原料　191
　目标自测　191
任务二　异丙苯法生产苯酚与丙酮　192
　　一、苯烷基化生产异丙苯　192
　　二、异丙苯氧化生产过氧化氢异丙苯　193
　　三、过氧化氢异丙苯分解生产苯酚和丙酮　195
　目标自测　197
任务三　苯酚及丙酮生产的安全控制　198
　　一、工艺安全控制要求　198
　　二、异常工况及处理　199
　　三、苯酚及丙酮生产的防护与紧急处置　200
　目标自测　200
　思考题与习题　200
　能力拓展　201
　阅读园地　201

项目十　邻苯二甲酸二辛酯的生产　202
　学习导言　202
任务一　增塑剂及邻苯二甲酸二辛酯的概貌　202
　　一、增塑剂的作用与分类　202
　　二、邻苯二甲酸二辛酯的性质及用途　205
　目标自测　206

任务二　邻苯二甲酸二辛酯的生产　206
　　一、邻苯二甲酸二辛酯的生产原料　206
　　二、酯化反应原理　207
　　三、酯化工艺条件与技术　208
　　四、酯化反应装置　208
　　五、邻苯二甲酸二辛酯生产工艺流程　209
　　六、邻苯二甲酸二辛酯生产技术的发展趋势　212
　目标自测　212
　思考题与习题　213
　能力拓展　213
　阅读园地　213

项目十一　聚氯乙烯的生产　215
　学习导言　215
任务一　高聚物及聚氯乙烯生产的概貌　215
　　一、高聚物及其形成反应　215
　　二、聚合反应的实施方法　217
　　三、聚氯乙烯的性质与用途　220
　　四、聚氯乙烯的生产方法　221
　目标自测　223
任务二　聚氯乙烯的生产　223
　　一、基本原理　223
　　二、工艺影响因素　224
　　三、工艺流程与聚合设备　226
　目标自测　228
任务三　聚氯乙烯的改性　229
　　一、聚氯乙烯改性目的及方法　229
　　二、聚氯乙烯的化学改性　230
　　三、聚氯乙烯的物理改性　231
　目标自测　232
任务四　聚氯乙烯生产的安全控制　232
　　一、工艺安全控制要求　232
　　二、聚合工序异常工况及处理　233
　　三、聚氯乙烯生产的防护与紧急处置　233
　目标自测　234
　思考题与习题　234
　能力拓展　235
　阅读园地　235

◎ 模块三　项目化教学案例　　236

项目十二　合成氨实训项目教学案例　236
　学习导言　236
任务一　氨合成岗位上岗培训　236
　一、"安全第一"——化工生产活动的前提　236
　二、化工生产活动的"四大规程"　237
　三、化工生产的岗位记录与交接班　238
任务二　合成氨带控制点工艺流程图的绘制　239
　一、氨合成岗位上岗培训　239
　二、合成氨带控制点工艺流程图的绘制　240
任务三　合成氨工艺的操作与控制　241
　一、化工生产装置的开停车　241
　二、合成氨生产的操作与控制　242
任务四　化工生产过程的管理　243
　一、化工生产因素的分析　243
　二、化工工艺管理　244
　三、实训项目的组织与管理　245
　能力拓展　245
　阅读园地　246

◎ 参考文献　　247

模块一
化工生产基础知识

项目一 认识化工生产

学习导言

化学工业是国民经济的支柱性产业之一,既是原材料生产工业,又是加工工业。化工生产技术是实现化工生产安全经济、优质高效的根本保障。了解自然界和其他生产领域为化工生产提供的原料及其加工过程,以及化工生产中产生的废气、废水和废渣的治理与利用,对于树立节约资源、清洁生产、环保意识是十分必要的。

学习目标

知识目标:了解化学工业及化工产品分类;了解化学工业的地位及发展趋势;了解石油、天然气、煤、有机物质、矿物质的化工利用,了解物料的综合利用和"三废"治理的途径,了解绿色化学工艺。

能力目标:能查阅文献,并归纳处理信息;能对化工产品的原料及利用进行分析;能清晰认识目前化学工业的发展方向。

素质目标:具有一定的文字和语言表达沟通能力;能分析解释社会生活中与化工生产相关的事件和现象,具备辩证唯物的思考能力;掌握正确的学习方法,树立清洁生产、环境保护意识,适应现代化工发展的需要。

任务一 化学工业概貌

任务目标

1. 了解化学工业在国民经济中的地位;
2. 了解化工产品的分类;
3. 了解现代化工生产技术的特点;
4. 能进行化学工业专业资料检索和归纳整理。

一、化学工业及其发展概况

化学工业是以化学方法为主的加工制造业。化学工业的发展反映了人类逐步认识自然规律、不断利用自然资源的过程。

早在公元前 2000 年以前,人们就知道利用化学的方法加工制造简单的生活用品,如制陶、酿酒、冶炼等。早期的化学工艺技术简单、生产水平低下，属于作坊式生产。

18世纪中叶，第一次工业革命之后，纺织工业兴起。纺织物的漂白和印染技术的改进，需要纯碱、无机酸等化工产品；农业需要化学肥料；采矿业需要大量的炸药；无机化学工业作为近代化学工业的先导开始形成。

19世纪中叶，随着钢铁工业的发展，炼焦工业相应兴起。以炼焦副产品煤焦油及其提取物（苯、甲苯、二甲苯、萘、蒽、苯酚等）为原料的有机化学工业得到迅速发展。

自20世纪50年代，以石油和天然气为原料的石油化学工业迅猛发展。到60年代，已有80%~90%的有机化工产品是以石油、天然气为原料生产的，三大合成材料几乎全部来自石油化工。石油化工的发展，为现代化学工业的形成奠定了基础。

20世纪70年代的石油危机，促使化学工业在节能、技改、降低成本的同时，调整行业结构和产品结构，大量采用高新技术，使产品向深加工、精细化、功能化、高附加值方向发展，高分子化工、精细化工蓬勃发展。

20世纪80年代，科学技术的进步和社会发展对化学产品提出了更高的要求，化学工业的"精细化"成为发达国家科学技术和生产力发展的一个重要标志。精细化是指精细化工产品的总产值在化学工业产品总产值中所占的比重，也称精细化率。精细化率的高低，在一定程度上反映了一个国家的综合技术水平、发达水平和化学工业的集约化程度。

21世纪随着能源需求的日益增长以及环境的日益恶化，多元化和发展新能源成为化学工业的战略重点，低碳循环经济与环境保护成为行业发展的焦点；大型化、一体化、集约化已成为化学工业的发展趋势。新能源、新材料、专用化学品、高附加值化学品、环保产品得到快速发展。

总之，化学工业的发展过程是由初步加工向深度加工发展；由一般加工向精细加工发展；由主要生产大批量、通用性基础材料，向既生产基础材料，又生产小批量、多品种的专用化学品方向发展。如今，现代化学工业呈现以下特点：

① 原料、产品和生产方法的多样性；
② 生产规模的大型化、综合化和产品的精细化；
③ 生产技术的密集化，广泛采用涉及多学科的高新技术；
④ 生产的清洁化，首要解决易燃、易爆、有毒、有腐蚀等环境不友好问题；
⑤ 节约能量以及能量的综合利用；
⑥ 生产资金的高投入、高利润和高回收速度。

二、化学工业在国民经济中的地位

化学工业是国民经济的支柱性产业。在国民经济中，化学工业与国民经济各行业国防科技各部门和人们衣、食、住、行及社会文化生活各方面息息相关，化学工业的产品渗透于现代社会生活的各个领域。

衣着 在棉、麻、毛、丝、人造纤维、合成纤维、皮革等材料的加工制造过程中，离不开化学工业提供的染料、软化剂、整理剂、漂白剂、洗涤剂、鞣剂、皮革加脂剂和光亮剂等化工产品。

饮食 在粮食、蔬菜、肉蛋鱼类、瓜果、酒和饮料等的种植、饲养、酿造、加工、贮运等过程中，离不开化学工业提供的化肥、农药、饲料添加剂、食品添加剂、保鲜剂等化工产品。

居住 在住宅的建设、装修以及家庭陈列品等材料生产中,大量使用化学工业提供的涂料、黏合剂等各类化工产品。

交通 汽车、火车、飞机、摩托车、自行车等各种交通工具所用的塑料、橡胶、合成纤维、皮革制品以及涂料等都是化学工业提供的产品。

文化生活 在纸张、印刷品、光盘、录音带与录像带、胶卷、唱片以及收音机、电视机、随身听等视听器材设备的生产制造过程中,都离不开化学工业提供的产品。

现代化学工业不仅使人民的生活丰富多彩,而且为其他产业的发展提供大量的原材料,是现代农业的物质基础。化学工业对科学技术的进步,具有不可忽视的推动作用;同样,科学技术的进步,也有力地促进了化学工业的发展。

三、化工行业及其主要化工产品

化学工业是一个多行业、多品种的产业。化学工业既是原材料生产工业,又是加工工业,不仅包括生产资料的生产,还包括生活资料的生产。化学工业按其生产原料划分,可分为煤化工、石油化工、生物化工;按其产品的类别及产量的大小划分,可分为基本有机化工、无机化工、高分子化工和精细化工;按产品用途分类,可分为医药、农药、肥料、染料、涂料等。

世界各国、不同时期对化学工业的分类是不尽相同的。中国对化学工业的分类按化工产品划分,分为 19 类产品;若按行政管理划分,分为 20 个行业。中国化学工业范围的划分见表 1-1。

表 1-1 中国化学工业范围的划分

按化工产品划分的产品		按行政管理划分的化工行业	
化学矿	合成药品	化学矿	橡胶制品
无机化工原料	食品和饲料添加剂	无机盐	催化剂、试剂和助剂
有机化工原料	信息用化学品	化学肥料	染料和中间体
化学肥料	橡胶和橡塑制品	酸、碱	化学农药
农药	催化剂和助剂	煤化工	化学医药
高分子聚合物	试剂	石油化工	涂料、颜料
涂料、颜料	化工产品	有机化工原料	感光和磁性中间体
染料	其他化学产品	合成纤维单体	化学试剂
日用化学品	化工机械	合成树脂与塑料	化工新型材料
胶黏剂		合成橡胶	化工机械

1. 无机化工主要产品

① 无机酸、碱与化学肥料 无机酸主要有硫酸、硝酸、盐酸等;常用碱类主要有"两碱(纯碱、烧碱)";化学肥料,主要有氮肥、磷肥、钾肥和复混肥等。即"三酸、两碱"与化学肥料。

② 无机盐 无机盐的种类很多,主要有碳酸钙、硫酸铝、硝酸锌、硅酸钠、高氯酸钾、重铬酸钾等。

③ 工业气体 工业气体包括氧、氮、氢、氯、氨、氩、一氧化碳、二氧化碳、二氧化硫等。

④ 元素化合物和单质 元素化合物主要有氧化物、过氧化物、卤化物、硫化物、碳化

物、氰化物等；单质主要有氧、硅、铝、铁、钾、钠、镁、磷、氟、溴、碘等。

2. 基本有机化工主要产品

以碳氢化合物及其衍生物为主的通用型化工产品，如乙烯、丙烯、丁二烯、苯、甲苯、二甲苯、乙炔、萘（即"三烯、三苯、一炔、一萘"），合成气等。这些产品是以石油、煤、天然气等为原料，经过初步化学加工制造的有机化工基础产品。由这些基本产品出发，经过进一步的化学加工，可生产出种类繁多、品种各异、用途广泛的有机化工产品。例如，醇、酚、醚、醛、酮、酸、酯、酐、酰胺、腈以及胺等重要的基本有机化工产品。

基本有机化工产品主要用于生产制造塑料、合成橡胶、合成纤维、涂料、黏合剂、精细化工产品及其中间体的原料，也可以直接作为溶剂、吸收剂、萃取剂、冷冻剂、麻醉剂、消毒剂等。基本有机化工产品的用量和生产能力都很大。

3. 高分子化工主要产品

高分子化工产品是通过聚合反应获得的分子量高达 $10^4 \sim 10^6$ 的高分子化合物。按用途分，高分子化工产品有塑料、合成橡胶以及橡胶制品、合成纤维、涂料和黏合剂等；按功能分，有通用、特种高分子化工产品。

通用高分子化工产品产量较大、应用广泛，如聚乙烯、聚丙烯、聚氯乙烯、聚苯乙烯，涤纶、腈纶、锦纶，丁苯橡胶、顺丁橡胶、异戊橡胶、乙丙橡胶等。

特种高分子化工产品具有耐高温特性，如在苛刻条件下作为结构材料的聚碳酸酯、聚芳醚、聚砜、聚芳酰胺、有机硅树脂以及氟树脂等，或者是具有光电、磁等物理性能的功能高分子产品，如感光高分子材料，光导纤维以及光、电或热致变色的高分子材料，高分子分离膜，高分子液晶，仿生高分子，生物降解高分子材料，催化剂，试剂以及医用高分子化工产品等。

高分子化工产品是一类发展迅速、用途广泛的新型材料。

4. 精细化工主要产品

精细化工产品是一类加工程度深、纯度高、生产批量小、附加值高、自身具有某种特定功能或能增进（赋予）产品特定功能的化学品，也称作精细化学品或专用化学品。

1986 年，我国暂定农药、染料、颜料、涂料（含油漆和油墨）、黏合剂、食品和饲料添加剂、催化剂和各种助剂、化学原药和日用化学品、试剂和高纯物、功能高分子材料（包括功能膜、偏光材料等）、信息用化学品（包括感光材料、磁性材料等能接收电磁波的化学品）等 11 类产品为精细化工产品。

香精和香料、精细陶瓷、医药制剂、酶制剂、功能高分子材料、电子信息材料、生物医药、生物农药等也属精细化学品的范畴。

5. 生物化工主要产品

生物化工产品是指采用生物技术生产的化工产品。主要有乙醇、丁醇、丙酮、柠檬酸、乳酸、葡萄糖酸、L-赖氨酸、L-色氨酸、维生素、抗生素、生物农药、饲料蛋白、酶制剂等。

四、化学工业的发展趋势与重点

进入 21 世纪，化学工业的发展面临能源和自然资源的减少、环境的恶化、市场竞争日趋激烈等问题。坚持可持续发展的战略，合理利用和保护自然资源及环境，大力发展精细化工，生产制造满足人们生活与生产需要的绿色化学产品成为化学工业发展的必然趋势。

① 积极利用和开发高新技术，加快产品的更新换代和化学工艺的技术进步。

② 努力实施绿色化学工艺，最大限度地利用原料资源，减少副产物和废弃物的生成，最大限度地减少废物的排放，力争实现零排放。

③ 彻底淘汰污染环境、破坏生态平衡的产品，充分利用废弃物、开发生产对环境友好的绿色化学产品。

④ 不断提高化学工业的信息化程度，实现化工过程的智能化，推动化学工艺向安全、高效和节能的方向发展。

科学技术的进步和高新产业（如信息技术、生物技术、航天技术、新材料、新能源以及海洋工程等）的兴起，为化学工业的发展带来了机遇和挑战。化学工业的发展将在以下几方面实现突破。

① 生物技术将对化学工业产生巨大的影响。生物技术可利用淀粉、纤维素等再生资源，具有特异的选择性、反应条件温和、低能耗、低污染、无公害、生产效率高等优点。化学工程与生物技术的结合，必将使化学工业实现战略性的转移。

② 信息技术将使化学工业从科研开发、工业设计，到生产过程控制和管理发生深刻的变化，加速化学工业的现代化。化工生产与管理的信息化和智能化的程度已成为化学工业现代化的重要标志。

③ 材料是现代工业的物质基础。高新技术产业（航天、汽车、电子、信息、能源等）的快速发展需要各种新材料，大力开发生产各种新材料，成为化学工业的战略任务。

④ 能源是人类从事物质生产的原动力。开发和利用新能源，如煤的气化、合成油以及高能燃料与高能电池的开发等，既是化学工业发展的需要，也是科技进步与社会发展的需要。

五、现代化工生产技术的特点

化工生产技术主要是指将原料物质通过化学反应转化为产品的方法和过程，包括实现这种转变的全部化学和物理的措施。化工生产技术是实现化工生产的安全、经济、优质和高效的根本保障。化工生产技术研究内容包括原料的预处理、产品的合成以及分离与提纯等，内容涉及原料的获取、生产原理与方法、适宜的生产条件、工艺流程、反应设备、物料及能量的综合利用、环境的保护等。

随着高新技术的出现和发展，现代化工生产技术呈现出以下特点。

① 高度机械化、自动化和智能化　提高化工企业机械化、自动化控制能力，制造出高科技含量的化工产品是化工行业的发展趋势。随着计算机技术的高水平发展，化工生产过程围绕工艺优化设计、智能运行优化控制、智能安全运行监控、智能优化决策调度等快速发展。

② 采用节能和环保技术　环保问题影响和制约了化学工业的可持续发展，推行清洁生产，注重环境保护，是增强化工企业竞争力和可持续发展的必然要求。节能降耗可以提高资源的利用率，是缓解化工企业能源约束矛盾的根本措施。采用节能及环保技术是提高化工企业能源利用效率和经济效益的重要途径。

③ 安全生产要求严格　随着化工生产装置大型化，生产过程连续化的发展，安全生产要求也越来越严格。一旦发生安全事故，不仅会给化工企业造成较大的经济损失，还会给公众财产安全、生态环境带来更大的威胁。只有确保装置长期连续地安全运行，才能保证生产

过程高效、经济地进行。

目标自测

判断题

1. 化学工业是国民经济的支柱性产业，化工产品渗透于现代社会生活的各个领域。（　　）
2. 现代化学工业呈现出生产规模小型化、综合化和产品精细化的特点。（　　）
3. 采用节能及环保技术是提高化工企业能源利用效率和经济效益的重要途径。（　　）

填空题

1. 化学工业是_____。
2. 无机化工产品中的"三酸"是指_____、_____和_____；"两碱"分别是指_____和_____；有机化工产品中的"三烯"是指_____、_____和_____。
3. 化工生产技术主要是指将原料物质通过化学反应转化为产品的方法和过程，包括实现这种转变的全部_____和_____的措施。

【任务二　化工生产的原料】

任务目标

1. 了解石油的加工方法及化工利用；
2. 了解天然气的加工方法及化工利用；
3. 了解煤的加工方法及化工利用；
4. 了解农副产品及矿物质的化工利用。

用于制造化工产品的物质称为物料，原料是制造化工产品的起始物料，简称化工原料。化工原料是化学工业的物质基础。水、空气、煤、石油、天然气、矿物质以及生物质等天然资源及其加工产物是化工生产的基础原料。基础原料经过初步化学或物理加工的产品，称为基本化工原料。由基本化工原料出发，经过一系列的化学和物理加工，可以生产制造出各种各样的化学产品。化工生产原料的多样性，使化学工业与其他工业部门有着广泛而密切的联系。

一、石油及其化工利用

（一）石油及其组成

石油是蕴藏于地球表面以下的可燃性液态矿物质。开采出来而未经加工的石油称为原油。原油是一种黄褐色至棕黑色的黏稠液体，具有特殊的气味，不溶于水，相对密度为 0.75～1.0，其密度与组成有关。

石油的组成很复杂，主要是碳、氢元素组成的各种烃类的混合物，还有少量含氮、硫和氧的有机化合物以及微量的无机盐和水。各种元素的质量分数分别为：碳 83%～87%，氢 11%～14%，硫、氮、氧 1%。

石油中的化合物可大致分为烃类、非烃类、胶质以及沥青几类。其中绝大部分是烃类化合物，烷烃占 50%～70%（质量分数），其次是环烷烃和芳香烃。根据烃类的主要成分，石油分为以直链烷烃为主的石蜡基石油、以环烷烃为主的沥青基石油以及介于两者之间的中间基石油。我国所产石油多属低硫石蜡基石油，如大庆石油的蜡含量高达 22.8%～25.76%，硫含量在 0.1% 左右。

石油中的非烃类化合物，主要是含硫、氮和氧等杂原子的有机化合物，如硫化氢、硫醇、硫醚、噻吩等，吡啶、喹啉、咔唑等，环烷酸、脂肪酸和酚类。胶质和沥青是由结构复杂、大分子量的环烷烃、稠环芳香烃、含杂原子的环状化合物等构成的混合物，存在于沸点高于 500℃ 的蒸馏加工渣油中。

（二）石油的加工

原油一般不能直接使用，加工后可以提高其利用率。原油的加工分为一次加工和二次加工。一次加工主要是原油的脱盐、脱水等预处理和常、减压蒸馏等物理过程；二次加工主要为化学及物理过程，如催化裂化、催化重整、加氢裂化等。石油加工的各类产品及其沸点范围和主要用途见表 1-2。

表 1-2 石油加工的各类产品及其沸点范围和主要用途

产品	沸点范围/℃	大致组成	主要用途
石油气	<40	C_1～C_4	燃料、化工原料
石油醚	40～60	C_5～C_6	溶剂
汽油	50～205	C_7～C_9	内燃机燃料
溶剂油	150～200	C_9～C_{11}	橡胶、油漆等用溶剂
航空煤油	145～245	C_{10}～C_{15}	航空燃料
煤油	160～310	C_{11}～C_{16}	燃料、工业洗涤油
柴油	180～350	C_{16}～C_{18}	柴油机燃料
机械油	>350	C_{16}～C_{20}	机械润滑
凡士林	>350	C_{18}～C_{22}	制药、防锈涂料
石蜡	>350	C_{20}～C_{24}	制皂、制蜡、制脂肪酸、造型
燃料油	>350		船用燃料、锅炉燃料
沥青	>350		防腐绝缘、建筑及铺路材料
石油焦			用于制造电石、炭精棒

1. 常、减压蒸馏

蒸馏是利用原油中各组分的沸点不同，按沸点范围（沸程）将其分割成不同的馏分（油品）的操作。常、减压蒸馏是先在常压下进行蒸馏操作，而后根据物质的沸点随外界压力降低而下降的规律，再在减压条件下进行蒸馏操作。

原油蒸馏前要经过脱盐、脱水处理，以减少设备腐蚀、降低能量消耗，要求原油含盐量不大于 $0.05kg/m^3$、含水量不超过 0.2%。

常压蒸馏在常压和 300～400℃ 条件下进行。在常压塔的不同高度分别采出汽油、煤油、柴油等，塔底采出的是常压重油，沸点高于 350℃ 的是常压渣油，其中含有重柴油、润滑油、沥青等。

将常压渣油加热至 380～400℃，送至减压蒸馏塔进行减压蒸馏，从而获得减压柴油、减压馏分油、减压渣油等。

2. 催化裂化

催化裂化是石油二次加工的重要方法之一,其目的是提高汽油的质量和产量。

催化裂化以常、减压蒸馏的重质油(如直馏柴油、重柴油、减压柴油或润滑油,甚至渣油)为原料,在催化剂作用下使碳原子数在 18 个以上的大分子烃类裂化生成较小的烃分子。裂化反应很复杂,如直链烷烃碳链的断裂、脱氢、异构化、环烷化、芳构化等,反应生成分子量较小的烷烃、烯烃、环烷烃、芳烃、氢气以及较大分子量的缩合物和焦炭。

裂化反应的催化剂多为 X 型或 Y 型结晶硅酸铝盐,裂化反应设备为流化床反应器,催化裂化的条件一般为 450～530℃、0.1～0.3MPa。催化裂化除获得高质量的汽油外,还可获得柴油、锅炉燃油、液化气等。

3. 催化重整

催化重整是以低辛烷值的石脑油为原料,在铂、铂-铼、铂-铱等催化剂作用及氢气的存在下,转化为高辛烷值、较高芳烃含量的汽油或生产芳香烃的加工过程。重整反应主要是烷烃脱氢环化、环烷烃脱氢和异构化及脱氢芳构化、直链烷烃异构化和加氢裂化等,氢气的作用是抑制烃类的深度裂解。

催化重整的反应器是固定床、移动床,操作条件一般为 425～525℃、0.7～3.5MPa。

4. 催化加氢裂化

催化加氢裂化是生产航空汽油、汽油或重整原料油(石脑油)等产品的二次加工过程,加氢裂化原料为重柴油、减压柴油、减压渣油等重质油,特别适合含氮、硫和金属较高而不宜催化裂化或重整的重质油。重质油在催化剂作用和氢气存在下进行加氢裂化反应,大分子量的烷烃转化成小分子量烷烃,直链烷烃异构化,多环环烷烃开环裂化,多环芳香烃加氢和开环裂化。

催化加氢裂化的催化剂有 Ni、Mo、W、Co 等非贵金属的氧化物和 Pt、Pd 等贵金属的氧化物。根据操作压力的不同,催化加氢裂化分为高压法和中压法两种。高压法的压力为 10MPa 以上,温度为 370～450℃;中压法的压力为 5～10MPa,温度为 370～380℃。加氢裂化是气-液-固相催化反应过程,反应设备是滴流床或膨胀流化床。

5. 热裂解

热裂解是生产乙烯、丙烯等低级烯烃的加工过程。热裂解是较高级的烷烃在 750～900℃高温下发生裂解,反应生成乙烯、丙烯、丁烯、丁二烯等,同时获得苯、甲苯、二甲苯和乙苯等化工原料。热裂解的原料可以是乙烷、丙烷、石脑油、煤油、柴油和常减压瓦斯油等。

(三)石油化工产品

石油是现代化学工业的重要资源之一,大约 90% 的化工产品来自于石油和天然气。由石油加工制取燃料和化工原料的主要途径如图 1-1 所示。重要的有机化工生产原料如"三烯"(乙烯、丙烯、丁二烯)、"三苯"(苯、甲苯、二甲苯)、乙炔、萘等均为石油化工产品。

二、天然气及其化工利用

天然气是化学工业的重要原料资源,也是一种高热值、低污染的清洁能源。随着我国"西气东输"工程的实现,天然气资源的开发利用前景更加广阔。

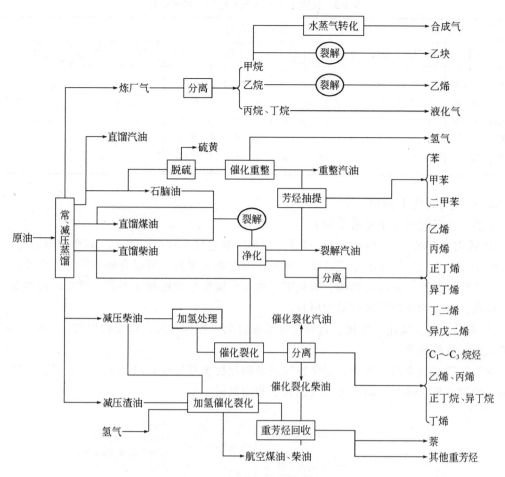

图 1-1　由石油加工制取燃料和化工原料的主要途径

1. 天然气的组成

天然气是蕴藏于地下的可燃性气体，主要成分是甲烷，同时含有 $C_2 \sim C_4$ 的各种烷烃以及少量的硫化氢、二氧化碳等气体。甲烷含量高于 90% 的天然气称为干气；$C_2 \sim C_4$ 烷烃的含量在 15%～20% 以上的天然气称为湿气。

按来源，天然气可分为气井气、油田伴生气和煤层气。气井气是单独蕴藏的天然气，多为干气。油田伴生气是与石油共生的天然气，在石油开采的同时获得，多为湿气。煤层气也称为瓦斯气，是吸附在煤层上的甲烷气体。煤层气的储量很大，是一种很有竞争力的天然气资源，但目前的开采利用率很低。

我国天然气资源丰富，不同产地的天然气组成也有差异，见表 1-3。

开采出来的天然气，在输送前要除去其中的水、二氧化碳、硫化氢等物质。常用的净化处理方法有化学吸收法、物理吸收法和吸附法。例如用碱、醇胺等水溶液为吸收剂，吸收脱除其中的硫化氢、二氧化碳等酸性气体。若天然气的处理量较小，杂质含量不高时，也可以采用吸附法脱除。

为了提高天然气资源利用的经济效益，可将甲烷与其中的 $C_2 \sim C_4$ 烃类分离出来。工业上采用的分离方法有吸附法、油吸收法和冷冻分离法。

表1-3 我国主要天然气产地的天然气组成

产地	组成(体积分数)/%									
	CH_4	C_2H_6	C_3H_8	C_4H_{10}	C_5H_{12}	CO	CO_2	H_2	N_2	H_2S
四川	93.01	0.8	0.2	0.05	—	0.02	0.4	0.02	5.5	$(20\sim40)\times10^{-6}$
大庆	84.56	5.29	5.21	2.29	0.74	—	0.13	—	1.78	30×10^{-6}
辽河	90.78	3.27	1.46	0.93	0.78	—	0.5	0.28	1.5	20×10^{-6}
华北	83.5	8.28	3.28	1.13			1.5		2.1	
胜利	92.07	3.1	2.32	0.86	0.1		0.68		0.84	

2. 天然气的化工利用

天然气化工利用的主要途径如下。

① 转化为合成气（$CO+H_2$），再进一步加工制造成合成氨、甲醇、高级醇等。

② 在930～1230℃裂解生成乙炔、炭黑。以乙炔为原料，可以合成多种化工产品，如氯乙烯、乙醛、醋酸、醋酸乙烯酯、氯化丁二烯等。炭黑可作橡胶补强剂、填料，是油墨、涂料、炸药、电极和电阻器等产品的原料。

③ 通过氯化、氧化、硫化、氨氧化等反应转化成各种产品，如氯化甲烷、甲醇、甲醛、二硫化碳、氢氰酸等。

湿天然气经热裂解、氧化、氧化脱氢或异构化脱氢等反应，可加工生产乙烯、丙烯、丙烯酸、顺酐、异丁烯等产品。天然气的化工利用见图1-2。

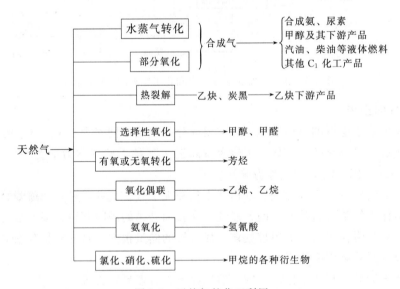

图1-2 天然气的化工利用

三、煤的化工利用

远古时代的植物经过复杂的生物化学、物理化学和地球化学作用而转变成煤。煤的形成过程为：植物→泥炭→褐煤→烟煤→无烟煤。已探明全球煤的储量是石油的十几倍，是自然界蕴藏量最为丰富的资源。

1. 煤及其加工

煤是含有碳和多种化学结构的有机物以及少量硅、铝、铁、钙、镁等的矿物质，其组成因品种不同而有差别。各种煤的主要元素组成见表 1-4。

表 1-4 各种煤的主要元素组成

煤的品种		泥煤（泥炭）	褐煤	烟煤	无烟煤
元素分析	C	60%～70%	70%～80%	80%～90%	90%～98%
	H	5%～6%	5%～6%	4%～5%	1%～3%
	O	25%～35%	15%～25%	5%～15%	1%～3%

在我国能源消费结构中，煤居首位，30%用于发电和炼焦，50%用于工业锅炉、窑炉，20%用于人民生活。煤直接燃烧的热效率和资源利用率很低，环境污染严重。将煤加工转化为清洁能源、提取和利用其中所含化工原料，可提高煤的利用率。煤的加工过程主要有煤的焦化、气化和液化。

（1）煤的焦化

煤的焦化也称干馏，即在隔绝空气的炼焦炉内加热煤，使其分解生成焦炭、煤焦油、粗苯和焦炉气。煤在 900～1100℃ 高温下的焦化称为高温干馏，在 500～600℃ 下的焦化称为低温干馏。高温干馏产生焦炭、煤焦油、粗苯、氨和焦炉气；低温干馏产生半焦、低温焦油和煤气。低温焦油的芳烃含量较少，而烷烃、环烷烃和酚的含量较多，是人造石油的重要来源。

（2）煤的气化

煤的气化是煤、焦炭或半焦和气化剂在 900～1300℃ 的高温下转化成煤气的过程。气化剂是水蒸气、空气或氧气。煤气组成因燃料、气化剂种类和气化条件而异，以无烟煤为原料加工的煤气组成见表 1-5。

表 1-5 各种工业煤气的组成

组分	组成（体积分数）			
	空气煤气	水煤气	混合煤气	半水煤气
H_2	0.5%～0.9%	47%～52%	12%～15%	37%～39%
CO	32%～33%	35%～40%	25%～30%	28%～30%
CO_2	0.5%～1.5%	5%～7%	5%～9%	6%～12%
N_2	64%～66%	2%～6%	52%～56%	20%～33%
CH_4	—	0.3%～0.6%	1.5%～3%	0.3%～0.5%
O_2	—	0.1%～0.2%	0.1%～0.3%	2%
H_2S	—	0.2%	—	0.2%
气化剂	空气	水蒸气	空气、水蒸气	空气、水蒸气
用途	燃料气 合成氨（N_2+H_2）	合成甲醇 合成氨（N_2+H_2）	燃料气	合成甲醇（CO+H_2） 合成氨（N_2+8H_2）

煤气是清洁燃料，热值很高，使用方便，作为民用燃料时应注意使用安全，煤气含有的 CO 有毒、H_2 易爆。煤气是重要的化工原料，煤气化生产的 H_2、CO 是合成氨、合成甲醇

等 C_1 化学品的基本原料。

(3) 煤的液化

煤通过化学加工转化为液体燃料的过程称为煤的液化。煤液化分为直接加氢液化和间接液化两类。

煤直接加氢液化是在高压（10～20MPa）、高温（420～480℃）和催化剂作用下转化成液态烃的过程。煤液化产品也称人造石油，可进一步加工成各种液体燃料。若将煤预先制成合成气，然后在催化剂的作用下使合成气转化成烃类燃料、含氧化合物燃料的过程，则称为煤的间接液化。煤间接液化产品是优良的柴油代用品。

2. 煤的化工产品

煤的初步加工产品，有合成气、城市煤气、工业用燃料气、液化烃类、煤焦油、粗苯、焦炭等，这些基础化工原料进一步加工可制造多种化工产品。

粗苯经分离可得到苯、甲苯、茚和氧茚等。

煤焦油中含有多种有机化合物，分离可得到芳烃、酚类、萘、烷基萘、吡啶、咔唑、蒽、菲、芴、苊、芘等环状化合物，可用于生产塑料、染料、香料、农药、医药、溶剂等。

煤的加工及其化工利用见图1-3。

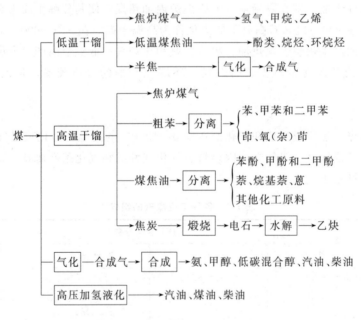

图1-3 煤的加工及其化工利用

四、农副产品的化工利用

绿色植物借助于叶绿素、太阳能，通过光合作用使水和二氧化碳转化成葡萄糖并将光能贮存在其中，而后进一步将葡萄糖聚合转化为淀粉、纤维素、半纤维素和木质素等构成植物自身的物质。因此，绿色植物是一种取之不尽、用之不竭、更新很快的生物质资源。农、林、牧、副、渔业产品及其废弃物（如壳、芯、秆、糠、渣等）等即属于可再生的生物质资源。在世界范围能源短缺的情况下，发展和利用生物质资源具有特殊的意义。

农副产品的化工利用，由来已久。一是直接提取其中固有的化学成分；二是利用化学或生物化学的方法将其分解为基础化工产品或中间产品。农副产品的加工，涉及萃取、微生物水解、酶水解、化学水解、裂解、催化加氢、皂化、气化等一系列生产操作。

1. 淀粉的化工利用

淀粉为多糖类碳水化合物。淀粉的原料主要有玉米、土豆、小麦、木薯、甘薯、大米、橡子等植物的果实和种子。淀粉产量最大的是玉米淀粉，占世界淀粉量的80%以上。

将含有淀粉的谷类、薯类等经蒸煮糊化，加入定量的水冷却至60℃，再加入淀粉酶使淀粉依次水解为麦芽糖和葡萄糖，然后加入酵母菌发酵则转化为乙醇（食用酒精）。

$$2(C_6H_{10}O_5)_n \xrightarrow[\text{淀粉酶}]{H_2O} C_{12}H_{22}O_{11} \xrightarrow[\text{淀粉酶}]{H_2O} 2C_6H_{12}O_6$$
$$\text{淀粉} \qquad\qquad \text{麦芽糖} \qquad\qquad \text{葡萄糖}$$

$$C_6H_{12}O_6 \xrightarrow{\text{酵母}} 2CH_3CH_2OH + 2CO_2$$

淀粉发酵还可生产丁醇、丙酮、丙醇、异丙醇、甲醇、甘油、柠檬酸、醋酸、乳酸、葡萄糖酸等化工产品。这些产品进一步加工，可制得许多化学产品，如由葡萄糖高压催化加氢还原生产山梨醇，山梨醇是生产维生素C的原料。

由淀粉质原料制得的淀粉称为原淀粉。原淀粉经物理、化学或是生物化学的方法加工，改变其化学结构和性质，可制得具有特定性能和用途的改性淀粉，如磷酸淀粉、醋酸淀粉、氧化淀粉、羧甲基淀粉、醚化淀粉以及阳离子淀粉等。这些淀粉衍生物广泛用于食品、造纸、纺织、医药、皮革、涂料、选矿、环保以及日用化妆品等工业部门。

2. 纤维素的化工利用

纤维素在自然界中分布很广，是地球上蕴藏十分丰富的可再生资源。几乎所有的植物都含有纤维素和半纤维素，棉花、大麻、木材等植物中均含有较高的纤维素，其中棉花中的含量高达92%~95%。许多农作物的秸秆、皮、壳都含纤维素，如稻麦、棉花、高粱、玉米的秸秆，玉米芯，棉籽壳，花生壳，稻壳等；木材采伐和加工过程的下脚料，如木屑、碎木、枝丫等，制糖厂的甘蔗渣、甜菜渣等也都含纤维素。

纤维素经化学加工可制得羟甲基纤维素、羟乙基纤维素以及羧甲基纤维素等，这些纤维素的衍生物可作为增稠剂、黏合剂和污垢悬浮剂；纤维素经乙酰化和部分水解制得的醋酸纤维是感光胶片的基材；纤维素经硝化得到的硝化纤维是早期的炸药、塑料。

木材加工业的下脚料，在隔绝空气的密闭设备中加热分解，所得产品有活性炭、木焦油、甲醇、醋酸和丙酮等，同时获得气体燃料（如一氧化碳和甲烷）。

纤维素和半纤维素是多糖类碳水化合物，水解可以得到葡萄糖和戊糖。葡萄糖用酵母菌发酵可得到乙醇；戊糖在酸性介质中脱水可得到糠醛：

$$(C_5H_8O_4)_n \xrightarrow[\text{加热}]{H^+} C_5H_{10}O_5 \xrightarrow[\text{加热}]{H^+} \underset{O}{\underset{|}{CH}}\overset{CH-CH}{\overset{\|}{\underset{}{C}}}-CHO + 3H_2O$$

$$\text{多缩戊糖} \qquad \text{戊糖} \qquad\qquad \text{糠醛}$$

糠醛是一种无色透明的油状液体，其分子结构中含有羰基、双烯和环醚的官能团，化学性质活泼，主要用于生产糠醇树脂、糠醛树脂、顺丁烯二酸酐、医药、农药、合成纤维等。工业上利用玉米芯、棉籽壳、花生壳、甘蔗渣等含植物纤维的物质生产糠醛，其工艺过程如图1-4所示。

以玉米芯、棉籽壳、花生壳、甘蔗渣等为原料生产糠醛所用的硫酸含量为6%，水解以

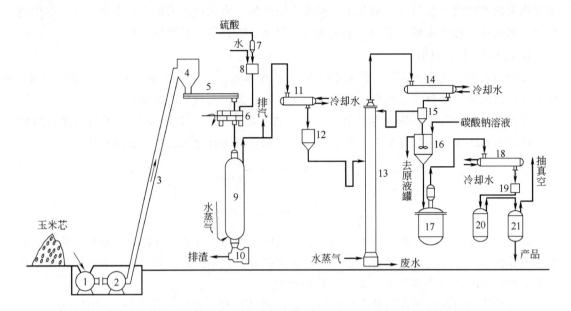

图 1-4 糠醛生产工艺流程示意图

1—粉碎机；2—风机；3—风送管；4—料仓；5—螺旋输送器；6—拌酸机；7—硫酸计量罐；8—配酸罐；
9—水解锅；10—排渣阀；11,14—冷凝冷却器；12—原液贮罐；13—蒸馏塔；15—醛水分离器；
16—中和罐；17—精制罐；18—冷凝器；19—冷却器；20—脱水贮罐；21—成品贮罐

直接蒸汽加热，温度控制在 180℃左右，压力为 0.6～1.0MPa，水解时间为 5～8h。

不同原料制取糠醛的理论产率不同，见表 1-6。

表 1-6 含纤维素的几种原料制取糠醛的理论产率

原料	理论产率	原料	理论产率
玉米芯	20%～22%	甘蔗皮	15%～18%
棉籽壳	18%～21%	稻壳	10%～14%
向日葵籽壳	16%～20%	花生壳	10%～12%

植物纤维的化工利用见图 1-5。

3. 油脂的化工利用

动植物油和脂肪（如牛脂、猪脂、乳脂等），主要是各种高级脂肪酸的甘油酯。工业上通过水解蒸馏的方法，从动植物油中制取脂肪酸和甘油。

$$\begin{array}{l} CH_2OCOR \\ |\\ CHOCOR \\ |\\ CH_2OCOR \end{array} + 3H_2O \longrightarrow 3RCOOH + \begin{array}{l} CH_2OH \\ |\\ CHOH \\ |\\ CH_2OH \end{array}$$

天然脂肪酸是偶数碳的饱和、不饱和的直链脂肪酸。脂肪酸主要用于制造日用化学品以及表面活性剂工业的原料。例如，癸二酸是制造尼龙、癸二酸二辛酯的重要原料。蓖麻油在氧化锌作用下水解为蓖麻油酸，蓖麻油酸在碱性条件和 200～310℃下裂解，生成癸二酸双钠盐和仲辛醇，再经硫酸中和、酸化、结晶后即得癸二酸。反应式如下：

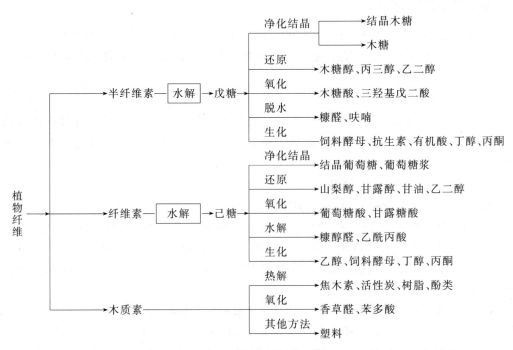

图 1-5 植物纤维的化工利用

$$CH_3(CH_2)_5CHOHCH_2CH\!\!=\!\!CH(CH_2)_7COOCH_2$$
$$|$$
$$CH_3(CH_2)_5CHOHCH_2CH\!\!=\!\!CH(CH_2)_7COOCH \ \ +3H_2O \xrightarrow{ZnO}$$
$$|$$
$$CH_3(CH_2)_5CHOHCH_2CH\!\!=\!\!CH(CH_2)_7COOCH_2$$
蓖麻油

$$3CH_3(CH_2)_5CHOHCH_2CH\!\!=\!\!CH(CH_2)_7COOH \ + \ \begin{matrix}CH_2OH\\ |\\ CHOH\\ |\\ CH_2OH\end{matrix}$$
蓖麻油酸　　　　　　　　　　　　　　　甘油

$$CH_3(CH_2)_5CHCH_2CH\!\!=\!\!CH(CH_2)_7COOH + 2NaOH \xrightarrow[200\sim310℃]{NaOH,甲酚}$$
$$\ \ \ \ \ \ \ \ \ \ \ \ \ \ \ \ \ |$$
$$\ \ \ \ \ \ \ \ \ \ \ \ \ \ \ \ OH$$

$$NaOOC(CH_2)_8COONa + CH_3(CH_2)_5CHOHCH_3 + H_2\uparrow$$
癸二酸双钠盐

$$NaOOC(CH_2)_8COONa + H_2SO_4 \longrightarrow HOOC(CH_2)_8COOH + Na_2SO_4$$
癸二酸

主要工业脂肪酸的来源见表 1-7。

表 1-7　主要工业脂肪酸的来源

类别	脂肪酸	来源	类别	脂肪酸	来源
饱和脂肪酸	辛酸 癸酸 月桂酸 豆蔻酸 棕榈酸 硬脂酸	椰子、棕榈仁 椰子、棕榈仁 椰子、棕榈仁 椰子、棕榈仁 棕榈油、牛脂 牛脂、氢化油	单不饱和酸	油酸 芥酸	牛脂、妥尔油 高芥酸菜籽
			双不饱和酸	亚油酸 亚麻酸 桐酸 蓖麻醇酸	妥尔油、大豆 亚麻籽 桐籽 蓖麻籽

五、矿物质的化工利用

中国矿产资源丰富，已探明储量的化学矿产有 20 多种，如硫铁矿、自然硫、磷矿、钾长石、明矾石、蛇纹石、石灰岩、硼矿、天然碱、石膏、镁盐、沸石岩、重晶石、碘、溴、砷、硅藻土、天青石等。

1. 盐矿资源的化工利用

盐矿资源主要有盐岩、海盐、湖盐等。盐矿化工利用的主要途径是电解食盐水溶液生产烧碱、氯气、氢气等，并由此制造纯碱、盐酸、氯乙烯、氯苯、氯化苄等一系列化工产品。

2. 磷矿及硫铁矿的化工利用

磷矿及硫铁矿是化学矿产量较大的产品。

多数磷矿是氟磷灰石 $[Ca_5F(PO_4)_3]$，开采后经分级、水洗、脱泥、浮选等选矿方法，除去杂质得到商品磷矿石。磷矿石是生产磷肥、磷酸、单质磷、磷化物和磷酸盐的原料。85% 以上用于生产磷肥，其中产量最大的如磷酸铵、重过磷酸钙、硝酸磷肥和钙镁磷肥等。磷肥的生产方法有酸法和热法两类。

酸法是用硫酸等无机酸处理磷矿石，反应生成磷酸和硫酸钙结晶等。

$$Ca_5F(PO_4)_3 + 5H_2SO_4 + 5nH_2O \longrightarrow 3H_3PO_4 + 5CaSO_4 \cdot nH_2O + HF$$

热法是利用高温分解磷矿石，进而制造可被农作物吸收的磷酸盐。此法生产的元素磷、五氧化二磷和磷酸，用于制糖、医药、合成洗涤剂、饲料添加剂等。

硫铁矿包括黄铁矿（立方晶系 FeS_2）、白铁矿（斜方晶系 FeS_2）、磁硫铁矿（Fe_nS_{n+1}），其中主要是黄铁矿。硫铁矿主要用于生产硫酸，世界上 50% 以上的硫酸用于生产磷肥和氮肥。

主要矿物质的化工利用见图 1-6。

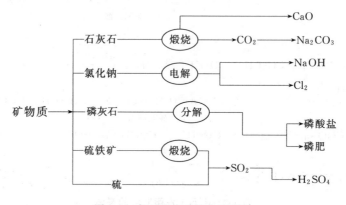

图 1-6 主要矿物质的化工利用

目标自测

判断题

1. 水、空气、煤、石油、天然气、矿物质以及生物质等天然资源及其加工产物是化工生产的基础原料。（   ）

2. 煤是现代化学工业的重要资源之一，大约 90% 的化工产品来自于煤。（   ）

3. 天然气可转化为合成气（CO+H_2），再进一步加工制造成合成氨、甲醇、高级醇等。（   ）
4. 磷矿及硫铁矿是化学矿产量最大的产品。（   ）
5. 农副产品的化工利用是直接提取其中固有的化学成分。（   ）

填空题
1. 催化裂化是石油二次加工的重要方法之一，目的是_____。
2. 石油的_____是生产乙烯、丙烯等低级烯烃的加工过程。
3. 煤的加工过程主要有煤的_____、_____和_____。
4. 天然气是蕴藏于地下的可燃性气体，主要成分是_____，同时含有_____以及少量的硫化氢、二氧化碳等气体。

任务三 "三废"治理和综合利用

任务目标

1. 了解资源的综合利用；
2. 理解"三废"治理的途径；
3. 了解绿色化学工艺，树立环保意识。

一、环境保护与资源综合利用

环境是人类赖以生存与发展的终极物质来源，同时还承受着人类活动所产生的废弃物的种种作用。造成环境污染的人为因素有多种，其中化学污染物，即有毒的有机物和无机物对环境的危害很大，不容忽视。

由于化学反应的复杂性和物理分离方法的多样性，化工生产的同时也产生了废气、废水和废渣等化学污染物，即"三废"。"三废"的形成和排放，不仅是资源的浪费，而且造成了环境污染。不同化工产品生产过程的废弃物见表1-8。

表1-8 不同化工产品生产过程的废弃物

化工行业	每吨产品排放废物/t	产品数量/t	废物排放总量/t
炼油	约0.1	$10^6 \sim 10^8$	$10^5 \sim 10^7$
大宗化工产品	1～5	$10^4 \sim 10^6$	$10^4 \sim 10^6$
精细化工	5～10	$10^2 \sim 10^4$	$10^2 \sim 10^5$
制药	25～100	$10 \sim 10^3$	$10^2 \sim 10^5$

对废气、废水与废渣的控制和治理，必须从生产的源头上进行控制和预防，从产品的开发、工程设计和生产等方面统筹考虑。"三废"的控制应按照减少污染源、排放物循环、排放物的治理和排放等四个优先级考虑，如图1-7所示。

合理开发、有效利用原料资源，充分利用工农业生产和生活中的废弃物等再生资源，积极治理"三废"，避免和减少废弃物对环境的污染是人类的重要责任。

最大限度地利用资源，提高化学合成的原子利用率，使原料分子中的原子全部转化为产

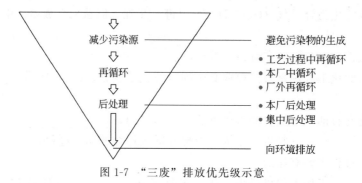

图 1-7 "三废"排放优先级示意

品,不产生和少产生副产物或废物,是实现废物"零排放"的根本措施。

$$原子利用率 = \frac{期望产品的量(mol)}{化学方程式中按计量所得的物质的量之和(mol)}$$

例如环氧乙烷的合成,乙烯经氧氯化反应生成氯乙醇,再经氢氧化钙皂化得到环氧乙烷的传统工艺,原子利用率仅为25%;乙烯以银作为催化剂直接氧化生产环氧乙烷的现代化学工艺,原子利用率达100%。后者原子利用率远高于前者,减少了废物排放,避免了环境污染,实现了化学反应的绿色化。

开发和使用对环境无害、低害的原料,是环境保护的重要措施之一。光气(碳酰氯)是一种剧毒性气体,对人体及环境危害严重。以前碳酸二甲酯的生产,需要以光气为原料。为避免使用光气,近年来成功开发了以一氧化碳、甲醇和氧气为原料,以氧化亚铜为催化剂合成碳酸二甲酯的工艺,实现了化工原料的绿色化。

提高化学反应原子利用率,需要开发新的催化材料、开发新的反应途径和减少合成反应的步骤、开发和采用新的合成原材料等。此外,加强物料的回收、循环使用或综合利用,也是减少资源浪费和环境污染的途径之一。

二、废气的净化处理

化学工业产生的废气不经处理排入大气,会造成大气污染,使人体健康受到危害、农作物减产甚至使植物枯死,给人类的生存造成极大的危害。

在大气污染中,二氧化硫、硫化氢、氮氧化物、氨、一氧化碳、氯气、氯化氢和多环芳烃等物质的危害较大。例如,硫酸生产的吸收过程中,其尾气中仍有二氧化硫和三氧化硫的酸雾;生产丙烯腈过程中产生的副产物乙腈、氢氰酸、乙醛是有毒的,虽经回收,但仍有少量的排出;催化剂的制造过程中产生汞、镉、锰、锌、镍等金属及其化合物,这些金属或其化合物以粉尘的形式排入大气。

工业上处理有害废气的方法主要有化学控制法、吸收控制法、吸附控制法以及稀释控制法等。

例如,二氧化硫常采用石灰乳或是苛性钠与纯碱的混合物反应除去;氮氧化物可采用碱溶液吸收除去;二氧化碳和氯化氢可用乙醇胺或水吸收,效果都很好。

碳氢化合物的蒸气、有害的臭气、硫化氢以及硫化碳酰物等气体,可采用吸附控制法处理,常用的吸附剂有活性炭、活性氧化铝、硅胶以及分子筛等。

碳氢化合物也常用热燃烧、催化燃烧和火炬等化学控制法除去。如在铂催化剂存在下,通入空气将含有丙烯腈和氢氰酸尾气中的腈及氰化物除去,从而达到排放标准。

在废气的处理与排放中要防止二次污染的发生。

三、废水的净化处理

地球表面 70% 以上的面积是水,但是可供使用的淡水仅占总水量的 0.3%,因此水是非常宝贵的。水在化工生产中的应用非常普遍,其用量和废水排放量都比较大。废水不经处理而排放,不仅浪费水资源,而且污染环境。净化处理废水,提高水的利用率,节约和保护淡水资源,具有十分重要的意义。

不同的生产过程,其废水的性质和排放量不同。废水成分复杂多变,有害物质主要是各种有机物以及汞、镉、铬等重金属,危害很大。废水的处理方法及分类见表 1-9。

表 1-9 废水的处理方法及分类

类别	处理方法	处理目的
物理法	重力分离法(沉淀、悬浮、浮选) 离心分离法 过滤法(砂滤、布滤、微孔过滤)、蒸发结晶	除去悬浮物、胶状物,如含油废水的处理 除去悬浮物、胶状物,如化纤厂废水的处理 如电镀工业含铬废水的处理
化学法	混凝沉淀法 中和法 氧化还原法	除去悬浮物、胶状物,如磷酸盐 调整 pH 值,如使水接近中性以便进一步处理 除去溶解物,如空气氧化硫
物理化学法	汽提法 吸附法 反渗透法 电渗析法 离子交换法	除去溶解性悬浮物 除去溶解性悬浮物,如用活性炭吸附酚类、用锌粒吸附汞 除去铁及其他重金属离子 从废水中回收酸和金属 多用于含重金属废水的处理
生物化学法	生物处理 污泥消化 生物过滤	除去溶解性物质,如将有机物分解等

一般根据废水的性质、数量以及要求的排放标准,采用多种方法综合处理。废水处理的程度分为一级、二级和三级。

① 一级处理 主要除去粒径在 0.1mm 以上的大颗粒悬浮固体、胶体和悬浮油类,减轻废水的腐化程度。一级处理过程是由筛滤、重力沉降和浮选等物理过程串联组成的。经过一级处理的废水,一般达不到排放标准,还要进行二级处理。

② 二级处理 主要采用生物法以及某些化学法分解或氧化降解有机物以及部分胶体污染物。二级处理是污水处理的主体部分。经过二级处理的废水,其中有机污染物的含量大幅度降低,一般可达到向水体排放的标准。

③ 三级处理 属于深度处理,进一步除去二级处理未能除去的污染物,如微生物未能降解的有机物、磷、氮等营养性物质以及可溶性的无机物。常采用化学沉淀法、氧化还原法、生物脱氮法、膜分离法以及离子交换法等多种。

④ 生物处理 是利用细菌的作用,将废水中的有机物氧化分解为无害物质。根据细菌对氧气的需求,生物处理法分为好氧生物处理法和厌氧生物处理法。其中,活性污泥法是好氧生物处理法的一种。

四、废渣的净化处理

废渣不仅占用大量的土地,而且造成地表水、土壤和大气环境的污染,必须净化处理。化工废渣主要有炉灰渣、电石渣、页岩渣、无机酸渣;含油、碳及其他可燃性物质,如罐底泥、白渣土等;报废的催化剂、活性炭以及其他添加剂;污水处理的剩余活性污泥等。

废渣处理方法主要有化学与生物处理法、脱水法、焚烧法和填埋法等。

废渣处理的原则:①采用新工艺、新技术、新设备,最大限度地利用原料资源,使生产过程中不产生废渣;②采取积极的回收和综合利用措施,就地处理并避免二次污染;③无法处理的废渣,采用焚烧、填埋等无害化处理方法,以避免和减少废渣的污染。

废渣也是二次再生资源,根据废渣的种类、性质回收其中的有用物质和能量,实现综合利用。例如,从石油化工的固体废弃物中回收有机物、盐类;从含贵重金属的废催化剂中回收贵重金属;从含酚类的废渣中回收酚类化合物;硫酸生产产生的酸渣,经焙烧可循环使用;含有难以回收的可燃性物质的固体废渣,可通过燃烧回收其中的能量;含有土壤所需元素的废渣,处理后可生产土壤改良剂、调节剂等;污水处理厂剩余的活性污泥,可生产有机肥料;将有用物质回收、有害物质除去之后的废渣,如炉渣、电石渣等,可作为建筑、道路和填筑材料。

五、绿色化工技术

联合国环境规划署指出,当前对污染和环境恶化的控制已经从污染排放的总量控制和末端治理阶段进入实施清洁生产,从生产的源头控制污染物产生和预防阶段。清洁生产是实现可持续发展的关键因素,它既能避免排放废物带来的风险和处置费用的增长,还会因提高资源利用率、降低产品成本而获得巨大的经济效益。

化工生产对生态环境的影响和危害是不容忽视的。树立生态化工的概念,实施清洁的生产技术,实现资源的综合利用,保护生态环境,是当代化学工业发展的需要。清洁技术、清洁工艺也称为绿色化学工艺。

绿色化学工艺是利用化学的原理和工程技术,减少或消除化工生产中污染环境的有害原料、催化剂、溶剂、副产品以及部分产品,代之以无毒、无害的原料或生物废弃物进行无环境污染的化工生产技术。绿色化学工艺主要包括原料、化学反应、溶剂、产品的绿色化,如图1-8所示。

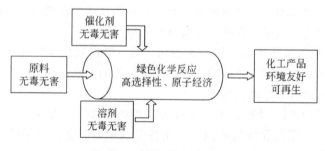

图1-8 绿色化学工艺示意图

绿色化工技术是在绿色化学基础上开发的从源头上阻止环境污染的化工技术,是指采用绿色化工技术进行清洁生产、制取环境友好产品的全过程。绿色化工技术的发展,与绿色化学的活动密切相关。美国化学界把"化学的绿色化"作为 21 世纪化学进展的主要方向之一。美国"总统绿色化学挑战奖"代表了在绿色化学领域取得的最高水平和最新成果。美国《未来学家》杂志载录的未来绿色化工技术具有以下特点：

① 能持续利用；
② 以安全的用之不竭的能源供应为基础；
③ 高效率地利用能源及其他资源；
④ 高效率地利用废旧物质和副产品；
⑤ 越来越智能化；
⑥ 越来越充满活力。

绿色化工技术是 21 世纪化学工业的主要发展方向之一。该技术最理想的情况是采用"原子经济"反应，即原料分子中的每一个原子都转化成产品，而不产生任何废物和副产品，实现废物"零排放"，也不采用有毒有害的原料、催化剂及溶剂，并生产环境友好的产品。

研究、开发和应用绿色化工技术的目的，在于最大限度地节约资源、防止化学化工污染、生产环境友好产品，服务于人类与自然的长期可持续性发展。绿色化工技术的内容广泛，当前，比较活跃的有如下方面。

① 新技术　催化反应技术、新分离技术、环境保护技术、等离子化工技术、纳米技术、空间化工技术、微型化技术等。

② 新材料　功能材料（如记忆材料、光敏树脂等）、纳米材料、绿色建材、特种工程塑料、特种陶瓷材料等。

③ 新产品　生物柴油、生物农药、生物可降解塑料、磁性化肥、绿色制冷剂等。

④ 催化剂　生物催化剂、稀土催化剂等。

⑤ 清洁原料　农林牧副渔产品及其废弃物、清洁氧化剂等。

⑥ 清洁能源　氢能源、生物质能源、太阳能、醇能源等。

⑦ 清洁溶剂　水溶剂、超临界流体溶剂等。

⑧ 清洁设备　特种材质设备、密闭系统设备、自控系统设备等。

⑨ 清洁工艺　配方工艺、分离工艺、催化工艺、仿生工艺等。

⑩ 节能技术　燃烧节能技术、传热节能技术、余热节能技术、电子节能技术等。

⑪ 节水技术　咸水淡化技术、水处理技术、水循环使用和综合利用技术等。

⑫ 生化技术　生化合成技术、生物降解技术、基因重组技术等。

⑬ "三废"治理　综合利用技术、废物最小化技术、必要的末端治理技术等。

⑭ 化工设计　绿色设计、原子经济性设计、计算机辅助设计等。

例如，苯甲醛的生产。传统工艺是甲苯氯化水解法，是将干燥的氯气通入沸腾状态的甲苯中，氯化生成亚苄基二氯，然后在碱性或酸性条件下水解后精馏制得苯甲醛。甲苯氯化水解法的工艺流程长、产率低，所产生的大量氯化氢不仅对设备严重腐蚀，而且对环境造成很大污染；所得产品中含有微量氯，不能用作食品、医药及香料的原料。

而新兴的甲苯氧化法是绿色化工工艺，该方法是以空气作为氧化剂，在催化剂作用下直接将甲苯氧化为苯甲醛。甲苯氧化法生产过程中没有废酸或废碱及氯化氢气体的排放，产品中不含氯，不对环境造成二次污染，而且优化了生产设备及过程，流程简单，减少了能耗，达到了绿色化工生产的效果。

目标自测

判断题

1. 对废气、废水与废渣的控制和治理，不必须从生产的源头上进行控制和预防，只从产品生产方面统筹考虑即可。（　　）
2. 最大限度地利用资源，提高化学合成的原子利用率，使原料分子中的原子全部转化为产品，不产生和少产生副产物或废物，是实现废物"零排放"的根本措施。（　　）
3. 绿色化工技术是在绿色化学基础上开发的从源头上阻止环境污染的化工技术，是指采用绿色化工技术进行清洁生产、制取环境友好产品的全过程。（　　）

填空题

1. 化工生产中的"三废"指的是_____、_____和_____等化学污染物。
2. 废水的一级处理主要是除去粒径在0.1mm以上的_____、胶体和_____，减轻废水的腐化程度。
3. _____方法是利用细菌的作用，将废水中的有机物氧化分解为无害物质。
4. 工业上处理有害废气的方法，主要有_____、_____、_____以及_____等。
5. 废渣处理方法主要有_____、_____、_____和_____等。

思考题与习题

1-1 化学工业在国民经济中的地位如何？
1-2 在化学工业的发展历史上，中国有哪些创造和贡献？
1-3 举例说明化学工业的产品及应用。
1-4 按生产原料及产品划分，化学工业分为哪些行业？
1-5 何谓精细化工？精细化学品与基本化学品有何区别？
1-6 进入21世纪化学工业的发展面临哪些机遇和挑战？
1-7 生物技术、信息技术等高新技术的发展，对化学工业的发展有何促进？
1-8 现代化学工业有何特点？
1-9 什么是化工生产技术？
1-10 煤焦油和焦炉气的主要成分是什么？
1-11 举例说明再生资源和非再生资源。
1-12 试说明以农副产品作为化工原料的意义。
1-13 含硫化氢和二氧化硫的废气对环境有什么影响？采用何种方法处理这样的废气？
1-14 化工生产中的"三废"指的是什么？
1-15 磷的化工产品主要有哪些？
1-16 "三烯、三苯、一炔和一萘、合成气"指的是什么？
1-17 石油加工主要包括哪些过程？
1-18 化学工业的原料资源有哪些？
1-19 固体废弃物常用哪些方法进行处理？
1-20 生物质等再生性资源的化工利用有何意义？
1-21 "三废"处理的四个优先级的顺序如何？为什么？
1-22 何谓原子利用率？试计算乙烯氯醇法生产环氧乙烷的原子利用率。

1-23 何谓绿色化学工艺？清洁生产对化学工业有何意义？

能力拓展

1. 查阅"三废"处理技术特点、"三废"处理新技术、"三废"处理现状及发展等有关资料，并制作成PPT，展示并讨论相关主题。

2. 查找与绿色化工技术有关的信息资料，就化学工业如何防止化工污染、生产环境友好产品以及可持续性发展等方面进行讨论。

阅读园地

新能源简介

材料、能源、信息是现代社会的三大支柱。开发利用新的能源，是人类社会发展的需要。新能源是指除煤、石油和天然气，以及核能、风能、电能等之外的能源。例如，天然气水合物、生物质能源、固体废弃物、太阳能和海洋能。

天然气水合物是天然气与水的类冰固态化合物。水合物具有很高的浓缩气体的能力，单位体积的水合物可含200倍于这个单位的气体。据测算，地壳气水合物的气量比常规天然气的储量大好几个数量级。有利于天然气水合物形成条件的地区占陆地面积的27%，其中大部分分布在冻结岩层，世界上90%的大洋中都具备天然气水合物生成的温度和压力条件。作为一种新的烃类资源，天然气水合物将在21世纪或人类未来能源中具有极大的潜力。

太阳能是太阳内部连续不断的核聚变反应过程产生的能量，是一种取之不尽、用之不竭的可再生绿色能源。太阳辐射到地球大气层的能量为173万亿千瓦，相当于每秒钟照射到地球上的能量为590万吨标准煤。目前，太阳能的利用主要是太阳能的热利用及太阳能的光利用。太阳能的热利用，即使用各种形式的集热器，将太阳光转换成的热能收集起来，再利用气体、液体等中间介质输送到需要热量的设备中，用于热力发电、供暖、干燥、海水淡化、制冷等生产生活目的。太阳能的光利用，是根据半导体的光电效应制成太阳能电池，太阳光照到这种电池上直接转换成电能。

海洋能是指依附于海水中的可再生能源，例如潮汐能、波浪能、海洋温差能、海洋盐差能和海流能等。全球海洋能的可再生量很大，上述五种海洋能理论上可再生的总量为766亿千瓦。目前全世界的潮汐电站共有100多座，我国已建成9座潮汐电站。海洋能的开发技术正在不断进展之中。

总之，天然气水合物、生物质能源、固体废弃物、太阳能和海洋能等新能源，是21世纪非常重要的能源。

项目二　化工生产基础理论

学习导言

如何将化工原料转化为产品？怎样实现这个过程以及这个过程有何特点？化工过程的指标、影响因素、催化剂、反应器以及化工安全生产技术，这些化工生产基础理论的掌握对理解生产过程实施奠定了基础。

学习目标

知识目标：理解化学工艺过程的组成、工艺参数、过程的优化目标及工艺控制条件；理解质量与能量守恒原理和应用；了解化学反应器的结构类型；了解催化剂的种类和应用，理解固体催化剂的特性及使用；掌握工业生产对催化剂的要求；掌握转化率、选择性、收率及原料消耗定额的概念及计算；理解化工生产的特点及其安全技术要求。

能力目标：能熟练应用质量与能量守恒定律；能够计算转化率、选择性、收率及原料消耗定额；能分析判断影响生产过程的各种因素；能正确分析和选用化学反应器；能识读化工工艺流程图；能正确使用化工生产安全技术措施。

素质目标：具有一定的文字和语言表达沟通能力；具有遵章守纪的良好习惯；具有实事求是、一丝不苟的作风；具有规范操作、安全生产的意识。

任务一　化工生产过程

任务目标

1. 理解化学工艺过程的组成及参数；
2. 能识读化工工艺流程图；
3. 理解和应用质量与能量守恒定律。

将原料转化成产品，需要经过一系列化学和物理的加工程序。化工生产过程（简称化工过程）就是若干个加工程序（简称工序）的有机组合，而每一个工序又由若干个（组）设备组合而成。物料通过各个设备完成某种化学或物理的加工，最终转化成合格产品，此即化工生产过程。

一、化工生产的组成

化工生产是将若干个单元反应过程、若干个化工单元操作，按照一定的规律组成生产系统，这个系统包括化学、物理的加工工序。

1. 化工生产的工序

化学工序，即以化学的方法改变物料化学性质的过程，也称反应过程。化学反应千差万别，按其共同特点和规律可分为若干个单元反应过程。例如，磺化、硝化、氯化、酰化、烷基化、氧化、还原、裂解、缩合、水解等。

物理工序，只改变物料的物理性质而不改变其化学性质，也称化工单元操作。例如，流体的输送、传热、蒸馏、蒸发、干燥、结晶、萃取、吸收、吸附、过滤、破碎等加工过程。

2. 化工生产的主要操作

化工生产的操作，按其作用可归纳为反应，分离和提纯，改变物料的温度、压力，混合等。

反应是化工生产过程的核心，其他的操作都是围绕着化学反应组织和实施的。化学反应的好坏，直接影响着生产的全过程。

分离与提纯，主要用于反应原料的净化、产品的分离与提纯。它是根据物料的物理性质（如沸点、熔点、溶解度、密度等）的差异，将含有两种或两种以上组分的混合物分离成纯的或比较纯的物质。例如，蒸馏、吸收、吸附、萃取等化工单元操作。

改变温度的操作，是热量交换的操作过程。化学反应速率、物料聚集状态的变化（如蒸气的冷凝、液体的汽化或凝固、固体的熔化）以及其他物理性质的变化均与温度有着密切的关系。改变温度，可以调节上述性质以达到生产所需的要求。温度的改变，一般是通过换热器实现的。热量从热流体转移到冷流体，冷、热流体由易导热的材料隔开，传递的热量取决于两流体的温度差、传热面积和两流体的相对速度。

改变压力的操作，是能量交换的操作过程。反应过程中有气相反应物时，改变压力可以改变气相反应物的浓度，从而影响化学反应速率和产品的收率。蒸气的冷凝或者液体的汽化等相变化过程与压力有着密切的关系。改变压力可以改变相变条件。此外，流动物料的输送，需要增加流体压力以克服设备和管道的阻力。改变压力的操作，可通过泵、压缩机等机械设备将机械能转化为物料的内能来实现。生产中也常利用物料的余压输送物料；或利用余压进行闪蒸操作，实现混合物一定程度的分离。

物料的混合，是将两种及两种以上的物料按照配比进行混合的操作，以达到生产需要的浓度。

此外，在化工生产中还有破碎、筛分、除尘等操作。

3. 化工过程的组成

化工产品种类繁多、性质各异。不同的化工产品，其生产过程不尽相同；同一产品，原料路线和加工方法不同，其生产过程也不尽相同。但是，一个化工生产过程，一般都包括：原料的净化和预处理、化学反应过程、产品的分离与提纯、"三废"处理及综合利用等。

① 生产原料的准备（原料工序） 包括反应所需的各种原辅料的贮存、净化、干燥、加压和配制等操作。

② 反应过程（反应工序） 以化学反应为主，同时还包括反应条件的准备，如原料的混合、预热、汽化，产物的冷凝或冷却以及输送等操作。

③ 产品的分离与提纯（分离工序） 反应后的物料是由主产物、副产物和未反应的原料形成的混合物，该工序是将未反应的原料、溶剂、主产物、副产物分离，对目的产物进行提纯精制。

④ 综合利用（回收工序） 对反应生成的副产物、未反应的原料、溶剂、催化剂等进行分离提纯、精制处理以利于回收使用。

⑤ "三废"处理（辅助工序） 包括生产过程中产生的废气、废水和废渣的处理，废热的回收利用。

化工生产过程的组成如图 2-1 所示。

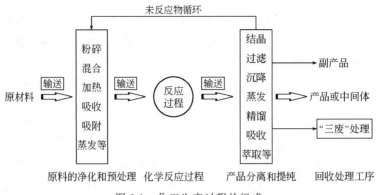

图 2-1　化工生产过程的组成

为保证化工生产的正常运行，还需要动力供给、机械维修、仪器仪表、分析检验、安全和环境保护、管理等保障和辅助系统。

二、化工生产的操作方式

1. 间歇操作

物料一次性加入设备，在反应过程中，既不投入物料，也不排出物料，待达到生产（反应）要求后放出全部物料，设备清洗后进行下一批次的操作。在间歇操作中，温度、压力和组成等随时间变化。间歇操作包括投料、卸料、加热（或加压）、清洗等非生产性操作。间歇操作开、停工比较容易，生产批量的伸缩余地较大，品种切换灵活，适用于小批量、多品种的精细化学品或者反应时间比较长的生产过程。

2. 连续操作

是连续不断地向设备中投入物料，同时连续不断地从设备中取出同样数量物料的操作。连续操作的生产条件不随时间变化。连续操作产品质量稳定，易于实现自动化控制，生产规模大，生产效率高。

3. 半连续（半间歇）操作

有三种情况，如图 2-2 所示。图中（a）是一次性向设备内投入物料，连续不断地从设备中取出产品的操作；（b）是连续不断地加入物料，在操作一定时间后，一次性取出产品；（c）是一种物料分批加入，而另一种物料连续加入，根据生产需要连续或间歇地取出产品。

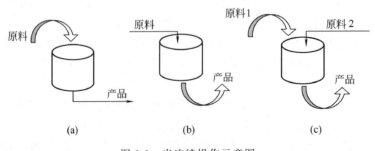

图 2-2　半连续操作示意图

三、化工生产工艺流程

工艺流程是指原料转化为产品，经历各种反应设备和其他设备（如缓冲罐、贮槽、输送设备）以及管路的全过程，反映了原料转化成产品采取的化学和物理的全部措施，是原料转化为产品所需单元反应、化工单元操作的有机组合。工艺流程图是以图解的形式表示化工生产过程，即将生产过程中物料经过的设备按其形状画出示意图，并画出设备之间的物料管线及其流向，以几何图形和必要的文字解释，表示设备及设备之间的相互关系，全部原料、中间体、半成品、成品以及副产物的名称和流向等。工艺流程图按其用途分为生产工艺流程图、物料流程图、带控制点的工艺流程图等。

1. 生产工艺流程图

生产工艺流程图包括工艺流程框图和工艺流程图。工艺流程框图以设备形状示意，分别表示化工单元操作和单元反应过程，以箭头表示物料和载能介质的流向，并辅以文字说明。图 2-3 为醋酸乙烯酯合成工序工艺流程框图。

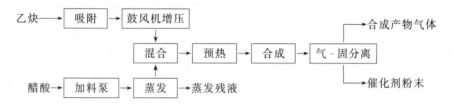

图 2-3　醋酸乙烯酯合成工序工艺流程框图

图 2-4 是以设备形状表示的醋酸乙烯酯合成工序工艺流程图。工艺流程图中的设备外形

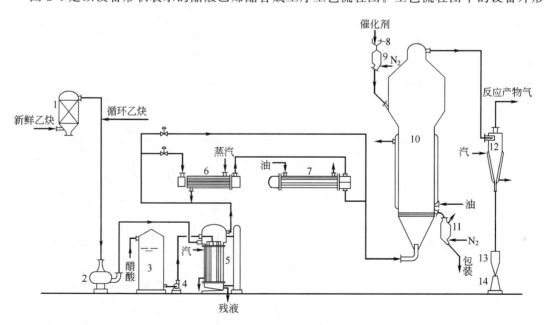

图 2-4　醋酸乙烯酯合成工序工艺流程图

1—吸附槽；2—乙炔鼓风机；3—醋酸贮槽；4—醋酸加料泵；5—醋酸蒸发器；6—第一预热器；7—第二预热器；8—催化剂加入器；9—催化剂加入槽；10—流化床反应器；11—催化剂取出槽；12—粉末分离器；13—粉末受槽；14—粉末取出槽

与实际外形或制造图的主视图相似，用细线条绘制，设备上的管线接头、支脚和支架均不表示。工艺流程图常用设备的代号与图例见表2-1。

表 2-1　工艺流程图常用设备的代号与图例

序号	设备类别	代号	图例
1	塔	T	填料塔　筛板塔　浮阀塔　泡罩塔　喷洒塔
2	反应器	R	固定床反应器　管式反应器　反应釜
3	容器(槽、罐)	V	卧式槽　立式槽　除沫分离器　旋风分离器　锥顶罐　浮顶罐　湿式气柜　球罐

续表

序号	设备类别	代号	图例
4	换热器 冷却器 蒸发器	E	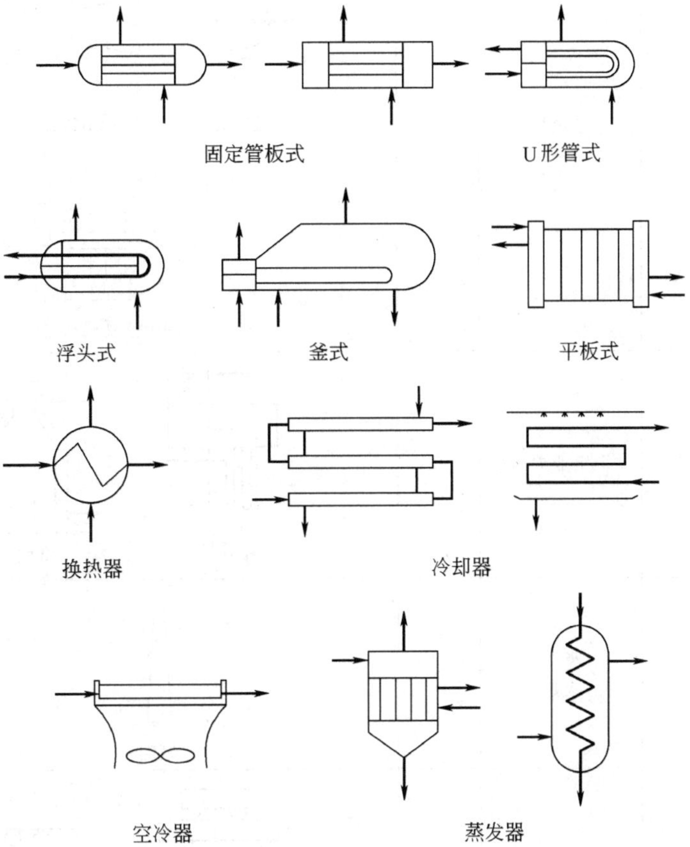 固定管板式　　U形管式 浮头式　　釜式　　平板式 换热器　　冷却器 空冷器　　蒸发器
5	泵	P	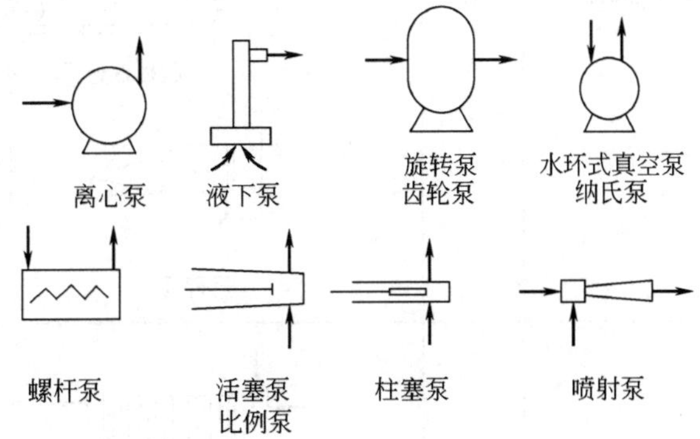 离心泵　液下泵　旋转泵齿轮泵　水环式真空泵纳氏泵 螺杆泵　活塞泵比例泵　柱塞泵　喷射泵

项目二　化工生产基础理论

续表

序号	设备类别	代号	图例
6	鼓风机 压缩机	C	鼓风机　　离心压缩机　　旋转式压缩机（卧式）　（立式） 四级往复式压缩机　　单级往复式压缩机
7	工业炉	F	箱式炉　　圆筒炉　　此二图例仅供参考，炉子形式改变时，应按具体炉型画出
8	烟囱 火炬	S	烟囱　　火炬
9	起重运输机械	L	桥式　　单轨　　斗式提升机 刮板输送机　　皮带输送机 悬臂式　　旋转式　　手推车
10	其他机械	M	板框式压滤机　　回转过滤机　　离心机

2. 物料流程图

物料流程图由框图、图例和经过各工序（或设备）的物料名称及数量组成，表示所加工物料的数量关系。每个框表示过程的名称、流程序号以及物料组成和数量。图 2-5 为氯苯硝化生产硝基氯苯的物料流程图。

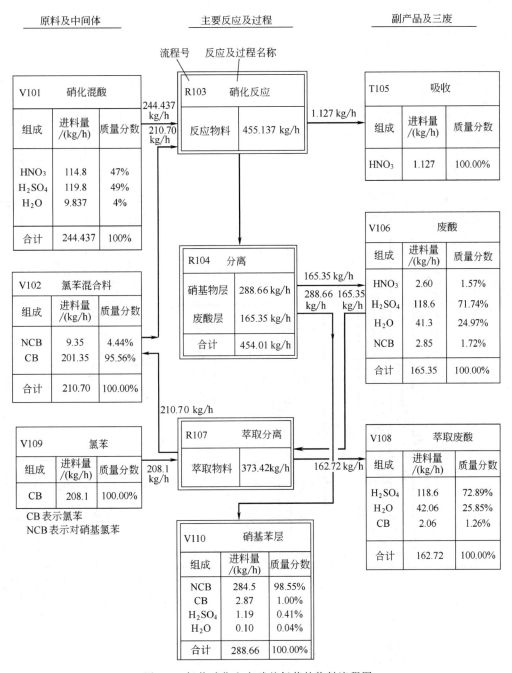

图 2-5 氯苯硝化生产硝基氯苯的物料流程图

3. 带控制点的工艺流程图

带控制点的工艺流程图是组织、实施和指挥生产的技术文件，也称施工流程图。图 2-6

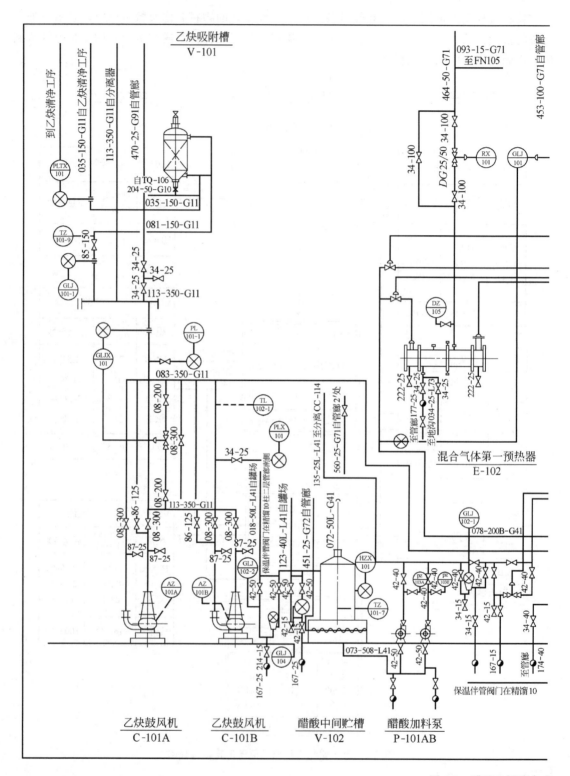

图 2-6 醋酸乙烯酯合成

项目二 化工生产基础理论

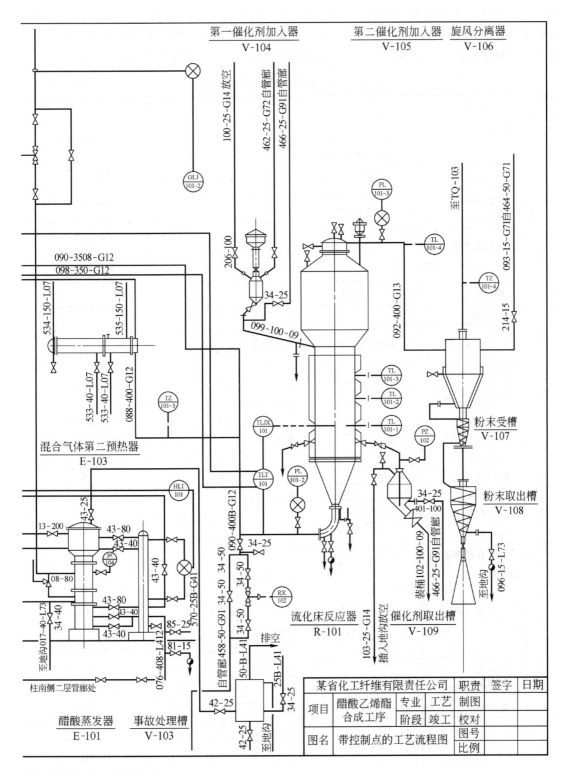

工序带控制点的工艺流程图

是醋酸乙烯酯合成工序带控制点的工艺流程图（见插页）。带控制点的工艺流程图表示了全部工艺设备及其纵向关系，物料和管路及其流向，冷却水、加热蒸汽、真空、压缩空气和冷冻盐水等辅助管路及其流向，阀门与管件，计量-控制仪表及其测量-控制点和控制方案，地面及厂房各层标高。工艺流程图的管道与附件图例见表2-2，管道物料代号见表2-3。

表2-2 工艺流程图的管道与附件图例

序号	名称	符号	序号	名称	符号
1	软管 翅管 可拆卸短管 同心异径管 偏心异径管 多孔管		13	疏水器	
2	管道过滤器		14	来自或至其他图 来自或去界区外	
3	毕托管 文氏管 混合管		15	闸阀	
			16	截止阀	
			17	针孔阀	
4	转子流量计		18	球阀	
5	插板（滑动盲板） 锐孔板		19	碟阀	
6	盲法兰 管子平板封头		20	减压阀	
7	活接头 软管活接头 转动活接头 吹扫接头 挠性接头		21	旋塞（直通、三通与四通）	
			22	安全阀（弹簧式与重锤式）	
8	放空管或带防雨帽的放空管		23	Y型阀	
9	分析取样接口漏斗		24	隔膜阀	
			25	止回阀	
10	消声器 阻火器 爆破膜		26	高压止回阀	
			27	柱塞阀	
11	视盅		28	活塞阀	
12	伸缩器（波形、方形、弧形）		29	浮球阀	

续表

序号	名称	符号	序号	名称	符号
30	杠杆转动节流阀		33	旋启式止回阀	
31	底阀		34	喷射器	
32	取样阀与实验室用龙头		35	塑料防雨帽	

表 2-3 工艺流程图的管道物料代号

物料名称	代号	物料名称	代号	物料名称	代号
工业用水	S	冷冻盐水	YS	输送用氮气	D_2
回水	S′	冷冻盐水回水	YS′	真空	ZK
循环上水	XS	脱盐水	TS	放空	F
循环回水	XS′	凝结水	N	煤气、燃料气	M
生活用水	SS	排出污水	PS	有机载热体	RM
消防用水	FS	酸性下水	CS	油	Y
热水	RS	碱性下水	JS	燃料油	RY
热水回水	RS′	蒸汽	Z	润滑油	LY
低温水	DS	空气	K	密封油	HY
低温回水	DS′	氮气或惰性气体	D_1	化学软水	HS

四、化工过程的参数

在化工生产中,影响过程运行状态的物理量称为化工过程参数。如温度、压力、流量、物料的组成或浓度等,这些参数常作为生产过程的主要控制指标。在指定工艺条件下,参数的数值不变;工艺条件改变,参数的数值也随之改变。

1. 温度

是表示物料冷热程度的物理量。温度的高低,取决于物体内部的热运动状态,反映了物料内部分子热运动的剧烈程度。计量温度的标准(简称温标)主要有摄氏温标(℃)、开氏温标(K)、华氏温标(°F)和兰金温标(°R)。

摄氏温标(℃)是常用的温标,它将水的正常冰点定为 0℃,把水的正常沸点定为 100℃,其间均分为 100 等份,单位为摄氏度(℃)。

温度计是测量温度的仪表,分为标准温度计、范型温度计和实用温度计,其读数方式有指示式、记录式和远距离测量式。

2. 压力

是垂直作用于单位面积上的力。压力的高低,反映了设备内物质的量及其能量的大小。表示压力的方法有绝对压力、表压、真空度。压力的国际单位是牛顿/米^2,用帕斯卡(Pa)表示。此外,还常用到其他压力单位,不同压力单位间的换算关系如下:

$$1atm = 760mmHg = 10.336mH_2O = 101.3kPa = 14.7lbf/ft^2$$

$$1at = 1kgf/cm^2 = 10mH_2O = 735.6mmHg = 98kPa$$

3. 流量与流速

流量表示单位时间内流过管道（设备）某一截面的流体量。以物料的体积表示的流量称为体积流量，单位是体积/时间。以物料的质量表示的流量称为质量流量，其单位是质量/时间。

流体的密度随着温度、压力的变化而变化。以体积流量表示时，必须注明流体的温度和压力。气体的密度受温度和压力的影响较大，其流量常以标准状况（0℃、101.3kPa）下的体积流量表示。液体密度受温度、压力的影响较小，一般温度变化不大时，可忽略不计。质量流量不受温度和压力的影响。

流体在单位时间内流过的距离称为流速。生产中常以流体的体积流量与管道（设备）截面积的比值表示流速。

流量的高低，反映了设备生产负荷的大小；流速的大小，表现了物料在设备内的流动状态、质量和热量的传递情况。

4. 物料的组成

对于多种组分形成的混合物料，其组成（含量）的表示方法有：

$$质量分数 = 某组分的质量/混合物的质量$$

$$体积分数 = 某组分的体积/混合物的体积$$

$$摩尔分数 = 某组分的物质的量/混合物的物质的量$$

混合物若是溶液，其组成常用质量分数或摩尔分数表示；气体混合物一般用体积分数表示；理想混合气体的体积分数等于摩尔分数。

燃料气、燃烧后的烟道气、尾气等混合气体的组成，常分干基准和湿基准两种。干基准（简称干基）是不包括水汽在内计算的组分含量；湿基准（简称湿基）则是包括水汽在内的组分含量。气体分析仪的计算结果，常用干基表示。

【例 2-1】 某烟道气的组成（湿基，摩尔分数）如下：N_2 65%，CO_2 12%，CO 2.5%，O_2 8.5%，H_2O 12%。计算该气体的干基组成。

解 以 100mol 湿烟道气为基准，干气的总量为

$$65+12+2.5+8.5=88mol$$

烟道气的组成（干基）如下：

N_2　65/88＝0.739mol/mol（干气），即 73.9%

CO_2　12/88＝0.136mol/mol（干气），即 13.6%

CO　2.5/88＝0.028mol/mol（干气），即 2.8%

O_2　8.5/88＝0.097mol/mol（干气），即 9.7%

溶液中溶质的含量也可以浓度来表示。常用的表示方法有质量浓度、体积摩尔浓度、质量摩尔浓度。

单位体积溶液中所含溶质的质量称为质量浓度，其单位是千克/米^3（kg/m^3）或千克/升（kg/L）。

单位体积溶液中所含溶质的物质的量称作体积摩尔浓度，简称浓度，其单位是千摩尔/米^3（$kmol/m^3$）或摩尔/升（mol/L）。

每千克溶剂中所含溶质的物质的量为质量摩尔浓度，其单位是摩尔/千克（mol/kg）。

表 2-4 为醋酸乙烯酯合成的主要参数和操作条件。

表 2-4 醋酸乙烯酯合成的主要参数和操作条件

设备	参数	操作条件	设备	参数	操作条件
反应器	反应温度/℃	167~220	气体分离塔	第一循环量/(m³/h)	40
	原料气入口温度/℃	130~140		第二循环量/(m³/h)	65
	反应器入口压力/MPa	0.07(表压)		第三循环量/(m³/h)	30
	反应器出口压力/MPa	0.02(表压)		下段排出量/(m³/h)	0.5~1
	载热油温度/℃	160~220		第二循环入塔温度/℃	32±1
	混合乙炔浓度/%	92.5±1		第三循环入塔温度/℃	-2±1
	乙炔气规格/%	99			
	原料气流量/(kg/h)	6677			

五、化工过程的质量与能量守恒

在化工生产中，物料发生着各种化学的和物理的变化。化学变化生成了新的物质，使物料的组成发生变化，同时有能量的产生或消耗；物理变化使物料的流量和组成发生变化，同时也有能量的消耗和转换。为了维持化工过程的正常运行，保持稳定的操作状态，必须了解物料质量和能量的变化，掌握质量与能量守恒规律，使各种物料、加热剂（或冷却剂）流量符合工艺要求。

1. 物料的质量守恒与计算

物料质量守恒是指物料的质量（单位为 kg）守恒，而非物质的量（单位为 mol）守恒。对于一个设备或工序，在同一时间内进入该设备（工序）的物料质量的总和等于离开该设备（工序）的物料、损失的物料和累积的物料质量的总和。即

$$\sum G_{入} = \sum G_{出} + \sum G_{损失} + \sum G_{积累} \tag{2-1}$$

式中　$\sum G_{入}$——进入设备（工序）的物料质量的总和，kg/h；

$\sum G_{出}$——离开设备（工序）的物料质量的总和，kg/h；

$\sum G_{损失}$——设备（工序）损失的物料质量的总和，kg/h；

$\sum G_{积累}$——设备（工序）积累的物料质量的总和，kg/h。

式(2-1)既适用某个设备或工序，也适用于整个生产过程。

在生产操作与控制中，物料质量的守恒计算（简称物料衡算）具有重要作用。如计算原料的消耗，产品、副产品以及废物的生成量，揭示物料的使用情况和生产中不正常的现象，衡量经济效果；为提高产量、降低消耗、减少副产品和废物排放、改进生产操作、进行工艺技术革新提供依据。

2. 热量的守恒与计算

物料在进行化学和物理变化的同时，伴有能量的消耗、释放和转换等。能量是守恒的，既不能创生，也不能消灭，只能从一种形式转变成另一种形式。化工过程中能量的形式，主要是机械能、电能和热能，而以热能为主。能量的守恒与计算主要是热量的守恒与计算。热量衡算式如下：

$$\sum Q_{入} = \sum Q_{出} + \sum Q_{损失} + \sum Q_{积累} + \sum Q_{交换} \tag{2-2}$$

式中　$\sum Q_{入}$——进入设备（工序）的物料带入的热量总和，kJ/h；

$\sum Q_{出}$——离开设备（工序）的物料带出的热量总和，kJ/h；

$\sum Q_{损失}$——设备（工序）损失的热量总和，kJ/h；

$\sum Q_{积累}$——设备（工序）化学反应产生或积累的热量总和，kJ/h；

$\sum Q_{交换}$——设备（工序）与外界交换的热量总和，kJ/h。

化工生产中，设备传热量的确定，加热剂或冷却剂用量的确定，能量利用是否合理，为寻找节能的有效途径提供依据，为供水、供气等配套工程提供基础数据等，都要进行热量衡算。

【例 2-2】 采用空气氧化邻二甲苯制苯酐，反应式如下：$C_8H_{10} + 3O_2 \longrightarrow C_8H_4O_3 + 3H_2O$。已知邻二甲苯的通入量为 300kg/h，其中 75% 转化为苯酐，氧的用量为理论用量的 1.5 倍，空气中氧的含量为 21%，氮含量为 79%。试对该反应过程进行物料衡算。

解 以 1h 为基准。 $\quad C_8H_{10} + 3O_2 \longrightarrow C_8H_4O_3 + 3H_2O$
$\qquad\qquad\qquad\qquad\qquad\quad$ 106

进料：$\qquad$邻二甲苯流量 $= \dfrac{300}{106} = 2.83 \text{kmol/h}$

$\qquad\qquad$氧流量 $= 2.83 \times 75\% \times 3 \times 1.5 = 9.55 \text{kmol/h} = 305.60 \text{kg/h}$

$\qquad\qquad$氮流量 $= 9.55 \times \dfrac{0.79}{0.21} = 35.93 \text{kmol/h} = 1006.04 \text{kg/h}$

出料量：未反应邻二甲苯流量 $= 300 \times (1-75\%) = 75.00 \text{kg/h} = 0.71 \text{kmol/h}$

$\qquad\qquad$苯酐流量 $= 2.83 \times 75\% = 2.12 \text{kmol/h} = 314.13 \text{kg/h}$

$\qquad\qquad$水流量 $= 2.83 \times 75\% \times 3 = 6.37 \text{kmol/h} = 114.62 \text{kg/h}$

$\qquad\qquad$氧流量 $= 9.55 - 2.83 \times 75\% \times 3 = 3.18 \text{kmol/h} = 101.84 \text{kg/h}$

$\qquad\qquad$氮流量 $= 1006.04 \text{kg/h}$

物料衡算结果见下表。

物料名称	进料量		出料量	
	/(kmol/h)	/(kg/h)	/(kmol/h)	/(kg/h)
邻二甲苯	2.83	300	0.71	75.00
氧	9.55	305.60	3.18	101.84
氮	35.93	1006.04	35.93	1006.04
苯酐	0	0	2.12	314.13
水	0	0	6.37	114.62
合计	48.31	1611.64	48.31	1611.63

目标自测

判断题

1. 分离和提纯是化工生产过程的核心。（　　）
2. 化工生产的操作方式有间歇操作、连续操作、半连续（半间歇）操作。（　　）
3. 工艺流程图是以图解的形式表示化工生产过程。（　　）
4. 温度、压力、流量、物料的组成或浓度等，这些参数常作为生产过程的主要控制指标。（　　）

5. 物料质量守恒是指物料的物质的量（单位为 mol）守恒。（　　）

填空题

1. 化工生产是将若干个_____、若干个_____，按照一定的规律组成生产系统，包括化学和物理工序。

2. 一个化工生产过程一般都包括：_____、_____、_____、_____等。

3. _____、_____、_____、物料的组成或浓度等参数，常作为生产过程的主要控制指标。

任务二　化工过程的指标与影响因素

任务目标

1. 了解化工生产的生产能力和生产强度；
2. 能理解和分析影响化学反应的因素，正确确定工艺条件；
3. 掌握转化率、选择性、收率及原料消耗定额的概念及计算。

安全、优质、高产和低消耗是化工生产的目标。评价化工生产效果和工艺技术经济的优劣有多种指标。反应过程是化工生产的中心环节，影响反应和生产效果的因素有多种。要使化工过程有效控制和平稳操作，必须掌握各种工艺指标和主要影响因素。

一、生产能力与生产强度

生产能力与生产强度是评价化工生产效果的两个重要指标。

1. 生产能力

生产能力是指一台设备、一套装置或是一个工厂，在单位时间内生产的产品量或处理的原料量，单位为 kg/h、t/d、kt/a 或万吨/a。例如，一台管式裂解炉一年可生产乙烯产品 5 万吨，即 50kt/(a·台)；年产 5000t 聚乙烯醇的生产装置，表示该装置一年可以生产 5000t 聚乙烯醇产品；又如年产 30 万吨合成氨的工厂，指的是该厂一年能生产 30 万吨的合成氨产品。

原料处理量也称为加工能力。如处理原油为 500 万吨/a 的炼油厂，是指每年可将 500 万吨原油加工炼制成各种油品。

生产能力有设计能力、核定能力和现有能力之分。设计能力是设备或装置在最佳条件下可达到的最大生产能力，即设计任务书规定的生产能力。核定能力是在现有条件的基础上，结合实现各种技术、管理措施确定的生产能力。现有能力也称作计划能力，是根据现有生产技术条件和计划年度内能够实现的实际生产效果，按计划产品方案计算确定的生产能力。

设计能力和核定能力是编制企业长远规划的依据，而现有生产能力则是编制年度生产计划的重要依据。

2. 生产强度

生产强度指单位体积或单位面积的设备在单位时间内生产的产品量或加工的原料量，其单位是 $kg/(h·m^3)$、$t/(h·m^3)$、$kg/(h·m^2)$、$t/(h·m^2)$。

具有相同化学或物理过程的设备（装置），可用生产强度指标比较其优劣。设备内进行的过程速率越快，该设备的生产强度就越高，设备生产能力也就越大。如催化反应装置的生产强度，常用空时收率表示。

空时收率是指单位时间内、单位体积（质量）催化剂所能获得的产品量，记作 kg/(h·m³ 催化剂) 或 kg/(h·kg 催化剂)。

例如，醋酸乙烯酯的合成，乙炔气相法的空时收率为 1~2t/(d·m³ 催化剂)；乙烯气相法为 6~7t/(d·m³ 催化剂)。显然，乙烯气相法设备的生产强度比较高。

3. 原材料及公用工程消耗定额

消耗定额是在实现产品产量和质量的前提下，为降低消耗而确定的工艺技术经济指标，即生产单位产品所消耗各种原材料的量，如原料、水、燃料、电力和蒸汽量。它是根据产品设计数据和生产技术条件规定的原材料的消耗定额。消耗定额越低，生产过程越经济，产品的单位成本也就越低。

工业原料并非是 100% 的纯净物。将初始原料转化为具有一定纯度要求的最终产品，其消耗定额有理论消耗定额和实际消耗定额两种。理论消耗定额是以化学计量方程式为基础计算的，是生产单位产品必须消耗原料量的理论值。实际生产中，由于副反应的发生，加工中各操作环节的损失，在废气、废液和废渣中物料的流失以及操作事故造成的损失等原因，原料的实际消耗定额大于其理论消耗定额。实际消耗定额是包括各种损耗在内的原料消耗定额。理论消耗定额与实际消耗定额的比值称为原料的利用率：

$$原料的利用率 = \frac{理论消耗定额}{实际消耗定额} \times 100\% \quad (2\text{-}3)$$

根据消耗定额，可分析、比较生产技术经济的优劣，提出技术改进措施，以降低消耗、提高生产经济效果。

在化工生产中供水、供热、供电、供气和冷冻等公用系统，称为公用工程。公用工程消耗定额，是指生产单位产品所消耗的水、蒸汽、电以及燃料的量。在消耗定额的各项中，原料的消耗占产品成本的 60%~70%，因而降低原料消耗是降低产品成本的关键。

降低消耗的主要措施为：选择性能优良的催化剂；改善温度、压力、物料配比、反应物浓度等工艺参数和操作条件；加强设备的维护和巡回检查，减少和避免物料的跑、冒、漏、滴现象；加强生产操作的管理，防止和避免生产事故的发生。

【例 2-3】 乙醛氧化法生产醋酸，已知投入纯度为 99.4% 的乙醛 500kg/h，得到纯度为 98% 的醋酸 580kg/h，计算原料乙醛的理论消耗定额、实际消耗定额以及原料的利用率。

解 乙醛氧化法生产醋酸的化学反应方程式为

$$\underset{44}{CH_3CHO} + \frac{1}{2}O_2 \longrightarrow \underset{60}{CH_3COOH}$$

以 1t 醋酸为计算基准：

乙醛的理论消耗定额 $A_{理} = \dfrac{0.98 \times 44 \times 1000}{0.994 \times 60} = 723.00 \text{kg/t 醋酸}$

乙醛的实际消耗定额 $A_{实} = \dfrac{500 \times 1000}{580} = 862.07 \text{kg/t 醋酸}$

原料的利用率 $\eta = \dfrac{723.00}{862.07} \times 100\% = 83.87\%$

二、转化率、选择性和收率

衡量化学反应进行的程度及其效率，常用转化率、选择性及收率等指标。

1. 转化率

转化率是某种反应物转化掉的量占投入该反应物总量的百分率，常以符号"X_A"表示。

$$X_A = \frac{\text{反应转化掉的反应物 A 的量}}{\text{投（进）入反应器的反应物 A 的总量}} \times 100\% \qquad (2-4)$$

转化率的计算与其反应物、起始状态有关。转化率的计算，必须注明反应物、起始状态与操作方式。同一个化学反应，由于着眼的反应物不同，其转化率数值也不同。对于间歇操作，以反应开始投入反应器某反应物的量为起始量；对于连续操作，以反应器进口处的某反应物的量为起始量。根据连续操作物料有无循环（如图 2-7 所示），转化率分为单程转化率和全程转化率。

单程转化率是以反应器为研究对象，物料一次性通过反应器的转化率。即

$$X_{A,\text{单}} = \frac{\text{反应物 A 在反应器内转化的量}}{\text{反应器进口反应物 A 的量}} \times 100\% \qquad (2-5)$$

式中，反应器进口反应物 A 的量等于新鲜原料中 A 的量与循环物料中 A 的量之和。

全程转化率又称总转化率，是指新鲜物料进入反应系统到离开反应系统所达到的转化率，即

$$X_{A,\text{全}} = \frac{\text{反应物 A 在反应器内转化的量}}{\text{进入反应系统的新鲜物料中反应物 A 的量}} \times 100\% \qquad (2-6)$$

【**例 2-4**】 乙炔与醋酸催化合成醋酸乙烯酯的工艺流程如图 2-7 所示。

图 2-7 乙炔与醋酸催化合成醋酸乙烯酯的工艺流程

已知新鲜乙炔的流量为 600kg/h，混合乙炔的流量为 5000kg/h，反应后乙炔的流量为 4450kg/h，循环乙炔的流量为 4400kg/h，弛放乙炔的流量为 50kg/h，计算乙炔的单程转化率和全程转化率。

解 乙炔的单程转化率 $X_{A,\text{单}} = \dfrac{5000-4450}{5000} \times 100\% = 11\%$

乙炔的全程转化率 $X_{A,\text{全}} = \dfrac{600-50}{600} \times 100\% = 91.67\%$

乙炔的单程转化率为 11%，未转化乙炔占 89%；未反应乙炔经分离与新鲜乙炔混合，再次通入反应器循环，其转化率达到 91.67%，提高了乙炔的利用率。

乙炔循环量增大，分离负荷及动力消耗随之增加，保持较高的单程转化率，在经济上是有利的；减少乙炔弛放量，可增大其循环量，但会使循环系统中的惰性物质增加并逐渐积累，导致新鲜乙炔通入量减少，影响反应质量和生产能力。

平衡转化率是可逆反应达到平衡时的转化率。平衡转化率与平衡条件（温度、压力、反

应物浓度等）密切相关，它表示某反应物在一定条件下，可能达到的最高转化率，实际生产中并不追求平衡转化率。

2. 选择性

对于复杂反应，原料并非都转化成了目的产物，而是既有目的产物的生成，又有副产物的生成。即在主反应进行的同时，还存在着副反应。在实际生产中，常采用选择性评价反应过程效率的高低，即目的产物的产出率或原料的利用率。

对于由某反应物生成目的产物，其选择性可表示为"S"，即

$$S = \frac{转化为目的产物的某反应物的量}{某反应物的转化总量} \times 100\% \tag{2-7}$$

也可以目的产物的实际产量与其理论产量的比值表示，即

$$S = \frac{目的产物的实际产量}{按某反应物的转化总量计算所得的目的产物的理论产量} \times 100\% \tag{2-8}$$

可见，选择性是某反应物参加主反应的量占其总反应量的百分率，表示主反应占所发生全部反应的比例，表达了反应过程中主、副反应进行程度的相对值，反映了原料利用的合理性。选择性越高，说明主反应所占的比例越高，副反应所占的比例越低，原料的利用率就越高。

3. 收率

收率是指生成目的产物所转化的某反应物的量占投入该反应物的量的百分率。即

$$Y = \frac{转化为目的产物的某反应物的量}{某反应物的投入（起始）量} \times 100\% \tag{2-9}$$

对于同一反应物，转化率 X、选择性 S 和收率 Y 三者之间存在如下关系：

$$Y = XS \tag{2-10}$$

若反应过程中无副反应，$S=1$，收率在数值上等于转化率，转化率愈高，其收率也愈高；当有副反应时，$S<1$，此时应在保持较高选择性的前提下，尽可能提高转化率。但是，在高转化率的条件下，反应选择性较低；反之，在较高的选择性条件下，转化率却很低。因此，不能单纯追求高转化率或高选择性，而应兼顾二者，以目的产物的收率最高为目的。

质量收率也是常用指标之一。质量收率是指投入单位质量的某原料所能生产的目的产物的质量，即

$$Y = \frac{目的产物的质量}{某原料的投入（起始）质量} \times 100\% \tag{2-11}$$

【**例 2-5**】已知丙烯氧化法生产丙烯醛的一段反应器，原料丙烯的投入量为 600kg/h，丙烯醛出料量为 640kg/h，另外还有未反应的丙烯 25kg/h，计算原料丙烯的转化率、选择性以及丙烯醛的收率。

解 丙烯氧化法生产丙烯醛的化学反应方程式为

$$\underset{42}{CH_2=CHCH_3} + O_2 \longrightarrow \underset{56}{CH_2=CHCHO} + H_2O$$

丙烯的转化率 $\qquad X = \dfrac{600-25}{600} \times 100\% = 95.83\%$

丙烯的选择性 $\qquad S = \dfrac{640 \times 42}{56 \times (600-25)} \times 100\% = 83.48\%$

丙烯醛的收率 $\qquad Y = \dfrac{640 \times 42}{56 \times 600} \times 100\% = 80.00\%$

三、化学反应的限量物与过量物

1. 限量物与过量物

生产中，物料不都是按化学计量系数比投料的。通常，按最小化学计量数投料的反应物，称作限量反应物，简称限量物。超过限量物完全反应的另一反应物，称作过量反应物，简称过量物。一般将价格昂贵或难以得到的反应物作为限量物，使其更多地转化为目的产物，而使价廉易得的反应物过量。例如，乙炔和醋酸在催化剂作用下生产醋酸乙烯酯，醋酸为限量物，乙炔为过量物。

过量物超过限量物所需理论量的部分占所需理论量的部分的百分率称作过量百分数。若过量物的物质的量为 n_e，该过量物与限量物完全反应所消耗的物质的量为 n_t，则过量百分数为

$$过量百分数 = \frac{n_e - n_t}{n_t} \times 100\% \tag{2-12}$$

2. 原料配比

原料配比也称反应物料的摩尔比，即加入反应器各组分物质的量之比，表示投料中各组分间的比例关系。原料的配比可以是化学计量系数比，也可以不等于化学计量系数比。多数情况下，原料的配比不等于化学计量系数比。乙炔与醋酸在催化剂作用下合成醋酸乙烯酯，乙炔与醋酸的摩尔比为（2.5～3）∶1，乙炔过量。

四、化学反应的工艺影响因素

化学反应过程是复杂的，在生成目的产物的同时，还存在着副反应，可能生成多种副产物。提高反应的选择性、减少副产物的生成、降低原料的消耗、增加目的产物收率是十分重要的。例如，乙炔与醋酸反应生成醋酸乙烯酯的同时，还存在生成乙醛、丙酮、醋酸酐等的副反应。

主反应 $\qquad C_2H_2 + CH_3COOH \longrightarrow CH_2\!\!=\!\!CH\!-\!OCOCH_3 \qquad (1)$

副反应 $\qquad C_2H_2 + H_2O \longrightarrow CH_3CHO \qquad (2)$

$\qquad\qquad 2CH_3CHO \longrightarrow CH_3CH\!\!=\!\!CHCHO + H_2O \qquad (3)$

$\qquad\qquad C_2H_2 + CH_3CHO \longrightarrow CH_3CH\!\!=\!\!CHCHO \qquad (4)$

$\qquad\qquad 2CH_3COOH \longrightarrow CH_3COCH_3 + CO_2 + H_2O \qquad (5)$

$\qquad\qquad C_2H_2 + 2CH_3COOH \longrightarrow CH_3CH(OCOCH_3)_2 \qquad (6)$

$\qquad\qquad CH_3CH(OCOCH_3)_2 \longrightarrow (CH_3CO)_2O + CH_3CHO \qquad (7)$

影响反应的因素是多方面的，有原料纯度、催化剂、反应器型式与结构、温度、压力、浓度、反应时间等。不同的反应过程，其影响因素也不尽相同。掌握主要因素对反应的影响规律，维持正常的反应条件，使生产装置在最佳的条件下运行，是实现安全、优质、高产和低耗生产追求的目标。

1. 温度的影响

温度影响化学平衡和化学反应速率。对于不可逆反应，可以不考虑温度对化学平衡的影响；而对于可逆反应，温度的影响是很大的。化学平衡常数与温度有如下关系：

$$\lg K = -\frac{\Delta H^{\ominus}}{2.303RT} + C \quad (2\text{-}13)$$

式中 K——化学平衡常数；

$\Delta H^{\ominus}$——标准反应焓差；

R——摩尔气体常数，$R=8.3192\text{J/(mol·K)}$；

T——反应温度，K；

C——积分常数。

对于吸热反应（$\Delta H^{\ominus}>0$），平衡常数 K 值随着温度的升高而增大，产物的平衡产率增加，提高温度有利于反应；对于放热反应（$\Delta H^{\ominus}<0$），平衡常数 K 值随着温度的升高而减小，产物的平衡产率下降，降低温度才有利于反应。

温度对反应速率的影响，遵循阿累尼乌斯（Arrhenius）方程：

$$k = A\mathrm{e}^{-E_a/(RT)} \quad (2\text{-}14)$$

式中 k——反应速率常数；

A——频率因子或指前因子；

T——反应温度，K；

R——摩尔气体常数；

E_a——反应活化能，kJ/mol。

由式(2-14) 可见，反应速率常数 k 总是随着温度的升高而增加的。一般来说，温度每升高 10℃，反应速率常数增大 2~4 倍，而且在低温范围增长的幅度大于高温范围的增长幅度。活化能大的反应，反应速率随着温度的升高增加得更快。

升高温度不仅加快主反应速率，同时也加快副反应速率；对于可逆反应，温度的升高，正向和逆向的反应速率常数都增大。温度对主、副反应以及正、逆向速率的影响，取决于各个反应活化能数值的大小。

生产上正是利用温度对具有不同活化能的反应速率有不同影响这一特点，正确选择、确定并严格控制反应温度，以加快主反应的速率，增大目的产物的生成量，提高反应过程的效率。

2. 压力的影响

反应物料的聚集状态不同，压力对其影响也不同。压力对于液相、液-液相、液-固相反应的影响较小，所以这些反应多在常压下进行。对于气-液相反应，为维持反应在液相中进行需略增加压力。气体反应物的可压缩性很大，压力对于气相反应的影响很大，一般规律如下：

① 对于反应后分子数增加的反应，降低压力可以提高反应的平衡产率；

② 对于反应后分子数减少的反应，增加压力可以提高反应的平衡产率；

③ 当反应前后分子数没有变化时，压力对反应平衡没有影响。

在一定的压力范围内，适当加压有利于加快反应速率，但是压力过高，动能消耗增大，对设备的要求提高，而且效果有限。

若反应过程中有惰性气体（如氮气）存在，当操作压力不变时，提高惰性气体的分压，可降低反应物的分压，有利于提高分子数增多的反应的平衡产率，但不利于反应速率的提高。

3. 反应物浓度的影响

由质量作用定律知道，反应物浓度越高，反应速率越快。提高反应物浓度可加快反应速率。提高反应物浓度的措施有多种。

对于液相反应，可增加反应物在溶剂中的溶解度，或从中蒸出部分溶剂；对于气相反应，可适当增加压力或降低惰性气体的分压（含量），以提高反应物的浓度。

间歇操作的反应初期，反应物浓度高，反应速率快；随着反应的进行，反应物不断消耗，其浓度逐渐下降，反应速率也随之下降。

对于可逆反应（如酯化）过程，可不断采出生成的产物、增大反应物的浓度，使反应不断向生成物方向移动、加快反应的速率。

反应与分离的耦合如反应-精馏、反应-吸附、反应-吸收、反应-膜分离等，使反应与分离过程一体化，成为提高可逆反应效率的新技术。

目标自测

判断题

1. 要使化工过程有效控制和平稳操作，必须掌握各种工艺指标和主要影响因素。（ ）
2. 公用工程消耗定额，是指生产单位产品所消耗的水、蒸汽、电以及燃料的量。（ ）
3. 原料配比也称反应物料的摩尔比，即加入反应器各组分物质的量之比，表示投料中各组分间的比例关系。（ ）
4. 选择性越低，说明主反应所占的比例越高，副反应所占的比例越低，原料的利用率就越高。（ ）
5. 可逆反应中，温度会影响化学平衡和化学反应速率。（ ）

填空题

1. _____指单位体积或单位面积的设备在单位时间内生产的产品量或加工的原料量。
2. 衡量化学反应进行的程度及其效率，常用_____、_____和_____等指标。
3. 对于反应后分子数减少的反应，_____压力可以提高反应的平衡产率。
4. _____反应物浓度可加快反应速率。

名词解释

1. 转化率　　2. 选择性　　3. 收率

任务三　催化剂

任务目标

1. 了解催化剂的种类和应用；
2. 理解固体催化剂的特性及使用；
3. 掌握工业生产对催化剂的要求及使用。

在化学工业中，大约90％的化工产品是在催化剂的作用下生产的。催化剂的应用，提高了原料的利用率，扩大了原料来源和用途，在环境保护、能源的开发等方面也具有突出的作用。

一、催化反应的分类与催化剂的作用

1. 催化剂及催化反应

催化剂是一种能改变化学反应速率,而自身的组成、质量和化学性质在反应前后保持不变的物质。

有催化剂参与的化学反应,称为催化反应。根据反应物与催化剂的聚集状态,可分为均相催化反应和非均相催化反应。反应物与催化剂处于同一相的,为均相催化反应。例如,乙醇与醋酸在硫酸存在下生成醋酸乙酯的液相反应。反应物与催化剂不在同一相中的,为非均相催化反应。例如气相反应物乙炔和醋酸,在固体催化剂醋酸锌的作用下合成醋酸乙烯酯的气-固相催化反应;气相反应物乙醛与氧气,在醋酸锰-醋酸溶液的催化作用下合成醋酸的气-液相催化反应;分子筛液相法生产乙苯的气-液-固相反应,固体分子筛催化剂沉浸在液态苯中,气相的乙烯鼓泡溶解于液态苯,并和苯一起在催化剂表面反应生产乙苯。

非均相催化反应一般需要较高的温度和压力,均相催化多具有腐蚀性。生物催化(或称酶催化),不仅具有特异的选择性和较高的催化活性,而且反应条件温和,对环境的污染较小。生物制药、制酒及食品工业中的发酵均属于酶催化。酶是一种具有特殊催化活性的蛋白质,酶催化属于另外一类催化反应,兼有均相催化和非均相催化的某些特征。

2. 催化剂的作用

催化剂的作用表现在以下几方面:①加快化学反应速率,提高生产能力;②对于复杂反应,可有选择地加快主反应的速率,抑制副反应,提高目的产物的收率;③改善操作条件,降低对设备的要求,改进生产条件;④开发新的反应过程,扩大原料的利用途径,简化生产工艺路线;⑤消除污染,保护环境。

二、固体催化剂的构成

常用的催化剂有液体和固体两类,应用较多是固体催化剂。固体催化剂是具有不同形状(如球形、柱状或无定形等)的多孔性颗粒,在使用条件下不发生液化、汽化或升华。固体催化剂是由主催化剂、助催化剂和载体等多种组分按一定的配方生产的化学制剂。

主催化剂是催化剂不可或缺的成分,其单独存在时具有显著的催化活性,也称活性组分。例如,合成醋酸乙烯酯时所用催化剂的活性组分,乙炔法为醋酸锌,乙烯法是金属钯;加氢催化剂的活性组分为金属镍;邻二甲苯氧化生产苯酐催化剂的活性组分为五氧化二钒。

主催化剂常由一种或几种物质组成,如 Pd、Ni、V_2O_5、MoO_3、MoO_3-Bi_2O_3 等。

助催化剂是单独存在时不具有或无明显的催化作用,若以少量与活性组分相配合,则可显著提高催化剂的活性、选择性和稳定性的物质。如在醋酸锌中添加少量的醋酸铋,可提高醋酸乙烯酯生产的选择性;乙烯法合成醋酸乙烯酯催化剂的活性组分是金属钯,若不添加醋酸钾,其活性较低,如果添加一定量的醋酸钾,可显著提高催化剂的活性。

助催化剂可以是单质,也可以是化合物。

载体是催化剂组分的分散、承载、黏合或支持的物质,其种类很多,如刚玉、浮石、硅胶、活性炭、氧化铝等具有高比表面积的固体物质。

主催化剂和助催化剂需经过特殊的理化加工，制成有效催化剂组分，然后通过浸渍、沉淀、混捏等工艺制成固体催化剂。

三、催化剂的特性

只有当反应物分子具备了足够能量（即活化分子）并达到一定数量时，化学反应才能进行。活化分子数量（即浓度）越多，反应速率越快。处于活化状态的分子所具有的最低能量与普通分子所具有的平均能量之差，称为反应的活化能，以 E_a 表示，其单位是 kJ/mol。活化能数值的大小，体现了反应的难易程度和温度对该反应的影响敏感度。

降低活化能 E_a 可显著提高反应速率常数 k，加快反应速率。计算表明，活化能 E_a 降低 2kJ/mol，反应速率常数 k 可增加 2 倍；若活化能 E_a 降低达 80kJ/mol，则反应速率常数 k 增加 107 倍以上。通常使用适宜的催化剂能够显著降低反应的活化能，见表 2-5。

表 2-5 催化反应与非催化反应活化能的比较

反应	非催化反应 E_a/(kJ/mol)	催化反应 催化剂	E_a/(kJ/mol)
$2HI \rightleftharpoons H_2+I_2$	184.1	Au Pt	104.6 58.58
$2NH_3 \rightleftharpoons N_2+3H_2$	326.4	W Fe	163.2 159～176
$2SO_2+O_2 \rightleftharpoons 2SO_3$	251.04	Pt	62.7

反应活化能降低的原因，是催化剂改变了反应的途径，使反应按照新的途径进行。如图 2-8 所示，简单反应 A+B⟶AB，非催化反应的活化能为 E_a；催化反应第一步的活化能为 E_{a1}，第二步为 E_{a2}。E_{a1} 和 E_{a2} 的数值均小于 E_a，一般，$E_{a1}+E_{a2}<E_a$，此即催化剂加速化学反应的主要原因所在。

综上所述，①催化剂参与化学反应，改变了反应途径，降低了反应活化能，加快了反应速率，而自身在反应前后的组成、质量和化学性质不变。②催化剂具有加快（减慢）正、逆反应速率的作用，但是不改变化学平衡。

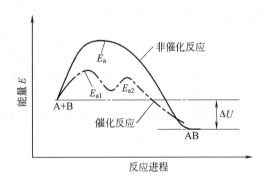

图 2-8 非催化反应与催化反应活化能的比较

即催化剂既能加快正向反应的速率，也能加快逆向反应的速率，从而缩短化学反应达到平衡的时间。③催化剂具有特殊的选择性，不同类型的反应，需要选择不同的催化剂。同一种反应物，使用不同的催化剂，可以得到不同的产物。利用催化剂特殊的选择性，不仅可以合成多种多样的产品，而且可以抑制不必要的副反应，从而有选择性地合成目的产品，节省原材料，因此在工业上具有特别重要的意义。例如，乙醇使用不同的催化剂、在不同的条件下反应，可获得多种产物，见图 2-9。

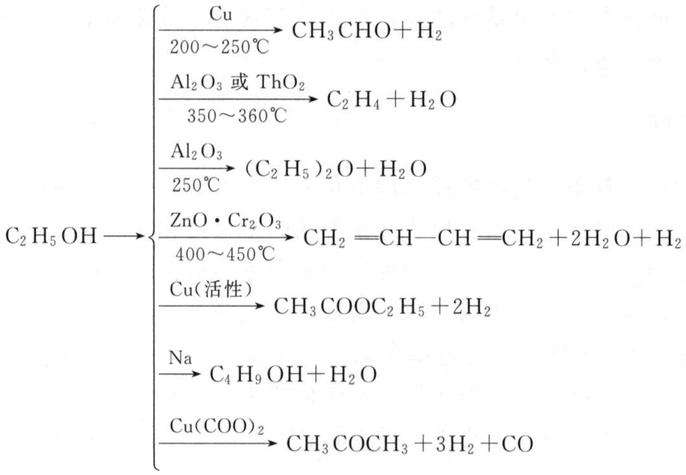

$$C_2H_5OH \rightarrow \begin{cases} \xrightarrow[200\sim250℃]{Cu} CH_3CHO+H_2 \\ \xrightarrow[350\sim360℃]{Al_2O_3 \text{ 或 } ThO_2} C_2H_4+H_2O \\ \xrightarrow[250℃]{Al_2O_3} (C_2H_5)_2O+H_2O \\ \xrightarrow[400\sim450℃]{ZnO\cdot Cr_2O_3} CH_2=CH-CH=CH_2+2H_2O+H_2 \\ \xrightarrow{Cu(活性)} CH_3COOC_2H_5+2H_2 \\ \xrightarrow{Na} C_4H_9OH+H_2O \\ \xrightarrow{Cu(COO)_2} CH_3COCH_3+3H_2+CO \end{cases}$$

图 2-9　乙醇在不同催化剂及反应条件下的反应产物

四、工业生产对催化剂的要求

工业生产要求催化剂具有较高的活性、良好的选择性、抗毒害性、热稳定性和一定的机械强度。

1. 活性

活性是指催化剂改变化学反应速率的能力，是衡量催化剂作用大小的重要指标之一。工业上常用转化率、空时产量、空间速率等表示催化剂的活性。

在一定的工艺条件（温度、压力、物料配比）下，催化反应的转化率高，说明催化剂的活性好。

在一定的反应条件下，单位体积或质量的催化剂在单位时间内生成目的产物的质量称作**空时产量**，也称空时产率，即

$$空时产量 = \frac{目的产物的质量}{催化剂体积(质量) \times 时间} \tag{2-15}$$

空时产量的单位是 $kg/(m^3\cdot h)$ 或 $kg/(kg\cdot h)$。空时产量不仅表示了催化剂的活性，而且直接给出了催化反应设备的生产能力，在生产和工艺核算中应用很方便。

空间速率（简称空速）是指单位体积催化剂通过的原料气在标准状况（0℃，101.3 kPa）下的体积流量，其单位是 $m^3/(m^3\cdot h)$，常以符号 S_V 表示。

$$空间速率(S_V) = \frac{原料气体在标准状态下的体积流量}{催化剂体积} \tag{2-16}$$

空间速率的倒数定义为标准接触时间（τ_0），单位是 s。

$$\tau_0 = 3600/S_V \tag{2-17}$$

实验中，常用比活性衡量催化剂活性的大小。比活性是指催化反应速率常数与催化剂表面积的比值。

催化剂的活性并非一成不变，而是随着使用时间的延长而变化，如图 2-10 所示。

2. 选择性

选择性是衡量催化剂优劣的另一个指标。选择性

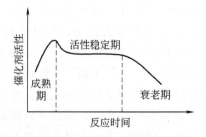

图 2-10　催化剂活性与反应时间的关系示意图

表示催化剂加快主反应速率的能力,是主反应在主、副反应的总量中所占的比率。催化剂的选择性好,可以减少反应过程中的副反应,降低原材料的消耗,降低产品成本。催化剂的选择性表示如下:

$$催化剂的选择性 = \frac{某反应物转化为目的产物的量}{某反应物被转化的量} \times 100\%$$

3. 寿命

催化剂从其开始使用起,直到经再生后也难以恢复活性为止的时间,称为寿命。催化剂的活性与其反应时间的关系如图2-10所示,其使用活性随时间的变化,分为成熟期、活性稳定期和衰老期三个时期。不同的催化剂,其"寿命"曲线不同。

通常,新鲜催化剂刚投入使用时其组成及结构都需要调整,初始活性较低且不稳定,当催化剂运转一段时间后,活性达到最高而进入稳定阶段。故此,从催化剂投入使用至其活性升至较高的稳定期称为成熟期(也称诱导期)。

活性趋于稳定的时期称为活性稳定期。活性稳定期的长短与催化剂的种类、使用条件有关。稳定期越长,催化剂的性能越好。

随着催化剂使用时间的增长,其催化活性也因各种原因随之下降,甚至完全失活,催化剂进入了衰老期。此时催化剂需进行再生,以恢复其活性。从催化剂活性开始下降到完全不能使用时的时间段称为衰老期。

催化剂的寿命越长,其使用的时间就越长,其总收率也越高。

4. 稳定性

即催化剂在使用条件下的化学稳定性,对热的稳定性,耐压、耐磨和耐冲击等的稳定性。

较高的催化活性,可提高反应物的转化率和设备生产能力;良好的选择性,可提高目的产物的产率,减少副产物的生成,简化或减轻后处理工序的负荷,提高原料的利用率;耐热、对毒物具有足够的抵抗能力,即具有一定的化学稳定性,则可延长其使用寿命;足够的机械强度和适宜的颗粒形状,可以减少催化剂颗粒的破损,降低流体阻力。

5. 机械强度、比表面积、密度

机械强度、比表面积、密度等是催化剂的重要物理性质,对催化剂的使用及寿命有很大的影响。

催化剂应具有一定的机械强度,否则在使用过程中容易出现破碎、粉化现象。对于流化床反应器,这会造成催化剂的大量流失;对于固定床反应器,这会造成气流通道的堵塞,增加流体阻力等。

1g催化剂具有的总面积称为该催化剂的比表面积。催化剂内、外表面积之和为催化剂的总表面积。催化剂比表面积的大小对于吸附能力、催化活性有一定的影响,从而直接影响催化反应速率。比表面积越大,活性中心孔越多,活性越高。

催化剂的密度(ρ)是单位体积催化剂所具有的质量,即

$$催化剂的密度 = \frac{催化剂的质量}{催化剂的体积}$$

工业上根据催化剂体积的不同计算方法,对催化剂密度有以下几种表示方法。

① 堆积密度(ρ_B) 计算堆积密度时,催化剂的体积为催化剂自由堆积状态时(包括颗粒内孔隙和颗粒间空隙)的全部体积。

② 真密度（ρ_S）　计算真密度时，催化剂的体积为扣除催化剂颗粒内孔隙和颗粒间空隙后的体积。

③ 表观密度（ρ_P）　计算表观密度时，催化剂的体积为包括催化剂颗粒内孔隙（扣除颗粒间空隙）的体积。

催化剂的密度，尤其是堆积密度的大小影响反应器的装填量。堆积密度大，单位体积反应器装填的催化剂的质量多，设备利用率大。

五、催化剂的使用

工业催化剂的活性和选择性，不仅取决于催化剂的理化性质，而且也受使用方法和操作条件等因素的影响。催化剂活性和选择性的降低，常常是反应器结构的不合理或操作失当造成的。例如，反应温度过高，造成催化剂活性组分半熔融甚至烧结、催化剂的粉化、活性组分的挥发等；反应物料中的有害物质引起催化剂中毒；反应物料炭化形成炭黑沉积在催化剂表面。因此，正确的使用方法和科学的工艺条件，有利于提高催化剂的活性和选择性，延长催化剂的使用寿命。

1. 预处理（活化）

由于贮存、运输和加工条件的限制，新催化剂都已经过钝化处理，因此催化剂在使用前，必须在反应器中进行预处理，以使其具有良好的活性，这个预处理过程即为催化剂的活化。

活化是将催化剂不断升温，在一定的温度范围内，使活性组分恢复其活性形态，并清除催化剂表面上的污染物和水分，使催化剂具有更多的接触表面和活性表面结构，使活性物质的分散状态、表面结构、表面形状、化学性能达到生产的要求。

不同的催化剂，其活化的方法也不相同。一般催化剂的活化是在反应器中以不低于其使用温度、在空气或氧气存在下进行煅烧。加氢和脱氢催化剂，使用前要用氢气处理，或是在氢气存在下进行活化。影响活化效果的主要因素有升、降温的速度，活化温度及时间，气流速度等。

2. 催化剂的使用

催化剂的寿命长短及其作用的发挥和使用方法密切相关。正确的使用方法，不仅可以保证催化作用的正常发挥，而且可以延长催化剂的使用寿命，使反应装置达到应有的生产能力。为此，催化剂的使用应注意以下问题。

（1）原料气体的净化

原料中的有毒物质可使催化剂丧失活性，常见的各种催化剂毒物见表2-6。为保证催化剂的活性不受影响，原料气在进入催化剂层前必须经严格的净化处理。

表2-6　常见的各种催化剂毒物

催化剂	反应	催化剂的毒物
Ni、Pt	脱水	S、Se、Te、As、Sb、Bi、锌化合物、卤化物
Pd、Cu	加氢	Hg、Pb、NH_3、O_2、CO(小于453K)
Ru、Rh	氧化	C_2H_2、H_2S、PH_3、银化合物、砷化合物、氧化铁
CO	加氢裂化	NH_3、S、Se、Te、磷化合物

续表

催化剂	反应	催化剂的毒物
Ag	氧化	CH_4、C_2H_6
V_2O_5、V_2O_3	氧化	砷化合物
Te	合成氨	PH_3、O_2、H_2O、CO、C_2H_2、硫化物
Te	加氢	Bi、Se、Te、磷化物、水
Te	费歇合成汽油	硫化物
Te	氧化	Bi
硅胶、铝胶	裂化	有机碱、碳、烃类、水、重金属

(2) 严格按照工艺条件操作

维持温度、压力、物料配比、流量等参数的稳定，尽量减少因操作不当造成的参数波动。尤其是要防止超过催化剂允许使用的正常温度范围，否则将影响催化作用的正常发挥，严重的还会烧坏催化剂。

催化剂使用初期活性较高，操作温度宜控制在工艺允许范围内的较低处；随着生产的进行，其活性不断下降，操作温度也要相应地提高，以维持稳定的催化活性。例如醋酸乙烯酯的合成，初期反应温度控制在170℃；随着催化剂活性的降低，操作温度也不断提高，后期反应温度可提高到200℃。此外，要避免温度、压力和流量的突然变化，造成催化剂的损坏。开、停车要平稳，缓慢升温、升压，尽可能减少开、停车的次数。

(3) 催化剂活性的保持

催化剂活性保持的主要方法如下。

① 催化剂交换法　对于等温操作的反应器，为保持催化剂的内存量和一定的活性，定期加入定量的新催化剂，并卸出定量的旧催化剂。

$$催化剂加入的量 = 卸出量 + 损失量 \qquad (2-18)$$

② 连续等温操作法　对于多系列（或多台）反应装置，可按照温度级别，分系列（台）进行等温操作，即按照反应器系列（或台）的顺序，逐次提高操作温度；新催化剂从具有最低操作温度的反应器加入，由该反应器卸出的催化剂，按照由低而高的温度级别顺序，加入下一系列的反应器。

③ 升温操作法　用于固定床反应器。开车初始，在较低的温度下操作，随着空时收率的逐渐下降，相应地提高反应温度，将催化剂活性维持在一定水平，以保证确定的产量。单系列反应器独立升温操作，反应物料的停留时间和催化剂的活性相同，催化剂利用率较高；操作中不进行催化剂的交换，劳动强度较低。但是产品质量不如连续等温操作法稳定，补加催化剂时防止飞散损失的操作比较困难。

流化床反应器可采用提高温度、交换催化剂等方法维持催化剂的活性，保持较高的空时收率。

液体催化剂可根据其流失情况予以补充，保持足够的催化剂量和生产能力。

3. 失活与再生

(1) 失活

失活是催化剂因中毒、炭沉积覆盖活性表面、高温过热（催化剂的晶型、结构改变）、活性组分改变和损失等原因而丧失了催化作用。失活的原因是多方面的，失活有临时性的和永久性的两种。临时性失活如炭沉积、可复原的化学变化（氧化）引起的活性降低等。临时性失活是暂时的，可经再生如烧去催化剂表面的积炭、还原被氧化的活性组分，恢复活性。经再生后仍不能恢复其活性的，则为永久性失活。

（2）再生

再生是恢复催化剂活性的加工过程。再生方法因催化剂性质、失活原因和毒物性质而异。例如，石油催化裂化催化剂的再生，是在高温下通入空气，使催化剂表面积炭转化为二氧化碳、一氧化碳等气体而除去，恢复催化剂活性的。而乙苯脱氢生产苯乙烯用的氧化铁催化剂，易于氧化，不宜采用高温空气，可采用通入水蒸气使其表面的积炭转化为水煤气除去而恢复活性。用浸渍法补充流失的活性组分以恢复活性，如合成氯乙烯的催化剂氯化汞因升华而流失，可将其浸渍在氯化汞溶液中予以补充，使之再生重新使用。

4. 贮藏、运输与装卸

催化剂在装填前要注意做到：①仔细检查反应器内催化剂的承载设施是否符合要求；②除去催化剂粉末及杂质、异物，使粒度符合工艺要求；③按照要求的装填高度均匀装填，特别是固定床，要防止催化剂颗粒的分级散开；否则，影响催化剂效能的发挥，使设备的生产能力下降；④装填完毕应及时封闭反应器的进出口，避免其他气体的进入，防止催化剂受潮；⑤检测压力降，列管式固定床应使各组列管的阻力降一致。

催化剂贮藏、运输与装卸中，避免催化剂与其毒物接触；已活化和还原的催化剂必须隔绝空气保存，避免与空气接触而氧化，导致其活性降低或失活；运输和装卸时要小心轻放，避免碰撞、摔坏造成颗粒粉碎、污染。

目标自测

判断题

1. 对于复杂反应，催化剂可有选择地加快主反应的速率，抑制副反应，提高目的产物的收率。（　　）

2. 催化剂具有加快（减慢）正、逆反应速率，改变化学平衡的作用。（　　）

3. 活性是指催化剂改变化学反应速率的能力，是衡量催化剂作用大小的重要指标之一。（　　）

4. 催化剂比表面积越大，活性中心孔越多，活性越高。（　　）

5. 催化剂活性和选择性的降低，常常是反应器结构的不合理或操作失当造成的。（　　）

填空题

1. 固体催化剂是由_____、_____和_____等多种组分按一定的配方生产的化学制剂。

2. 工业生产对催化剂的要求：_____、_____、_____、_____。

3. 新催化剂都已经过钝化处理，因此催化剂在使用前，必须进行_____后才能使用。

4. 催化剂失活可分为_____和_____两种。

名词解释

1. 催化剂　　2. 空间速度　　3. 选择性　　4. 空时收率

任务四 化学反应器

任务目标

1. 了解化学反应器的结构类型及特征；
1. 熟悉化学反应器的基本操作。

一、化学反应器及其类型

化学反应器是化工生产的关键设备，其结构型式、操作方式以及温度的调节方式等取决于化学反应的动力学特征、物料的流动、混合、传质和传热。化学反应器的主要结构型式及特征见表 2-7。

表 2-7 化学反应器的主要结构型式及特征

结构型式	适用反应	特征	工业应用举例
釜式反应器	液相、液-液相、气-液相、液-固相、气-液-固相	靠机械搅拌保持温度及浓度的均匀；气-液相反应的气体鼓泡	酯化、甲苯硝化、氯乙烯聚合、丙烯腈聚合等
管式反应器	气相、液相	流体通过管式反应器进行反应	轻柴油裂解生产乙烯、醋酸裂解制二乙烯酮、管式法高压聚乙烯、环氧乙烷水合制乙二醇等
塔式反应器（包括鼓泡塔、填料塔和板式塔等）	气-液相、气-液-固相	气体以鼓泡的形式通过液体（固体）反应	苯的烷基化、乙烯氧化生产乙醛、变换气的碳化、甲苯氯化生产氯化苄
固定床反应器	气-固相（催化反应或非催化反应）	流体通过静止的固体催化剂颗粒构成的床层进行化学反应	合成氨、二氧化硫的氧化、乙苯脱氢制苯乙烯、邻二甲苯氧化生产苯酐
流化床反应器	气-固相催化反应	固体催化剂颗粒受流体作用悬浮于流体中进行反应，床层温度比较均匀	石油催化裂化、萘氧化制苯酐、醋酸乙烯的合成、丙烯腈的合成、硝基苯催化氢化制苯胺等

工业反应器应具备以下条件：

① 良好的传质条件（特别是非均相反应），便于控制反应物料的浓度分布，有利于生成目的产物的主反应；

② 良好的传热条件（特别是强放热或吸热反应），便于移出或供给反应热，有利于反应温度的控制；

③ 良好的机械强度和耐腐蚀性，满足和适应反应条件的要求；

④ 安全可靠的操作方式，适应生产的要求。

化学反应器的分类见表 2-8。图 2-11～图 2-15 为几种典型反应器。

表 2-8　化学反应器的分类

```
                    ┌ 按物质的聚集状态分类 ┌ 均相反应器：气相、液相反应器
                    │                      └ 非均相反应器 ┌ 气-固相、气-液相、液-固相、
反应器 ┤                                                  └ 液-液相、气-液-固相等反应器
                    │                      ┌ 按结构型式分类：管式、釜式、塔式、固定床和流化床反应器
                    └ 按设备的特性分类   ┤ 按温度调节方式分类：等温操作、绝热操作和非绝热非等温操作
                                         └ 按操作方式分类：连续、半连续和间歇式反应器
```

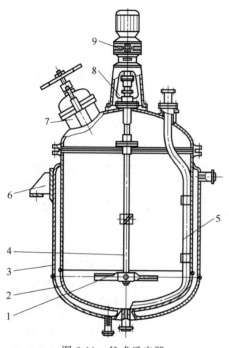

图 2-11　釜式反应器

1—搅拌器；2—罐体；3—夹套；4—搅拌轴；5—压出管；6—支座；7—人孔；8—轴封；9—传动装置

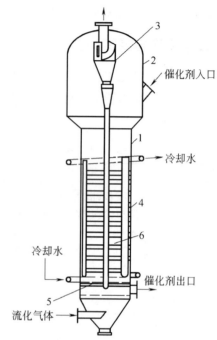

图 2-12　流化床反应器

1—壳体；2—扩大段；3—旋风分离器；4—换热管；5—气体分布器；6—内部构件

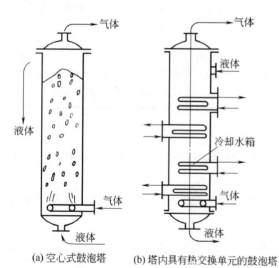

图 2-13　鼓泡塔反应器

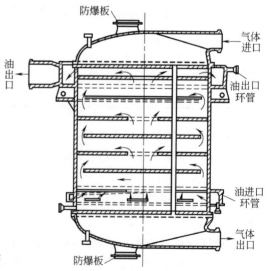

图 2-14　列管式固定床反应器

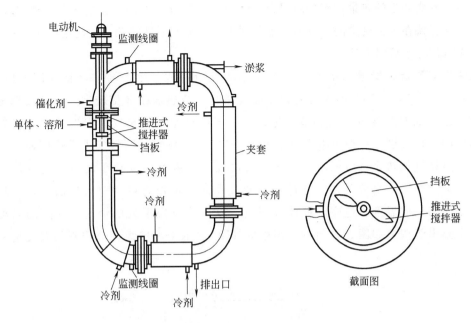

图 2-15 环管式聚合反应器

二、反应器的基本操作

不同的化学反应过程，其反应器的操作不尽相同。一般反应器的基本操作必须在满足生产要求的前提下和工艺条件允许的范围内，保持进出反应器物料的平衡、反应放（吸）热与撤（供）热的平衡、反应器压力降的稳定和运行状态的平稳，维持反应物料配比、流量、反应温度、压力等各项参数的稳定。为此，要正确认识化学反应的特点和规律，了解反应器的基本结构、特性以及安全技术。

例如，乙炔和醋酸在催化剂作用下合成醋酸乙烯酯是一个放热反应，反应温度控制在170～220℃，若不能及时除去反应热，将会增加副产物的生成。因此生产上采用流化床反应器，如图2-16所示。该反应器由壳体、筛板、气体分布器以及换热器等构件组成。乙炔气与醋酸蒸气混合后，经鼓风机加压从反应器底部送入，经预分布器、分布板进入流化床，将床内细小催化剂颗粒吹成"沸腾状态"，使催化剂颗粒处于流化状态。原料气在"沸腾状态"的催化剂作用下，反应生成醋酸乙烯酯等。反应后的混合气体由顶部

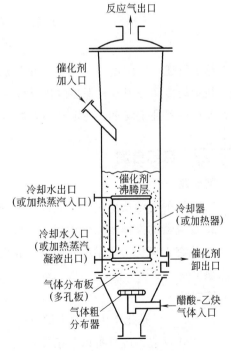

图 2-16 合成醋酸乙烯酯的流化床反应器

出口导出。反应产生的热量，部分由混合气体带出反应器，大部分经换热器由载热体移出，使反应温度保持在工艺规定的范围内。催化剂由于磨损和活性降低，定期进行新、旧催化剂交换，保持催化剂藏量和活性。

乙炔与醋酸合成醋酸乙烯酯是一个复杂的反应过程。生产要求严格控制反应温度，一般规定为±0.5℃。反应器夹套用载热油换热时，载热油循环量较大，热量波动相对较小，而且载热油的温度可自动调节，进、出口温度稳定。影响反应温度波动的主要因素是原料气的入口温度。一般原料气入口温度为130～140℃，原料气进入反应器后，吸收部分反应热将其加热至反应温度。因此，原料气入口温度的变化是反应器温度调节的主要因素。据此，将原料分为冷、热两路，使其在入口前汇合以调节入口温度，并将入口温度设定在与反应温度相适应的最佳数值上，以保证反应温度的恒定。醋酸乙烯酯合成反应器中温串级调节如图2-17所示。图中的TRC表示中温串级调节控制的温度记录调节仪表。

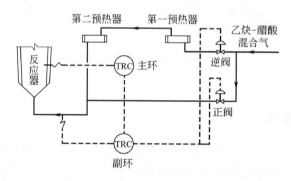

图2-17 醋酸乙烯酯合成反应器中温串级调节

综上所述，反应器的操作要以化学反应为核心，综合考虑物料的流动分布和质量的传递、热量的传递等因素，保持进出反应器的物料的平衡和热量的平衡，并维持在最佳操作点上，使反应器处于安全、稳定和高效的运行状态。

目标自测

判断题

1. 不同的化学反应过程，其反应器的操作不尽相同。（   ）
2. 反应器的操作要以化学反应为核心，综合考虑各影响因素。（   ）
3. 只有正确认识化学反应的特点和规律，了解反应器的基本结构、特性以及安全技术，才能稳定安全地运行。（   ）

填空题

1. _____是化工生产的关键设备。
2. 工业反应器应具备以下条件：_____、_____、_____、_____。
3. 化学反应器按结构型式可分为：_____、_____、_____、_____。

任务五　化工安全生产

任务目标

1. 理解化工生产的特点；
2. 理解化工安全技术要求；
3. 能正确使用化工生产安全技术措施。

安全生产是国家的一贯方针，没有生产者的安全，就不存在生产活动。安全既是生产的要求，也是生产者的需要。

一、化工生产的特点

1. 化工原材料、中间体和产品，多是易燃、易爆、有毒和腐蚀性的物质

化工生产涉及物料种类多、性质差异大，充分了解原材料、中间体和产品的性质，对于安全生产是必要的。这些性质包括：物料的闪点、爆炸极限、熔点或凝固点、沸点及其在不同温度下的蒸气压，水在液态物料中的溶解度，物料与水能否形成共沸物；化学稳定性、热稳定性、光稳定性等；物料的毒性及腐蚀性，对人体的毒害，在空气中的允许浓度等；必要的防护措施、中毒的急救措施和安全生产措施。

例如，氯化反应用的 PCl_3、$POCl_3$ 等遇水会剧烈分解，容易造成冲料，甚至引起爆炸；磺化、硝化常用的硫酸、硝酸腐蚀性和吸水性很强；可燃性物质的聚集状态不同，其燃烧的过程和形式也不同，可燃性气体、挥发性液体最易燃烧，甚至爆炸。因此，掌握各种物料的物理化学性质，对于按照工艺规程进行安全操作是必要的。

2. 生产工艺因素较多，要求的工艺条件苛刻

化工生产涉及多种反应类型，反应特性及工艺条件相差悬殊，影响因素多而易变，工艺条件要求严格，甚至苛刻。有的化学反应在高温、高压下进行，有的则需要在低温、高真空等条件下进行。例如，石油烃类裂解，裂解炉出口的温度高达 850℃，而裂解产物气的分离需要在 -96℃ 下进行；氨的合成要在 30MPa、300℃ 左右的条件下进行；乙烯聚合生产聚乙烯是在压力为 130～300MPa、温度为 150～300℃ 的条件下进行的，乙烯在此条件下很不稳定，一旦分解，产生的巨大热量使反应加剧，可能引起爆聚，严重者可导致反应器和分离器的爆炸。

绝大多数的氧化反应是放热反应，而且氧化的原料、产物多是易燃、易爆物质；严格控制氧化的原料与空气（氧气）的配比和进料速率十分重要。

聚合过程中，单体在压缩过程中或高压系统泄漏、配料比控制不当时会引起爆聚；搅拌故障、停电、停水等使反应热不能及时移出而使反应器温度过高，造成局部过热或"飞温"，甚至爆炸。

3. 化工生产装置的大型化、连续化、自动化以及智能化

现代化工生产的规模日趋大型化。如氨的合成塔尺寸，50 年来扩大了 3 倍，氨的产出率增加了 9 倍以上；乙烯装置的生产能力已达到年产 100 万吨。化工装置的大型化，带来了生产的高度连续化、控制保障系统的自动化。计算机技术的应用，使化工生产实现了远程自动化控制和操作系统的智能化。

化工生产装置日趋大型化、连续化，一旦发生危险，其影响、损失和危害是巨大的。现代大型化工生产装置的科学、安全和熟练地操作控制，需要操作人员具有现代化学工艺理论知识与技能、高度的安全生产意识和责任感，保证装置的安全运行。

4. 化工生产的系统性和综合性强

将原料转化为产品的化工生产活动，其综合性不仅体现在生产系统内部的原料、中间体、成品纵向上的联系，而且体现在与水、电、蒸汽等能源的供给，机械设备、电器、仪表的维护与保障，副产物的综合利用，废物处理和环境保护，产品应用等横向上的联系。任何系统或部门的运行状况，都将影响甚至是制约化学工艺系统内的正常运行与操作。化工生产各系统间相互联系密切，系统性和协作性很强。

二、化工生产的安全技术

虽然化工生产具有一定的危险性，但是只要遵循科学规律，掌握物料的性质及数量、反应的类型、过程和设备的特点，严格执行工艺规程，了解和掌握必要的安全知识和技术，化工生产就是安全的。化工生产的安全技术与工艺技术密不可分，工业上常见的安全措施如下。

1. 安全排放事故槽

化学反应常伴有大量的反应热产生，如果反应已经引发，反应热就需要及时移出，以维持正常的反应温度。若此时突然停电、停水，或是反应热不能及时、有效地移出，就可能造成物料从反应器内冲出（即冲料），甚至酿成爆炸事故。

事故槽是为避免更大的事故设置的一种安全装置，设置在反应器下方并备有冷却和稀释设施的反应物料贮槽，如图2-18所示。

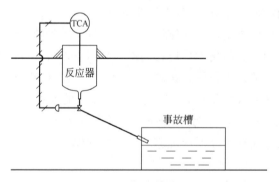

图2-18 事故槽

当反应温度急剧上升，虽加强冷却并采取各种措施，但仍不能将反应温度降下来，此时可采取紧急措施。将反应物料放入事故槽内，并在此进行冷却或稀释；或当反应一旦引发并处于剧烈升温阶段，却突遇停电、停水时，可紧急打开反应器底部阀门，将物料迅速泄入事故槽骤冷，以终止或减弱化学反应，防止更大事故的发生。

2. 安全阀和爆破片

安全阀是一种通过阀的自动开启排放气体，降低容器内压力的安全装置，有杠杆式、弹簧式和脉冲式。其中，最常用的是弹簧式安全阀，如图2-19所示。

安全阀是由阀座、阀瓣、加载机构三个主要部分构成的。阀座与容器相连，阀瓣（带有阀杆）利用加载机构施加的压力而紧紧扣在阀座上，保持容器密封。当容器处于规定的压力范围内工作时，阀瓣上的内压力小于加载机构施加的压力而紧紧扣在阀座上，保持安全阀关闭，容器中的介质无法排出。当容器内压力超过规定的工作压力时，阀瓣上的内压力大于加载机构施加的力而使其离开阀座，安全阀开启，容器内的介质排出。待容器内压力下降后阀瓣再度紧扣阀座，容器恢复密封状态。

爆破片（防爆片）是一种断裂性的泄压装置，密封性好、泄压快。当容器内的压力超过正常工作压力，达到爆破压力时，爆破片立即破裂，容器内的介质由此泄出，其中的黏稠物及污物也不影响其排放。泄压后，设备被迫停止运行，避免了爆炸事故的发生。

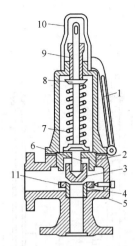

图 2-19　弹簧式安全阀

1—手柄；2—阀盖；3—阀瓣；4—阀座；5—阀体；
6—阀杆；7—弹簧；8—弹簧压盖；9—调节
螺母；10—阀帽；11—调节环

3. 阻火器和安全水封

阻火器是设置在可燃性物料管路上或贮罐顶部，阻止火种进入物料系统，防止火灾爆炸事故的一种安全设施，如图 2-20 所示。主要类型有填料式、缝隙式、筛网式和金属陶瓷式。普遍应用的是填料式，填料多为砾石、刚玉、玻璃或陶瓷小球或环等。

安全水封用于保护充有易燃、易爆物料的容器或反应器，是一种阻止火焰传播的安全设施。安全水封有敞口式和密闭式两种，如图 2-21 和图 2-22 所示。

4. 物料溢流与泄水装置

溢流管是高位槽和贮罐之间的安全辅助管路，如图 2-23 所示。在向高位槽输送物料时，多加入的料液将沿着溢流管返回贮罐，避免物料从高位槽的放空管中冲出，酿成事故。

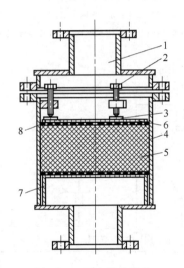

图 2-20　阻火器的结构

1—接口管；2—压紧螺钉；3—垫板；
4—筒体；5—填料；6—隔板；
7—支撑环；8—金属网

泄水装置是安装在室外离心泵、带冷却水夹层等设备最底部的泄水阀门。设备停车时，可通过泄水装置排出其中的液体，防止气温下降液体冻结膨胀而损坏设备。

5. 水斗

水斗是安装在运转中必须用水冷却的设备（如往复式压缩机、活塞式真空泵等）上的安全装置，如图 2-24 所示。其作用是使操作者能及时判断冷却水是否断水。当发现断水时，操作者可停止设备运转或采取其他措施。若无水斗，一旦断水，操作者难以发现，造成设备在无冷却条件下运转，从而酿成事故。

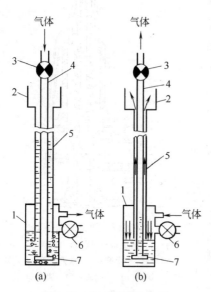
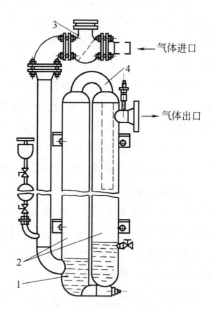

图 2-21 敞口式安全水封
1—筒体；2—漏斗；3—气体进口阀；4—进气管；
5—水封管；6—水位控制阀；7—气体分配盘

图 2-22 密闭式安全水封
1—液体；2—筒体；
3—止逆阀；4—连通管

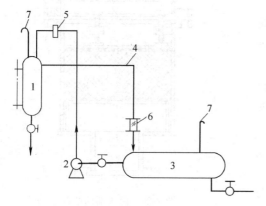
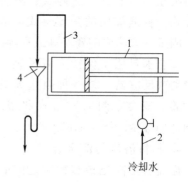

图 2-23 溢流管
1—高位槽；2—泵；3—贮罐；4—溢流管；
5—上料管；6—视镜；7—排空管

图 2-24 水斗设施
1—往复泵；2—进水管；
3—出水管；4—水斗

6. 报警-连锁装置

报警-连锁装置是一种自动安全设施。当反应温度过高或原料配比失当，如氧气含量过高时，连锁装置会使设备自动停车；当某些工艺参数超过设计规定时，报警装置自动发出警报，使操作人员及时采取相应措施。例如醋酸乙烯合成反应器，在反应器的进口管路上，设有事故氮气管线。当反应器内的温度急剧升高，温度调节系统失灵，启动油冷却系统也不起作用时，或者事故停电时，向反应器内通入事故氮气，同时关闭鼓风机、关闭醋酸蒸发器的加热蒸汽并将正在汽化的醋酸蒸气通入事故槽中，可避免事故的发生。

目标自测

判断题

1. 化工生产的安全技术与工艺技术关系不大。（　　）
2. 化工生产涉及物料种类多、性质差异大，充分了解原材料、中间体和产品的性质，对于安全生产是必要的。（　　）
3. 虽然化工生产具有一定的危险性，但是只要遵循科学规律，严格执行工艺规程，掌握必要的安全知识和技术，化工生产就是安全的。（　　）
4. 报警-连锁装置是一种自动安全设施，可有效避免事故的发生。（　　）

填空题

1. _____是为避免更大的事故设置的一种安全装置，通常设置在反应器下方并备有冷却和稀释设施的反应物料贮槽。
2. _____和_____能泄压降低容器内压力，可避免爆炸事故的发生。
3. _____是可阻止火种进入物料系统，防止火灾爆炸事故的一种安全设施。

思考题与习题

2-1 组成化工生产过程的主要内容包括哪些？
2-2 间歇操作与连续操作有何区别？
2-3 化工生产工艺流程一般由哪些部分组成？其作用如何？
2-4 何谓化学工艺流程？循环使工艺流程有何优缺点？
2-5 何谓转化率？单程转化率与总转化率有何区别？
2-6 何谓选择性？对于复杂反应为何同时考虑转化率和选择性？
2-7 催化剂在化工生产中有哪些作用？
2-8 催化剂在使用前为什么要进行活化？
2-9 改变物料的温度、压力或聚集状态的化工操作主要有哪些？为什么？
2-10 反应是化工生产的核心，影响化学反应的主要工艺因素有哪些？
2-11 什么是化学反应器？化学反应器主要有哪些类型？
2-12 化工企业常用的公用工程包括哪些？
2-13 原料消耗定额、原料利用率及损失率之间有何关系？降低原材料消耗有哪些措施？
2-14 试述温度、压力、空间速率以及原料配比等对反应过程的影响。
2-15 工业生产对反应器有哪些基本要求？
2-16 工业生产中常见的安全技术和措施有哪些？
2-17 生产中何时使用事故槽？
2-18 已知汽油的闪点为 -44℃，松节油的闪点为 32℃，二者哪一个发生爆炸的危险性大？其原因是什么？
2-19 乙炔的爆炸极限为 $1.53\%\sim82\%$（体积分数，下同），水煤气的爆炸极限为 $20.7\%\sim73.7\%$，乙炔与水煤气相比，哪种气体形成爆炸的危险性更大？
2-20 萘以空气为氧化剂催化氧化生产苯酐，采用流化床反应器。催化剂负荷为 0.0267 kg 萘/[(kg 催化剂)·h]，反应温度为 370℃，压力（绝压）为 208 kPa。已知原料萘的流量为 1000kg/h，空气用量为萘质量的 14 倍，催化剂的堆积密度为 700kg/m³。计算：(1) 床内催化剂的装填量（m³）；(2) 空气在操作条件下的体积流量。

2-21 芳烃以混酸作为硝化剂进行硝化。已知硝化反应产生的废酸中含有 43% 的硫酸、36% 的硝酸，其余是水。现利用上述废酸、91% 硫酸和 88% 硝酸配制 2000kg 含硫酸 42%、硝酸 40%（其余为水）的混酸，计算废酸、91% 硫酸和 88% 硝酸各需要多少千克？

2-22 乙醇催化脱氢生产乙醛的主、副反应如下：

$$C_2H_5OH \longrightarrow CH_3CHO + H_2$$

$$2C_2H_5OH \longrightarrow CH_3COOC_2H_5 + 2H_2$$

若反应采用无水乙醇为原料，转化率为 95%，乙醛的收率为 80%，计算反应器出口气体的组成。

2-23 天然气与空气的混合气体中含甲烷 8%（体积分数）。已知天然气的组成为甲烷 85%、乙烷 15%（均为质量分数），计算天然气与空气物质的量（mol）之比。

2-24 用某天然气燃烧来加热一管式加热炉，假设该天然气中不含其他气体，全为甲烷，燃烧后煤道气的组成（干基，摩尔分数）为：N_2 65%、O_2 4.2%、CO_2 9.4%。试计算天然气与空气的摩尔比，并列出物料衡算表。

2-25 利用反应 $C_2H_4 + Cl_2 \longrightarrow C_2H_4Cl_2$ 由乙烯制取二氯乙烷。已知通入反应器中乙烯的量为 600kg/h，其中乙烯的质量分数为 92%，反应后得到二氯乙烷的量为 1700kg/h，并测得尾气中乙烯的含量为 40kg/h。试求乙烯的转化率、二氯乙烷的产率及收率。

2-26 在银催化剂作用下，乙烯进行环氧化反应生产环氧乙烷，主要发生下列反应：

$$2C_2H_4 + O_2 \longrightarrow 2C_2H_4O$$

$$C_2H_4 + 3O_2 \longrightarrow 2CO_2 + 2H_2O$$

进入反应器的气体中各组分的摩尔分数为：C_2H_4 15%、CO_2 10%、O_2 7%、Ar 12%，其余为 N_2；反应器出口气体中 C_2H_4 和 O_2 的摩尔分数分别为 13.1% 和 4.8%。计算乙烯转化率、环氧乙烷收率及其选择性。

2-27 用生石灰、焦炭为原料生产工业碳化钙，原料和成品的组成见下表。生产 1t 工业碳化钙实际消耗 710kg 生石灰、536kg 焦炭。计算生产工业碳化钙各原料的消耗定额及原料利用率。

原料和成品的组成

生石灰		焦炭		工业碳化钙	
组成	质量分数/%	组成	质量分数/%	组成	质量分数/%
CaO	96.5	C	89	CaC_2	78
杂质	3.5	灰分	4	CaO	15
		挥发物	4	C	3
		水	3	杂质	4

2-28 说明化学反应器的基本操作要求。

2-29 说明化工生产中的质量与热量守恒的意义及应用。

能力拓展

1. 查找有关催化剂制备、使用及发展等信息资料，或结合某工厂催化剂的信息，写一篇有关"催化剂"的小论文。

2. 查阅化工安全事故案例，结合具体案例分组讨论事故原因、防范措施等，分析总结化工企业规范生产、严格管理、安全操作的重要性。

阅读园地

催化反应技术

催化科学是化学工业的基石。一个多世纪以来，催化材料和催化反应技术的进步，推动了化学工业的发展和重大变革。1913年，以铁为催化剂合成氨的工厂在德国创建，是大规模催化技术的首次奏效；治疗帕金森症的左旋-二羟基苯丙氨酸的活性分子的催化合成，则是催化作用的另一个成功范例；汽车尾气催化转换器消除污染，保护环境，更是尽人皆知的例子。

传统的多相催化技术开发是经验科学，一种成功的商业催化剂配方，开发过程既费时又耗财，于是公司获得的专利是绝对保密的，不利于科技发展。21世纪以来，现代表面科学的快速发展，使研究者较清晰地了解了气固界面处的表面化学，完成了一定数目的催化反应机理研究，如NH_3合成、CO氧化、加氢脱硫、NO的催化还原等催化反应机理，这大大促进了新型催化剂的开发。

一个有效的化学反应，按照原子经济性（Atom Economy）的观点，不仅要有较高的选择性，还要具有较高的原子经济性，且对环境是友好的。乙烯直接氧化生产环氧乙烷、甲醇和一氧化碳羰基合成醋酸、丙烯氢甲酰化合成丁醛、丁二烯与氢氰酸合成己二腈等原子经济反应过程的实现，都有赖于新催化剂的开发与应用。绿色化学对催化技术也提出了更高的要求：①催化基础要从传统的基于石油化工的C—C键活化，拓展到面向煤转化和生物转化的C—H键和C—O键活化；②催化过程要从传统的热激发过渡到先进的光、电等外场激发；③催化技术要从追求单一过程的高效转化发展到面向自然资源高效利用和产品多样化的优先选择上。

催化反应技术与分离技术的耦合，如催化-吸附、催化-精馏、催化-吸收、催化-膜分离等，促进了化学工艺的革新。苯烷基化生产乙苯，传统方法采用$AlCl_3$催化剂，物料、能量消耗较高，设备腐蚀严重，产物与催化剂分离困难，污染环境。当以分子筛为催化剂，采用催化-精馏技术，提高了乙苯选择性和原料利用率，降低了能量消耗，减少了环境污染，实现了绿色化生产。

光催化因具有选择性高、环境友好等特点，并涉及太阳能、氢能、燃料电池等新能源的利用和转换，成为当今催化科学和技术发展的前沿。光催化技术主要是利用光催化剂在光能的照射下产生的光生空穴的强氧化性，将光催化剂周围的O_2、H_2O等转化成具活性的氧自由基，其氧化力极强，可分解几乎所有对人体有害的毒物。光催化是低温深度反应技术，光催化氧化可在室温下将水、空气和土壤中的有机污染物等完全氧化分解，且净化彻底，无二次污染；因采用紫外光或太阳光作为光源来活化光催化剂驱动氧化还原反应，光催化剂具有价廉无毒、可重复利用等优点。该技术被应用于光催化分解水制氢；液相污染物降解，如工业废水治理；气相污染物降解，如空气净化等领域。

纳米催化剂被列为第4代催化剂，也是当前催化科学研究的热点。利用纳米技术开发大的表面积/体积比和纳米粒子（1~100nm）活性结合位，强化了催化剂的活性和选择性，降低了催化剂的消耗，在石油化工、环保、生物和能源等领域取得了非常好的收益，给化学工业等制造工业带来巨大的冲击。

生物质资源是取之不尽、用之不竭的宝贵资源，也是实现化工原料绿色化的重要资源。生物催化剂——酶是打开生物质资源宝库的钥匙。酶催化剂具有多样性、高效性、专一性、反应条件温和等特点，是理想的绿色催化剂。酶催化剂的深入研究与广泛应用，必将引起化学工业、食品工业和制药工业的一场革命，化学工业有望成为"清洁"产业。

模块二
化工生产技术

项目三 硫酸的生产

学习导言

硫酸是重要的基本化工原料。硫酸工业已有二百多年的历史,曾被誉为"工业之母"。本项目将学习以硫铁矿为原料生产硫酸的工艺,重点是二氧化硫炉气的净化和二氧化硫的催化氧化工艺。

学习目标

知识目标:了解硫酸的性质、用途及生产原料,了解二氧化硫催化氧化的原理、工艺条件;理解硫铁矿焙烧与二氧化硫净化工艺;理解三氧化硫的吸收及尾气处理工艺。

能力目标:能分析选择硫酸生产工艺条件;能识读硫铁矿焙烧及二氧化硫净化工艺流程;具有流程分析组织的初步能力;能读懂硫酸生产操作规程;具有查阅文献以及信息归纳的能力。

素质目标:具有一定的文字和语言表达沟通能力;具有遵章守纪的良好习惯;具有实事求是、一丝不苟的作风;具有规范操作、安全生产的意识。

任务一 硫酸生产的概貌

任务目标

1. 了解硫酸的性质及用途;
2. 理解硫酸的生产原料;
3. 了解硫酸生产技术及发展趋势。

一、硫酸的性质与应用

1. 物理性质

纯硫酸是一种无色透明的油状液体,相对密度为 1.8269。工业硫酸是三氧化硫和水以一定比例混合的溶液。三氧化硫和水的摩尔比大于 1 的溶液为发烟硫酸,发烟硫酸因其三氧化硫的蒸气压较大,三氧化硫蒸气和空气中的水蒸气结合凝聚成酸雾而得名。

硫酸浓度常以其质量分数来表示,而发烟硫酸则以其所含游离三氧化硫或总的三氧化硫的质量分数表示。

(1) 结晶温度

在浓硫酸中，结晶温度最低的是93.3%硫酸，结晶温度为-38℃。高于或低于此浓度的硫酸，其结晶温度都比较高。应当注意，98%硫酸的结晶温度为0.1℃，99%硫酸的结晶温度较高，为5.5℃。冬季生产要保温防冻，以防浓硫酸结晶，必要时调整产品浓度。

(2) 硫酸的密度

硫酸水溶液的密度随硫酸含量的增加而增大，于98.3%时达到最大值，之后递减；发烟硫酸的密度也随其中游离三氧化硫含量的增加而增大，游离三氧化硫达62%时为最大值，继续增加游离三氧化硫含量，发烟硫酸的密度则减小。生产中通过测定硫酸的温度和密度而确定硫酸浓度。

(3) 硫酸的沸点

硫酸含量在98.3%以下时，其沸点随着浓度的升高而增加。含量为98.3%的硫酸沸点最高（338.8℃），而100%的硫酸则在279.6℃的温度下沸腾。

硫酸溶液的浓度随着蒸发而提高，达到98.3%后含量保持恒定，不再提高。

发烟硫酸的沸点随着游离三氧化硫的增加，由279.6℃逐渐降至44.4℃。

2. 主要化学性质

硫酸具有强酸的通性，能与碱、金属及金属氧化物生成硫酸盐。硫酸也有其自身的特性，如磺化、脱水等。

① 硫酸与金属及金属氧化物反应，例如：

$$Zn + H_2SO_4(稀) \longrightarrow ZnSO_4 + H_2$$

$$Al_2O_3 + 3H_2SO_4 \longrightarrow Al_2(SO_4)_3 + 3H_2O$$

② 硫酸与氨及其水溶液反应，生成硫酸铵。

$$2NH_3 + H_2SO_4 \longrightarrow (NH_4)_2SO_4$$

③ 硫酸与其他酸类的盐反应，生成较弱和较易挥发的酸。例如磷酸及过磷酸钙的生产：

$$Ca_3(PO_4)_2 + 3H_2SO_4 + 6H_2O \longrightarrow 2H_3PO_4 + 3[CaSO_4 \cdot 2H_2O]$$

$$2Ca_5F(PO_4)_3 + 7H_2SO_4 + 3H_2O \longrightarrow 3[Ca(H_2PO_4)_2 \cdot H_2O] + 7CaSO_4 + 2HF$$

④ 浓硫酸是强脱水剂，蔗糖或纤维能被浓硫酸脱水，生成游离的碳。浓硫酸还能严重地破坏动植物的组织，如损坏衣物和烧伤皮肤等。

⑤ 在有机合成中，硫酸可作磺化剂。如苯的磺化：

$$C_6H_6 + H_2SO_4 \longrightarrow C_6H_5SO_3H + H_2O$$

3. 硫酸的用途

硫酸在国民经济各部门有着广泛用途，是十分重要的基本化工原料。

在化学工业，硫酸用量最大的是生产化学肥料，主要是磷铵、重过磷酸钙、硫铵等的生产，约消耗硫酸产量的一半。硫酸是各种硫酸盐的生产原料，在塑料、人造纤维、染料、油漆、制药等生产中不可缺少，农药、除草剂、杀鼠剂的生产中也都离不开硫酸。

石油炼制使用硫酸，除去石油产品中的不饱和烃和硫化物等杂质。

在冶金工业，钢材加工及其成品的酸洗、炼铝、炼铜、炼锌等都需要硫酸。

在国防工业，浓硫酸用于制取硝化甘油、硝化纤维、三硝基甲苯等炸药，原子能工业、火箭工业等也需要硫酸。

二、硫酸生产的原料

硫酸生产的原料主要有硫铁矿、硫黄、硫酸盐、冶炼烟气及含硫化氢的工业废气等。

1. 硫铁矿

在我国，50%以上的硫酸是以硫铁矿为原料生产的。硫铁矿的主要成分FeS_2，理论含硫量为53.45%，含铁量为46.55%。不同矿产区，硫铁矿还含有铜、锌、铅、镍、钴等元素的硫化物，钙、镁的碳酸盐和硫酸盐等。一般富矿含硫30%~48%，贫矿含硫在25%以下。

按晶形结构的不同，硫铁矿分为黄铁矿、白铁矿以及磁硫铁矿。磁硫铁矿近似硫铁矿而含构造较为复杂的含硫化合物，分子通式以Fe_nS_{n+1}（$5 \leq n \leq 16$）表示，最常见的是具有磁性的Fe_7S_8。

硫铁矿根据其来源又分为普通硫铁矿（直接开采取得）、浮选硫铁矿（用贫硫铁矿以浮选法富集制得）、含煤硫铁矿（与煤共生、采煤时采出，其中含煤）。

2. 硫黄

与硫铁矿相比，硫黄制硫酸有很多优点，如炉气中二氧化硫与氧的含量可相应提高，有利于提高生产能力；硫黄含杂质较少，焙烧前经纯化去掉杂质，所得的炉气无需复杂精制过程，即可直接降温进入转化系统，工艺流程简单，投资费用少；硫黄燃烧不产生废渣，无烧渣排除和处理的困难。国外硫酸生产，主要以硫黄为原料。英、美等国以硫黄制硫酸，占其总产量的80%以上。

3. 其他含硫的原料

① 硫酸盐　自然界中的硫酸盐，以石膏储量最为丰富。硫酸盐的还原消耗大量燃料。为节省能源、降低成本，工业上将石膏制硫酸与水泥联合生产。

② 冶炼烟气　有色金属冶炼中产生的大量含二氧化硫的烟气，用于制取硫酸，不仅回收了资源，而且消除了环境污染。

三、硫酸生产技术及发展

我国硫酸工业起始于19世纪70年代，当时产量很少，1949年我国硫酸产量不足50kt/a。伴随着中国改革开放，我国硫酸工业获得快速发展，2017年我国硫酸产量达到了9212.92万吨，连续多年位居世界第一。

根据硫酸生产原料的不同，可分为硫铁矿制酸、硫黄制酸、烟气制酸、磷石膏制酸等工艺技术。

1. 硫铁矿制硫酸

我国储存有一定的硫铁矿资源，目前硫酸生产仍主要是以硫铁矿为原料。硫铁矿制硫酸工艺主要包括硫铁矿贮运、焙烧工段、净化工段、干燥吸收工段、转化工段。该工艺最大的问题是对环境污染大，生产中产生大量的污水、粉尘及矿渣；另外操作环境恶劣、操作强度高，其成本也高。维持现有硫铁矿原料能力并稳步增长，对国家经济安全有利。提高生产工艺技术水平、减少环境污染、提高资源的综合利用率、降低生产成本是硫铁矿制硫酸的发展方向。

2. 硫黄制硫酸

硫黄制硫酸具有流程短、投资少、污染小、综合成本低等优点。经过多年的探索和生产实践，我国已经掌握了大型硫黄制酸的设计技术。硫黄制酸装置主要由熔硫、焚硫转化、干燥吸收等工段组成。20 世纪 90 年代以来，国内硫酸市场受国际市场硫黄价格下降的影响，许多厂家纷纷上了硫黄制酸生产装置。但我国硫黄资源较少，主要依赖进口，世界市场硫黄价格的波动，会对硫黄制硫酸产生较大的影响。我国采用维持现有硫铁矿为原料的硫酸生产能力，并积极稳妥地发展硫黄制硫酸生产技术。

3. 冶炼烟气制硫酸

冶炼烟气主要是有色金属硫化矿物冶炼时产生的含二氧化硫烟气，冶炼烟气制酸实际是冶炼厂的副产品，是随着冶金工业的发展而发展的。我国冶炼烟气制酸发展迅速，已形成较大的生产能力。烟气制酸主装置包括烟气净化工段、干燥吸收工段、转化工段。2016 年，白银有色西北铅锌冶炼建成国内最大 $152m^2$ 沸腾炉锌冶炼烟气制酸装置，大大推进了我国锌冶炼及制酸技术的发展。

硫酸工业的发展趋势主要有：①工艺装置向大型化发展，如硫酸制酸的最大生产装置为澳大利亚 Anaconda 公司的 4400t/d 装置（146 万吨/a）；②新型催化剂开发使得起燃温度更低，转化效率更高；③热回收效率不断提高；④采用耐腐蚀材料，保证设备可靠运转；⑤新技术的开发及应用。

目标自测

判断题

1. 三氧化硫和水的摩尔比大于 1 的硫酸溶液称为发烟硫酸。（   ）
2. 硫酸溶液的沸点随着浓度的升高而增加，浓度 100% 的硫酸沸点最高。（   ）
3. 硫酸是十分重要的基本化工原料，其用量最大用于生产化学肥料。（   ）

填空题

1. 纯硫酸是一种_____的_____液体，工业硫酸是_____和水以一定比例混合的溶液。
2. 因原料资源分布，目前我国硫酸生产仍主要是以_____为原料，其主要成分是_____。
3. _____制硫酸具有流程短、投资少、污染小、综合成本低等优点。

任务二　二氧化硫的生产

任务目标

1. 理解硫铁矿焙烧及净化的原理；
2. 了解沸腾焙烧炉的基本结构；
3. 能理解焙烧炉气的净化流程组织，具有流程分析组织的初步能力。

一、硫铁矿的焙烧原理

1. 焙烧反应

硫铁矿的焙烧，主要是矿石中的二硫化铁与空气中的氧反应，生成二氧化硫。

$$4FeS_2 + 11O_2 \longrightarrow 2Fe_2O_3 + 8SO_2 \qquad \Delta H_{298}^{\ominus} = -3310.08 kJ/mol \qquad (3-1)$$

二氧化硫、过量氧、氮和水蒸气等称为炉气；铁与氧生成的氧化物及其他固态物质称为烧渣。

此外，焙烧过程还有许多副反应，矿石中的铅、砷、硒、氟在焙烧中分别生成 PbO、As_2O_3、SeO_2、HF 等有害杂质。

2. 提高焙烧速度的途径

硫铁矿的焙烧是气-固相不可逆反应，一般反应进行得很完全。对生产起决定作用的是焙烧速度，提高焙烧速度的途径如下。

① 提高反应温度　提高温度，可加快分子运动速度，增加氧气与矿石的接触机会，从而加快反应速率。提高温度以不使烧渣熔化为限。

② 减小矿石粒度　焙烧矿料应破碎，以减小矿石粒度，增加空气与矿石的接触面积，使矿料表面的氧化铁层减薄。

③ 提高入炉空气氧的含量　增加氧的浓度，可增大气-固相间氧扩散的推动力，加快反应速率。但采用富氧空气焙烧不经济，通常采用空气焙烧。

二、沸腾焙烧与沸腾焙烧炉

1. 沸腾焙烧

硫铁矿的焙烧是在焙烧炉内进行的。焙烧炉的炉型有：固定床块矿炉、机械炉和流化床沸腾炉。沸腾焙烧的优点是：①可连续操作，便于自动控制；②固体颗粒较小，相间传热和传质面积大；③固体颗粒在气流中剧烈运动，固体表面更新快，可显著提高传热和传质效率、反应速率。但炉气中的粉尘含量较多，除尘负荷较大。

沸腾焙烧是流态化技术在硫铁矿焙烧中的应用。沸腾焙烧的正常操作，取决于硫铁矿的物理性能、颗粒的大小及气流速度。沸腾焙烧的操作气速介于临界速度与吹出速度之间，高于大颗粒的临界速度，低于最小颗粒的吹出速度，既使最大颗粒能够流化，又使最小颗粒不为气流带走，保证大颗粒流化并使最小颗粒在炉内保持一定的停留时间，达到规定的烧出率（硫铁矿所含硫分在焙烧过程被烧出的百分率）。

2. 沸腾焙烧炉

沸腾焙烧炉的炉体为钢壳，内衬耐火砖，炉内空间分为空气室、沸腾层、上部燃烧空间，如图 3-1 所示。

空气室，也称风室，一般为圆锥形。鼓风机将空气鼓入炉内先经空气室，再经空气分布板均匀分布进入沸腾层。空气分布板为钢制的花板，板上圆孔内插有风帽。空气分布板的作用是使空气均匀分布并有足够的流体阻力，以利于稳定操作。风帽的作用是使空气均匀喷入炉膛，保证炉截面上没有"死角"，以防矿粒漏入空气室。

沸腾层是焙烧的主要空间，设有冷却装置控制温度和回收热量，防止矿料熔结。沸腾层的高度，一般以矿渣溢流口高度为准。

为降低气体流速、减少吹出的矿尘量和除尘的负荷，上部燃烧空间的直径比沸腾层有所扩大；为确保一定的烧出率，在燃烧空间通入二次空气，使吹起的矿料细粒得到充分燃烧。

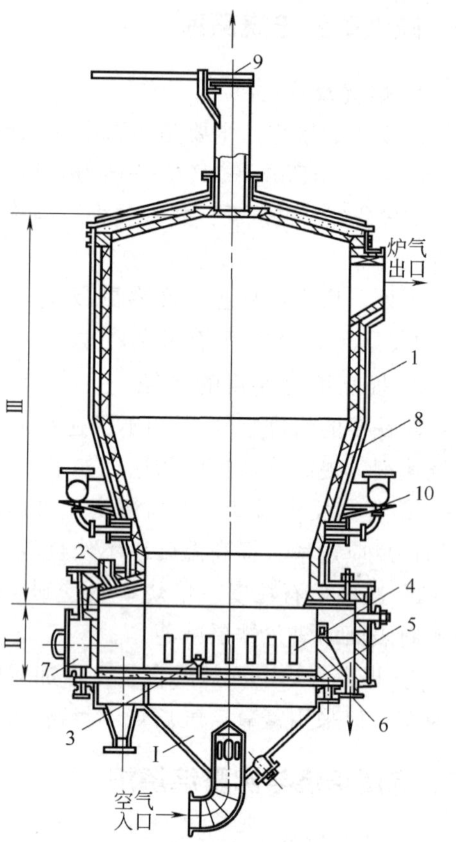

三、焙烧炉气的净化

1. 净化目的和要求

硫铁矿的焙烧炉气，除二氧化硫和氧气以及氮气之外，还含有三氧化硫、水分、三氧化二砷、二氧化硒、氟化物及矿尘等物质。矿尘不仅会堵塞设备与管道，而且会造成后续工序中的催化剂失活；砷和硒是催化剂的毒物；水分与三氧化硫形成的酸雾，不仅腐蚀设备，而且难以除去。因此，焙烧炉气在转化之前必须净化。净化要求达到的指标见表 3-1。

表 3-1 焙烧炉气的净化指标

炉气成分	指标
砷	$<0.001\text{g/m}^3$
酸雾	$<0.03\text{g/m}^3$
氟	$<0.001\text{g/m}^3$
水分	$<0.1\text{g/m}^3$
矿尘	$<0.005\text{g/m}^3$

图 3-1 沸腾焙烧炉
1—炉壳；2—加料口；3—风帽；4—冷却器；5—空气分布板；6—卸渣口；7—人孔；8—耐热材料；9—放空阀；10—二次空气进口；Ⅰ—空气室；Ⅱ—沸腾层；Ⅲ—上部燃烧空间

2. 净化原理和方法

（1）矿尘的清除

根据尘粒的大小，工业上有不同的除尘净化方法。$10\mu m$ 以上的尘粒用自由沉降室或旋风分离器等设备机械除尘；$0.1\sim10\mu m$ 的尘粒采用电除尘器除去；小于 $0.05\mu m$ 的矿尘颗粒采用液相洗涤法除去。

（2）砷和硒的清除

焙烧产生的三氧化二砷和二氧化硒在气体中的饱和含量，随着温度降低而迅速下降。可采用水或稀硫酸降温和洗涤炉气，当温度降至 50℃ 时，气态的砷、硒氧化物已降至规定指标以下，凝固的砷、硒氧化物部分被洗涤液带走，部分呈固体微粒悬浮在气相中，成为酸雾冷凝中心。

（3）酸雾的形成与清除

采用硫酸溶液或水洗涤净化炉气，洗涤液中的水蒸气进入气相，使炉气中的水蒸气含量增加，并与炉气中的三氧化硫接触生成硫酸蒸气。当温度降到一定程度时，硫酸的蒸气达到饱和，直至过饱和。当过饱和度等于或大于过饱和度临界值时，硫酸的蒸气冷凝形成微小液滴悬浮在气相中，称为酸雾。

实践证明，气体的冷却速度越快，蒸气过饱和度越高，越易形成酸雾。为防止酸雾的形成，必须控制一定的冷却速度，使硫酸蒸气过饱和度低于临界值。

采用水或稀硫酸洗涤炉气，炉气温度迅速降低，酸雾形成是不可避免的。实际生产中，常用电除雾器清除酸雾。除雾效率与酸雾微粒的直径有关,直径越大,除雾效率越高。为提高除雾效率,可采取逐级增大酸雾粒径逐级分离的方法。一是逐级降低洗涤酸浓度,使气体中水蒸气的含量增大,酸雾吸收水分被稀释而增大粒径;二是气体逐级冷却,酸雾也被冷却,气体中的水蒸气在酸雾微粒表面冷凝而增大粒径。为提高除雾效率,还可增加电除雾器的段数,在两段中间设置增湿塔,降低气体在电除雾器中的流速等。

3. 净化的工艺流程

气体净化是硫铁矿生产硫酸的重要环节。净化流程有多种,其中湿法净化流程又分为酸洗流程和水洗流程。

(1) 酸洗流程

典型的酸洗流程有标准酸洗流程、"两塔两电"酸洗流程、"两塔一器两电"酸洗流程及"文泡冷电"酸洗流程。我国自行设计的"文泡冷电"酸洗净化流程,从环保考虑将水洗改为酸洗,流程如图3-2所示。

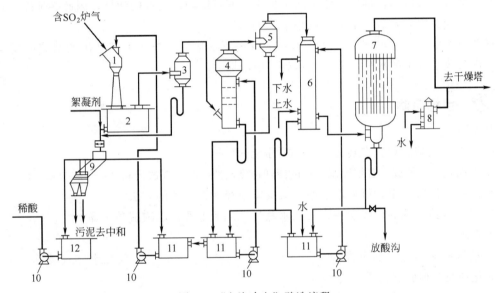

图3-2 "文泡冷电"酸洗流程

1—文氏管;2—文氏管受槽;3,5—复挡除沫器;4—泡沫塔;6—间接冷却塔;
7—电除雾器;8—安全水封;9—斜板沉降槽;10—泵;11—循环槽;12—稀酸槽

自焙烧工序来的含二氧化硫的炉气,进入文丘里洗涤器(文氏管)1,用15%~20%的稀酸进行第一级洗涤,洗涤后的气体经复挡除沫器3除沫,再进入泡沫塔4用1%~3%的稀酸进行第二级洗涤。炉气经两级稀酸洗除去矿尘、杂质,其中的三氧化二砷、二氧化硒部分凝固为颗粒而被除掉,部分成为酸雾的凝聚中心;炉气中的三氧化硫与水蒸气形成酸雾,在凝聚中心形成酸雾颗粒。炉气经两级稀酸洗,再经复挡除沫器5除沫,进入间接冷却塔6冷却,水蒸气进一步冷凝,酸雾粒径进一步增大,而后进入管束式电除雾器,借助于直流电场除去酸雾,净化后的炉气去干燥塔。

文丘里洗涤器1的洗涤酸经斜板沉降槽9沉降,沉降后清液循环使用;污泥自斜板底部放出,用石灰粉中和后与矿渣一起外运处理。

该流程用絮凝剂(聚丙烯酰胺)沉淀洗涤酸中的矿尘杂质,减少了排污量(每吨酸的排污量仅为25L),达到封闭循环的要求,故称为"封闭酸洗流程"。

标准酸洗流程，是以硫铁矿为原料的经典酸洗流程，由两个洗涤塔、一个增湿塔和两级电除雾器组成，故称为"三塔两电"酸洗流程。

"两塔两电"酸洗流程与标准酸洗流程相似，仅省去了增湿塔，所用洗涤酸浓度较低。

"两塔一器两电"酸洗流程也是在标准酸洗流程基础上发展的，其中增湿塔用间接冷凝器代替，故称"两塔一器两电"酸洗流程。

（2）水洗流程

常用的水洗流程有：①由文氏管、泡沫塔、文氏管组成的"文泡文"水洗流程；②用电除雾器代替上述"文泡文"流程中的第二级文氏管的"文泡电"水洗流程；③由两个文氏管、冷凝器、电除雾器组成的"文文冷电"水洗流程。

水洗流程的缺点是污水排放量大、污染环境。

4. 炉气的干燥

炉气的干燥是除去炉气中的水分。经酸洗或水洗的炉气，含一定量的水蒸气，可与三氧化硫生成酸雾，酸雾不仅难以吸收造成硫损失，而且影响催化剂的活性，因此必须除去炉气中的水分，使每立方米炉气中的水量小于 0.1g。

通常以浓硫酸干燥炉气，炉气从填料干燥塔下部通入，与塔上部淋洒的浓硫酸逆流接触，硫酸吸收炉气中的水分，使炉气达到干燥指标。

目标自测

判断题

1. 硫铁矿的焙烧炉气在转化之前无须净化。（   ）
2. 为防止酸雾形成，必须控制一定的冷却速度，使硫酸蒸气过饱和度低于临界值。（   ）
3. 为提高除雾效率，可采取逐级增大酸雾粒径逐级分离的方法。（   ）
4. 经酸洗或水洗的炉气含一定量的水蒸气，工业上通常以浓硫酸干燥炉气。（   ）

填空题

1. 硫铁矿的焙烧主反应为_____，_____、_____、氮和水蒸气等称为炉气；铁的氧化物及其他固态物质称为_____。
2. 焙烧速度对生产起决定作用，提高焙烧速度的途径有_____、_____、_____。
3. _____是沸腾焙烧炉的主要空间，设有_____装置控制温度和回收热量，防止矿料熔结。
4. 焙烧炉气的净化包括_____、_____、_____，实际生产中，常用_____清除炉气中的酸雾。
5. _____是硫铁矿生产硫酸的重要环节，其中湿法流程又分为_____流程和_____流程。

任务三 硫酸的生产

任务目标

1. 理解二氧化硫催化氧化、三氧化硫的吸收的基本原理；

2. 理解二氧化硫催化氧化、三氧化硫的吸收的影响因素，分析确定工艺条件；

3. 能对接触法生产硫酸的工艺流程进行分析；

4. 了解硫酸生产中的"三废"处理技术。

一、二氧化硫催化氧化的基本原理

1. 二氧化硫氧化的化学平衡

二氧化硫氧化为三氧化硫的反应是在催化剂存在下进行的。

$$SO_2 + \frac{1}{2}O_2 \rightleftharpoons SO_3 \quad \Delta H_R^\ominus = -96.24 \text{kJ/mol} \tag{3-2}$$

式(3-2)是一个可逆放热和体积缩小的反应，反应达到平衡时的转化率称为平衡转化率。二氧化硫的平衡转化率随原始气体成分、温度和压力而变化。降低反应温度、增加压力，会使平衡转化率上升；氧浓度升高或二氧化硫浓度下降，使平衡转化率升高。

2. 二氧化硫氧化的反应速率

温度对反应速率的影响很大。该反应是可逆放热反应，存在最适宜反应温度。气体组成一定时，反应速率随温度的升高而增大，达到最大值后，逐渐下降。与最大反应速率相对应的温度称为最适宜温度。

反应物起始组成一定时，不同转化率对应不同的气体组成、最适宜温度。最适宜温度可由理论计算。表3-2是在一定起始气体组成条件下，对应于不同转化率的最适宜温度。

表3-2　在钒催化剂上二氧化硫氧化的最适宜温度

（原始气体中二氧化硫7%、氧11%，压力101.3kPa）

转化率/%	60	65	70	75	80	85	90	94	96	97
最适宜温度/℃	604	589	574	558	540	520	494	466	446	434

从表3-2可见，转化率越低，最适宜温度越高。也就是说，对应一定的起始组成，反应开始时其最适宜温度最高，随着反应的进行，其最适宜温度越来越低。

反应气体的起始组成对反应速率也有影响，炉气中二氧化硫的起始浓度增加，氧的起始浓度则相应降低，反应速率则随之减慢。为保持一定的反应速率，炉气中二氧化硫的起始浓度不宜太高。

3. 二氧化硫氧化的催化剂

二氧化硫氧化的催化剂普遍采用钒催化剂。钒催化剂的活性组分是五氧化二钒，以碱金属（钾、钠）的硫酸盐作助催化剂，以硅胶、硅藻土、硅酸盐作载体。一般，催化剂含五氧化二钒5%～9%、氧化钾9%～13%、氧化钠1%～5%、二氧化硅50%～70%，还含有少量的三氧化二铁、三氧化二铝、氧化钙、氧化镁及水分等。

钒催化剂的主要毒物有砷、氟、酸雾及矿尘等。

二、工艺影响因素及转化器

1. 工艺影响因素

（1）反应温度

由二氧化硫催化氧化反应的原理可知，在最适宜温度下，反应速率最快。实际生产中，完全按最适宜温度操作并不现实。首先，反应前期转化率很小，最适宜温度很高，已超过催化剂允许使用的温度范围；其次，随着反应的进行，转化率不断提高，反应热不断放出，而最适宜温度却要求不断降低，亦即要求从催化剂床层不断移去适当的热量，这样的操作在工业上较难实施。

工业转化器的温度要求及控制方法是：①在催化剂的活性温度范围内操作；②尽可能接近最适宜温度进行反应；③采用分段操作，使反应过程与换热过程分开进行，各段在绝热情况下进行，段间进行冷却，即绝热反应与换热过程依次交替进行，使反应在整体上接近最适宜温度。

（2）二氧化硫的起始浓度

增加炉气中二氧化硫的浓度，就相应降低了炉气中氧的浓度，这种情况下，反应速率也相应降低。为达到一定的最终转化率，所需要的催化剂量也随之增加。因此从减少催化剂用量来看，采用低二氧化硫浓度是有利的。但是，降低炉气中的二氧化硫浓度，将使生产每吨硫酸所需要处理的炉气量增大，这样，在其他条件一定时，就要求增大其他设备的尺寸，或使系统中各个设备的生产能力降低，从而使设备的投资和折旧费用增加。因此，应当根据硫酸生产总费用最低的原则来确定二氧化硫的起始浓度。由经济核算知道，若采用普通硫铁矿为原料，对一次转化一次吸收流程，当转化率为 97.5% 时，二氧化硫含量为 7%～7.5% 最适宜。若原料改变或具体生产条件改变，最佳含量值也将改变。例如，以硫黄为原料，二氧化硫最佳含量为 8.5% 左右；以含煤硫铁矿为原料，二氧化硫最佳含量小于 7%；以硫铁矿为原料的两次转化两次吸收流程，二氧化硫最佳含量可提高到 9.0%～10%，最终转化率仍能达到 99.5%。

（3）最终转化率

最终转化率是硫酸生产的主要指标之一。提高最终转化率可减少尾气中二氧化硫的含量，减轻环境污染，提高硫的利用率；但会增加催化剂用量和流体阻力。因此，最终转化率也有个最佳值的问题。

最终转化率的最佳值与工艺流程、设备和操作条件有关。一次转化一次吸收流程，在尾气不回收的情况下，最终转化率为 97.5%～98% 时，硫酸的生产成本最低；如采用二氧化硫回收装置，最终转化率可取得低些。如采用两次转化两次吸收流程，最终转化率则应控制在 99.5% 以上。

2. 转化器

二氧化硫的催化氧化是在多段绝热式转化器中进行的，即绝热反应与换热过程交替进行。按照中间冷却方式的不同，转化器分为间接换热式和冷激式两类，如图 3-3 所示。

（1）间接换热式

部分转化的热气体与未反应的冷气体在间壁换热器中进行换热，达到降温的目的。换热器设在转化器内的称为内部间接换热式，如图 3-3(a) 所示；换热器设在外部的称为外部间接换热式，如图 3-3(b) 所示。

内部间接换热式转化器结构紧凑，系统阻力和热损失小。缺点是转化器本体庞大，结构复杂，检修不便，而且受管板机械强度的限制，难以制作大直径的转化器。因此只适用于生产能力较小的转化系统。

外部间接换热式转化器，换热器设在体外，转化器结构简单，易于大型化。但是，转化器与换热器的连接管线增长，系统阻力、热损失增加，占地面积增多。

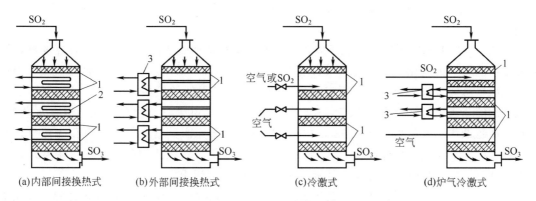

图 3-3 多段中间换热式转化器
1—催化剂床层；2—内部换热器；3—外部换热器

(2) 冷激式

冷激式转化器如图 3-3(c) 所示，与间接换热式转化器相同，反应过程在绝热条件下进行。冷激式采用冷气体与反应物直接混合，降低混合气体温度。根据冷激所用气体的不同，分为炉气冷激式和空气冷激式。

① 炉气冷激式 转化器段间补充冷炉气，以降低上一段反应后的气体温度。补充的冷炉气使反应后的二氧化硫含量增高，二氧化硫的转化率降低，要得到较高的最终转化率，所需的催化剂用量则要大大增加。因此，通常多段冷激式转化器只在一、二段间采用炉气冷激，如图 3-3(d) 所示。

炉气冷激式转化器节省换热面积，调节温度方便，催化剂用量比多段间接换热式略多。

② 空气冷激式 在各段间加入干燥的冷空气，以降低反应后的气体温度，有利于提高转化率。为避免转化后气体混合物的处理量过大，进入转化器的气体混合物中二氧化硫的原始含量应高些。

空气冷激式省略了中间换热器，流程简化。必须指出，空气冷激必须满足两个条件：第一，送入转化器的新鲜混合气体不需预热，便能达到最佳进气温度的要求；第二，进气中的二氧化硫含量比较高，否则，由于冷空气的稀释，使混合气体浓度过低，体积流量过大。

一般来说，全部用空气冷激的方式适合于硫黄制酸的装置，硫黄焙烧的炉气无需净化，炉气温度较高而不必预热，炉气中二氧化硫的起始含量也较高；而焙烧硫铁矿制酸装置只能采用部分空气冷激式转化过程。

3. 转化工艺流程

二氧化硫转化的工艺流程种类很多，根据转化的次数有"一转一吸"和"两转两吸"两类。工业上普遍采用的是"两转两吸"流程，该流程的基本特点是二氧化硫炉气经过三段转化，送中间吸收塔吸收三氧化硫，未被吸收的气体返回第四段转化器转化，然后送吸收塔吸收三氧化硫。

三、三氧化硫的吸收

催化氧化生成的三氧化硫，采用硫酸水溶液吸收制得硫酸或发烟硫酸。

$$n SO_3 + H_2O \longrightarrow H_2SO_4 + (n-1)SO_3 \quad \Delta H < 0 \tag{3-3}$$

当 $n<1$ 时，生成含水硫酸；当 $n=1$ 时，生成无水硫酸；当 $n>1$ 时，生成发烟硫酸。

硫酸的规格，通常是92.5%或98%的浓硫酸、含游离三氧化硫20%或65%的发烟硫酸。

由式(3-3)可见，可以水吸收三氧化硫。若单用水或稀硫酸作吸收剂，吸收速度慢，因而易生成酸雾。为避免三氧化硫在吸收过程中变成酸雾，应采用水蒸气分压低的硫酸；为使三氧化硫尽可能吸收完全，应采用三氧化硫分压为零或很低的硫酸。浓度为98.3%的硫酸是最理想的三氧化硫吸收剂。低于98.3%的硫酸液面上虽无三氧化硫蒸气，但有水蒸气，而且浓度越低水蒸气越多。高于98.3%的硫酸液面上虽无水蒸气，但有三氧化硫蒸气，其浓度越大，三氧化硫分压越高。只有98.3%硫酸的水及三氧化硫的分压很低。在良好的条件下，98.3%硫酸吸收三氧化硫，其吸收率可达99.95%以上。

98.3%硫酸吸收三氧化硫后，其浓度上升，需要向吸收后的硫酸中加入稀释液，以使浓度维持在98.3%。加入的稀释液部分是新鲜水，部分则来自干燥塔的93%硫酸。由于吸收了三氧化硫和加入了稀释液，吸收酸增多，多出的部分即为成品硫酸，送到成品贮罐。

生产标准发烟硫酸（20%发烟硫酸），可采用标准发烟硫酸作为吸收酸。吸收后浓度增高，加入98.3%硫酸使之稀释到标准发烟硫酸的浓度，即可输出作为成品。发烟硫酸表面的三氧化硫蒸气压力较大，三氧化硫的吸收不可能完全，因此，经过发烟硫酸吸收之后，还需经98.3%硫酸吸收才能接近吸收完全。三氧化硫的吸收，除选择合适的吸收剂浓度外，硫酸温度也是重要的条件。因为98.3%硫酸的水蒸气和三氧化硫分压随温度变化，温度升高，液面上水蒸气和三氧化硫蒸气增多，影响吸收效果；而硫酸温度过低，则易产生酸雾。若要求硫酸温度低，冷却面积则应增大。因此，98.3%硫酸的吸收操作，淋洒硫酸温度一般应控制在50℃左右，进吸收塔三氧化硫的温度为140℃左右。

四、接触法生产硫酸的工艺流程

接触法生产硫酸的工艺包括二氧化硫炉气制备和净化、二氧化硫的催化氧化和三氧化硫的吸收四个工序。

以硫铁矿为原料，沸腾焙烧"文泡冷电"酸洗净化两转两吸生产硫酸的工艺流程如图3-4所示。

硫铁矿经破碎、筛分、配矿后，由斗式提升机送入原料仓，再由皮带喂料机送入沸腾炉；空气由炉前鼓风机鼓入沸腾炉底风室，经风帽而进入炉内。在沸腾炉内，炉内温度为850~950℃，硫铁矿与空气中的氧反应，制得含二氧化硫10%~13%的炉气，从炉顶排出的二氧化硫炉气还含有矿尘及其他杂质；炉内大颗粒的矿渣经溢流口，从排渣管排至炉外。

二氧化硫炉气依次经废热锅炉回收热量、旋风除尘器除尘后，进入文氏管洗涤器、泡沫洗涤塔、间冷器、电除雾器除去矿尘、毒物和酸雾。然后，炉气再经填料干燥塔，用93%浓硫酸将炉气中的水分除去。

经净化、干燥后的二氧化硫炉气，由二氧化硫鼓风机送到转化工序的列管式热交换器，预热后由转化器顶部进入转化器，炉气中的二氧化硫与氧在钒催化剂层接触氧化生成三氧化硫。反应放热使气体温度升高，反应后的高温气体经外部列管式热交换器换热而降温，返回转化器二段继续反应。二、三段之间设有列管式交换器。二氧化硫炉气经过三段转化，二氧化硫转化率可达95%，经列管式热交换器换热降温后，先进入第一填料吸收塔，用98.3%的浓硫酸吸收三氧化硫而制得硫酸。循环吸收三氧化硫后的硫酸温度升高，加入适量水和93%硫酸稀释，多出来的硫酸送成品库。

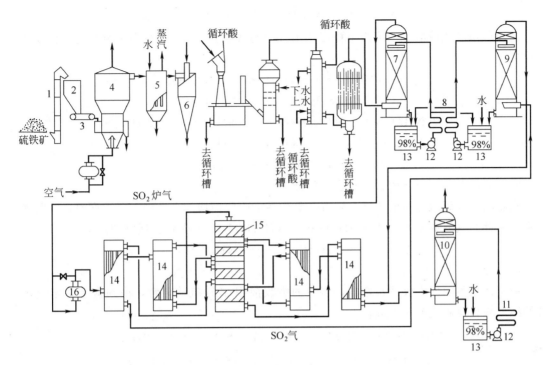

图 3-4 "文泡冷电"酸洗净化两转两吸制酸流程
1—斗式提升机；2—原料仓；3—喂料机；4—沸腾炉；5—废热锅炉；6—旋风分离器；
7—干燥塔；8—冷却器；9—第一吸收塔；10—第二吸收塔；11—酸冷器；
12—酸泵；13—循环酸槽；14—换热器；15—转化器；16—主风机

第一吸收塔吸收后，炉气中仍含有二氧化硫和氧，换热后返回转化器四段继续反应，生成的三氧化硫再经换热降温，送入第二填料吸收塔，用98.3%的浓硫酸吸收三氧化硫而制得浓硫酸。经二次转化，二氧化硫最终转化率可达99.5%以上；经第二吸收塔吸收后，尾气中二氧化硫含量低于0.1%，可直接排入大气中。

五、硫酸生产中的"三废"处理

硫酸生产中排放的污染物，主要是含二氧化硫、三氧化硫和酸雾吸收后的尾气，固体烧渣和酸泥，有毒酸性废液、废水等。若不处理，将严重影响生态环境。

1. 尾气的处理

尾气中的有害物质主要是二氧化硫（0.3%～0.8%）及微量的三氧化硫和酸雾。提高二氧化硫的转化率是减少尾气中二氧化硫含量的根本方法，实际生产中可采用"两转两吸"流程，使二氧化硫转化率达99.5%以上，不必处理即可排放。未采用"两转两吸"流程的尾气仍需处理，国内普遍采用氨-酸处理法。

氨-酸法是用氨水吸收尾气中的二氧化硫、三氧化硫及酸雾，最终生成硫酸铵溶液。氨-酸法过程由吸收、分解及中和三个部分组成。

（1）吸收

氨水吸收二氧化硫，生成亚硫酸铵和亚硫酸氢铵溶液。

$$2NH_3 \cdot H_2O + SO_2 \longrightarrow (NH_4)_2SO_3 + H_2O$$

$$(NH_4)_2SO_3 + SO_2 + H_2O \longrightarrow 2NH_4HSO_3$$

亚硫酸铵和亚硫酸氢铵溶液不稳定，尾气中的微量氧、三氧化硫及酸雾会与溶液发生下列反应。

$$2(NH_4)_2SO_3 + O_2 \longrightarrow 2(NH_4)_2SO_4$$
$$2NH_4HSO_3 + O_2 \longrightarrow 2NH_4HSO_4$$
$$2(NH_4)_2SO_3 + SO_3 + H_2O \longrightarrow 2NH_4HSO_3 + (NH_4)_2SO_4$$
$$2NH_3(游离) + H_2SO_4 \longrightarrow (NH_4)_2SO_4$$
$$2NH_3(游离) + SO_3 + H_2O \longrightarrow (NH_4)_2SO_4$$

吸收后尾气的二氧化硫含量符合排放标准。

吸收液中亚硫酸氢铵的浓度，随着二氧化硫的吸收而增加，达到一定浓度时，吸收能力下降，需补充气氨或氨水，使$(NH_4)_2SO_3/NH_4HSO_3$比值保持在适宜的范围。

$$NH_3 + NH_4HSO_3 \longrightarrow (NH_4)_2SO_3$$

（2）分解

由于补充氨而使吸收液量增加，多余的吸收液用93%硫酸分解，得到含有一定量水蒸气的纯二氧化硫和硫酸铵溶液。

$$2NH_4HSO_3 + H_2SO_4 \longrightarrow (NH_4)_2SO_4 + 2SO_2 + 2H_2O$$
$$(NH_4)_2SO_3 + H_2SO_4 \longrightarrow (NH_4)_2SO_4 + SO_2 + H_2O$$

为使亚硫酸铵、亚硫酸氢铵完全分解，硫酸用量过量30%~50%。分解的二氧化硫气体用H_2SO_4干燥后得纯二氧化硫气体，工业上可单独加工成液体二氧化硫产品。

（3）中和

过量的硫酸用氨水中和为硫酸铵溶液，以便进一步加工。

$$H_2SO_4 + 2NH_3 \longrightarrow (NH_4)_2SO_4$$

由上可见，第一步被吸收的二氧化硫，在第二步用硫酸分解为产品二氧化硫，第一步与第三步加入的氨与第二步加入的硫酸形成了硫酸铵溶液。从反应角度看，相当于利用氨与硫酸反应生成硫酸铵，而将尾气中的二氧化硫回收。

此外，尾气的处理还有碱法、金属氧化物法和活性炭法。

2. 烧渣的综合利用

以硫铁矿（硫铁矿含硫量为35%~25%时）为原料每生产1t硫酸，副产0.7~0.8t的烧渣。烧渣除含有较多的铁外，还含有一定数量的铜、锌、铅、钴等有色金属，有些还含有金、银等贵重金属，应回收利用。

综合利用途径：作为炼铁的原料及生产硫酸亚铁、氯化铁；回收有色金属及贵重金属；作为生产水泥的助溶剂；矿渣制砖及铺路等。

3. 污水及污酸治理

污水和污酸主要来自净化工序。污水、污酸中含有硫酸、砷、氟、铅、铁、硒等，对生态环境危害很大，排放前必须处理。

普遍采用碱性物质中和法处理污水，即用碱性物质（石灰或电石渣）与污水中的砷、氟、酸等反应生成沉淀，从而将有害物质从污水中分离出来。

污酸的处理常用硫化中和法，即利用硫化钠、硫氢化钠等硫化物与硫酸反应生成硫化氢，污酸中的铜、砷与硫化氢生成沉淀而分离，然后再对溶液进行中和处理。

项目三　硫酸的生产

目标自测

判断题

1. 工业转化器采用分段氧化操作，段间进行冷却，使反应在整体上接近最适宜温度。（　　）
2. 生产中应当根据硫酸生产总费用最低的原则来确定二氧化硫的起始浓度。（　　）
3. 最终转化率是硫酸生产的主要指标之一，其值越高则生产成本越低。（　　）
4. 提高二氧化硫的转化率是减少尾气中二氧化硫含量的根本方法。（　　）
5. 来自净化工序的污酸常用硫化中和法进行处理。（　　）

填空题

1. 二氧化硫氧化是一个可逆、_____、_____的反应，其反应式_____。
2. 二氧化硫氧化采用的钒催化剂的活性组分是_____。
3. 绝热式转化器按照中间冷却方式的不同，分为_____和_____两类。
4. 接触法生产硫酸工艺，包括_____、_____、_____、_____四个工序。
5. 催化氧化生成的三氧化硫，采用_____吸收制得硫酸或发烟硫酸，浓度为_____的硫酸是最理想的三氧化硫吸收剂。

叙述题

识读教材"文泡冷电"酸洗净化两转两吸制酸流程图，描述其工艺流程。

任务四　硫酸生产的安全控制

任务目标

1. 了解硫酸工艺安全控制方式；
2. 理解硫酸安全生产要点；
3. 了解硫酸生产的防护与紧急处置；
4. 树立规范操作、安全防护的意识。

一、硫酸生产工艺安全控制要求

硫酸生产装置在生产过程中涉及二氧化硫、三氧化硫烟气、浓或稀硫酸、硫黄等危险物质，使生产具有以下危险特点：①硫酸自身腐蚀性强、化学性质活泼，在生产和运输过程中常常会发生物理灼伤、火灾爆炸以及化学腐蚀等问题；②二氧化硫是无色有刺激性气味的有毒气体，属于急性毒性物质，与皮肤发生接触立刻引发灼伤，吸入会强烈刺激呼吸道，大量吸入还会造成肺水肿、窒息；③三氧化硫能够与有机化合物、还原性物质以及可燃物质发生化学反应，可能会引发爆炸或火灾；同时具有强烈刺激性气味，具有腐蚀性，会损伤人体的黏膜。在硫酸生产中防火灾防爆炸、防中毒、防设备腐蚀、防烫伤灼伤是主要安全对策。

硫酸生产中重点监测设备包括：沸腾炉、转化器；余热锅炉等余热回收系统；电除雾器和电除尘器；二氧化硫风机、空气风机；二氧化硫压缩、液化、充装装置等。主要监测安全工艺参数有：焚硫炉或沸腾炉温度；余热锅炉汽包压力、液位、温度；除氧器液位；洗涤塔温度；电除雾器出口负压；转化器各级段进出口温度；吸收塔循环酸温度、浓度等。

硫酸生产工艺安全控制的基本要求包括：沸腾炉的给料控制、报警和联锁；余热锅炉汽包液位、温度和压力及除氧器液位自动调节系统；二氧化硫区域检测、报警联锁装置；粉尘自动检测报警装置；安全阀、爆破片、紧急放空阀、液位计、单向阀及紧急切断装置等安全泄放设施等。

二、硫酸安全生产要点

企业应加强生产现场安全管理和生产过程控制管理，操作人员进入生产现场应穿戴好相应的劳动保护用品，并严格执行操作规程，使工艺参数运行指标控制在安全上下限值范围内。

原料工序：胶带运输机设拉线开关，主从动轮处设机械防护罩；下料口处设隔筛、除铁器；破碎机转动部位设机械防护罩；排渣埋刮板输送机与上料胶带输送机设联锁报警装置。

焙烧工序：在沸腾炉配料和沸腾炉工艺指标的管理工作当中，防止生成的气体引发爆炸。沸腾炉设保温层、给料断料报警器、炉底风机与空气风机联锁，严格监测风机出口及炉出口压力值，因为空气流量的大小会影响沸腾炉的炉温，会造成熄火，引起炉膛燃爆事故等；锅炉汽包设水位检测、视频水位监视系统，监测余热锅炉汽包压力、液位、温度，并及时调节，并设置余热锅炉安全阀、压力表、双水位计。

净化工序：高温烟气管道设保温层，由于净化工序为负压操作，为防止气体管道及设备损坏，在电除雾器后设安全水封装置，并及时监测压力参数值。

干吸工序：二氧化硫风机、空气风机、干吸循环酸泵设联锁系统，现场设二氧化硫泄漏检测报警仪。

转化工序：二氧化硫风机房设机械通风及事故排风装置，转化塔等设备、管道设外保温，现场设二氧化硫泄漏检测报警仪。

成品工序：硫酸罐安装液位计，同时将液位信号传至控制室；储罐呼吸口设呼吸阀。

三、硫酸生产的防护与紧急处置

企业从业人员应掌握硫黄、二氧化硫、三氧化硫、硫酸等化学品的物理性数据、活性数据、热和化学稳定性数据、腐蚀性数据、毒性信息、职业接触限值、急救和消防措施等。

接触二氧化硫、发烟硫酸等有毒有害气体的操作岗位的每个操作人员应配备型号合适的滤毒罐式防毒面具，接触硫铁矿、硫黄、石膏等固体粉尘的操作人员应每人配备防尘口罩；接触酸碱操作岗位的每个操作人员应配备防酸碱工作服、橡胶手套、工作鞋及防护镜或防护面罩。

在易发生硫酸泄漏的区域设洗眼器，其保护半径不得大于15m，当硫酸溅到眼睛内时，应立即用洗眼器进行冲洗。当硫酸接触到皮肤时，立即用2%碳酸氢钠溶液冲洗。严重者立即就医。

企业应加强对作业人员上岗和定期的职业安全卫生知识培训，重点企业应该编制防治中毒事故的应急援救预案并组织演练。

目标自测

判断题

1. 硫酸在生产和运输的过程常常会发生物理灼伤、火灾爆炸以及化学腐蚀等问题。（   ）
2. 在易发生硫酸泄漏的区域不用设洗眼器，配备2%碳酸氢钠溶液即可。（   ）
3. 不慎吸入二氧化硫气体，有可能引起急性中毒。（   ）
4. 操作人员进入硫酸生产现场应穿戴好相应的劳动保护用品，并严格执行操作规程，使工艺参数运行指标控制在安全上下限值范围内。（   ）

填空题

1. 在硫酸生产中防火灾防爆炸、防_____、防_____、防烫伤灼伤是主要安全对策。
2. 二氧化硫风机房设_____及事故排风装置，转化塔等设备、管道设外保温，现场设二氧化硫泄漏_____。
3. 在沸腾炉配料和沸腾炉工艺指标的操作中，严格监测温度和压力指标，防止生成的气体引发_____。

思考题与习题

3-1 硫酸生产的主要原料有哪些？目前用什么原料生产硫酸的产量较大？

3-2 硫黄制酸的优点有哪些？

3-3 写出硫铁矿的焙烧反应。提高焙烧反应速度的途径有哪些？

3-4 沸腾焙烧炉由哪几部分构成？其作用是什么？

3-5 二氧化硫炉气净化的目的是什么？除去这些杂质的方法是什么？

3-6 试述"文泡冷电"酸洗净化流程。

3-7 根据所学知识思考，为何有非常多的炉气净化流程？

3-8 写出二氧化硫催化氧化的反应式。此反应有什么特点？如何提高二氧化硫的平衡转化率？

3-9 何谓最适宜温度？它与气体组成有什么关系？

3-10 转化过程的工艺条件是如何确定的？

3-11 转化器为什么分段操作？中间冷却有哪几种方式？其优缺点是什么？

3-12 硫酸生产为何选择98.3%的硫酸来吸收三氧化硫？

3-13 试述"文泡冷电"酸洗净化两转两吸制酸流程。

3-14 氨-酸法处理尾气的主要反应有哪些？

能力拓展

1. 查找我国硫酸生产工艺的工业现状、生产方法、生产设备、工艺流程、生产事故、市场行情、发展趋势等信息资料，写一篇有关硫酸的小论文。
2. 查阅有关硫酸生产中"三废"处理的有关资料，并制作成PPT，分组讨论方案的优缺点。

阅读园地

固体流态化技术

固体流态化是指固体颗粒在流体（气体或液体）作用下，转变为具有类似流体性质的操作过程，简称流态化。

固体流态化技术是20世纪发展起来的，其最初的应用可追溯至公元16世纪矿石的处理。第一个涉及流态化的专利是1910年颁发的，第一个工业规模的流态化装置，是用来制造水煤气或发生炉煤气的温克勒气体发生炉，此炉是于1921年由德国BASF公司开发的。1942年，埃索公司与凯洛格公司和印第安纳美孚石油公司开发的流态床催化裂化工业装置，建成投入运转；同年，多尔-奥列弗公司开发的硫化物矿焙烧的流态化装置建成，并于1952年应用于硫铁矿焙烧生产二氧化硫。

固体流态化技术在工业上有着广泛的用途，如固体输送、热交换、颗粒混合、干燥、吸附及金属表面涂敷塑料等过程。催化反应如催化裂化、催化重整、苯酐和醋酸乙烯的生产等；非催化反应如硫铁矿的焙烧，石灰石、白云石的煅烧，水泥生料的烧结等。

随着科技的进步和生产的发展，固体流态化技术的应用将日益广阔。

项目四　氯碱的生产

> **学习导言**
>
> 氯碱工业是最基本的化学工业之一，离子交换膜电解法是氯碱工业先进的生产工艺。本项目将在电解理论的基础上，重点学习离子交换膜电解法生产原理、工艺条件及工艺流程；并介绍氯碱工业的重要产品——盐酸的生产。

> **学习目标**
>
> 知识目标：了解烧碱、液氯的性质及用途；了解盐酸性质、用途及生产工艺；理解食盐水溶液电解原理、蒸发及吸收操作的基本要求；了解腐蚀性物料的储运与防护。
>
> 能力目标：能分析选择氯碱生产工艺条件；能识读离子交换膜法生产工艺流程；具有流程分析组织的初步能力；能读懂电解生产操作规程；具有查阅文献以及信息归纳的能力。
>
> 素质目标：具有一定的文字和语言表达沟通能力；具有遵章守纪的良好习惯；具有实事求是、一丝不苟的作风；具有规范操作、安全生产的意识。

任务一　氯碱生产的概貌

> **任务目标**
>
> 1. 了解氯碱工业及其产品；
> 2. 理解食盐水溶液电解原理；
> 3. 了解氯碱生产技术及其发展。

一、氯碱工业及其产品

氯碱工业是现代化学工业中的基本工业，通过电解食盐水溶液生产烧碱、氯气和氢气。烧碱又称苛性钠，广泛用于造纸、纺织、肥皂、炼铅、石油、合成纤维、橡胶等工业部门。

氯的化学性质非常活泼、用途广泛，可用于制造漂白粉、液氯、次氯酸钠、漂白精等产品。氯气与氢气合成氯化氢气体并生产盐酸。盐酸是"三酸"之一。氯化氢是制造聚氯乙烯和氯丁橡胶的主要原料。聚氯乙烯可用作电气绝缘和耐腐材料，也可加工成薄膜、板材、管子、管件、设备及设备零件、人造革等材料，是最大的耗氯产品。用氯气生产的含氯溶剂，可代替易燃而能耗大的石油系溶剂。

氢气除合成氯化氢、制造盐酸和聚氯乙烯外，还用于石油化工"加氢"、炼钨、生产多晶硅等。

电解食盐水溶液制造烧碱、氯气和氢气的原料是食盐，生产方法有隔膜法、水银法及离子交换电解膜法。隔膜法的基本工艺过程如图 4-1 所示。首先将食盐溶解制成粗盐水。粗盐水中含有很多杂质，必须精制，主要是除去机械杂质及 Ca^{2+}、Mg^{2+}、SO_4^{2-}、Fe^{3+} 等，使之符合电解要求。精制后的盐水送去电解。

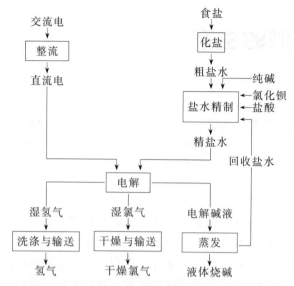

图 4-1 隔膜法生产烧碱、氯气和氢气的基本工艺过程

电解需要使用大量的直流电，而电厂输送的是交流电。因此，必须把交流电经过整流设备变成直流电，然后把直流电送到电解槽进行电解。

在电解槽中，精盐水借助于直流电电解产生烧碱、氯气和氢气。

从电解槽来的烧碱（电解碱液）的含量比较低，仅含有11%～12%的氢氧化钠，还含有大量的盐，不符合要求，因此需要经过蒸发，变成碱浓度符合要求的液体烧碱。电解碱液中的盐在蒸发过程中结晶析出，送盐水精制工序回收。回收盐水中含有少量的烧碱，对盐水的精制具有一定的作用。

电解槽来的氯气温度较高，含有大量的水分，不能直接使用。经过冷却、干燥后送用户，制造液氯、盐酸等氯产品。

电解槽来的氢气，其温度和水分与氯气相似，经冷却、干燥后送用户。

二、食盐水溶液电解的基本原理

1. 电解过程的反应

（1）电解过程的主反应

食盐水溶液中主要有四种离子，即 Na^+、Cl^-、OH^- 和 H^+。当直流电通过食盐水溶液时，阴离子向阳极移动，阳离子向阴极移动。当阴离子到达阳极时，在阳极放电，失去电子变成不带电的原子；同理，阳离子到达阴极时，在阴极放电，获得电子也变成不带电的原子。离子在电极上放电的难易不同，易放电的离子先放电，难放电的离子不放电。

在阴极上，H^+ 比 Na^+ 容易放电，所以，阴极上是 H^+ 放电，电极反应为

$$2H^+ + 2e \longrightarrow H_2 \uparrow$$

在阳极上，Cl^- 比 OH^- 易放电，所以，阳极上是 Cl^- 放电，其放电反应为

$$2Cl^- - 2e \longrightarrow Cl_2 \uparrow$$

不放电的 Na^+ 和 OH^- 则生成了 NaOH。

电解食盐水溶液的总反应式为

$$2NaCl+2H_2O \longrightarrow 2NaOH+Cl_2\uparrow+H_2\uparrow$$

(2) 电解过程的副反应

随着电解反应的进行,在电极上还有一些副反应发生。在阳极上产生的 Cl_2 部分溶解在水中,与水作用生成次氯酸和盐酸:

$$Cl_2+H_2O \longrightarrow HCl+HClO$$

电解槽中虽然放置了隔膜,但由于渗透扩散作用仍有少部分 NaOH 从阴极室进入阳极室,在阳极室与次氯酸反应生成次氯酸钠。

$$NaOH+HClO \longrightarrow NaClO+H_2O$$

次氯酸钠又离解为 Na^+ 和 ClO^-,ClO^- 也可以在阳极上放电,生成氯酸、盐酸和氧气。

$$12ClO^-+6H_2O-12e \longrightarrow 4HClO_3+8HCl+3O_2\uparrow$$

生成的 $HClO_3$ 与 NaOH 作用,生成氯酸钠和氯化钠等。

此外,阳极附近的 OH^- 浓度升高后也导致 OH^- 在阳极放电,发生以下副反应:

$$4OH^--4e \longrightarrow O_2\uparrow+2H_2O$$

副反应生成的次氯酸盐、氯酸盐和氧气等,不仅消耗产品,而且浪费电能。必须采取各种措施减少副反应,保证获得高纯度产品,降低单位产品的能耗。

2. 理论分解电压

某电解质进行电解,必须使电极间的电压达到一定数值。电解过程能够进行的最小电压,称为理论分解电压。理论分解电压 $E_{理}$ 是阳离子的理论放电电位 E_+ 和阴离子的理论放电电位 E_- 之差,即

$$E_{理}=E_+-E_- \tag{4-1}$$

某电解质的理论分解电压主要与其浓度、温度有关。

3. 过电压

过电压(又称超电压,$E_{超}$)是离子在电极上的实际放电电位与理论放电电位的差值。金属离子在电极上放电的过电压不大,可忽略不计。但如果在电极上放出气体物质,过电压则较大。过电压的存在,要多消耗一部分电能。利用过电压的性质选择适当的电解条件,以使电解过程符合需要。如阳极放电时,氧比氯的过电压高,所以阳极上的氯离子首先放电并产生氯气。过电压的大小主要取决于电极材料和电流密度,降低电流密度、增大电极表面积、使用海绵状或粗糙表面的电极、提高电解质温度等,均可降低过电压。

4. 实际分解电压和电压效率

电解生产过程中,由于电解液浓度不均匀和阳极表面的钝化、导线和接点、电解液和隔膜、局部电阻等因素,也消耗外加电压,因此实际分解电压大于理论分解电压。实际分解电压也称为槽电压,数学表达式为

$$E_{槽}=E_{理}+E_{超}+\Delta E_{液}+\sum\Delta E_{降} \tag{4-2}$$

式中 $\Delta E_{液}$——电解液中的电压降;

$\sum\Delta E_{降}$——电极、接点、电线等电压降之和。

实际分解电压可通过实测的方法获得。隔膜法电解的实际分解电压一般为 3.5~4.5V;离子膜法电解的实际分解电压目前一般低于 3V。

理论分解电压与实际分解电压之比,叫做电压效率。

$$电压效率 = \frac{理论分解电压}{实际分解电压} \times 100\% = \frac{E_{理}}{E_{槽}} \times 100\% \tag{4-3}$$

由式(4-3)可见,降低实际分解电压,可提高电压效率,进而可降低单位产品电耗。隔膜电解槽的电压效率在60%左右,离子膜电解槽的电压效率在70%以上。

5. 电流效率和电能效率

根据法拉第定律,每获得1克当量[①]的任何物质都需要96500C(或26.8A·h)的电量。故电解时理论上析出某物质的质量为

$$G = \frac{N}{26.8} It \tag{4-4}$$

$$N = M/n$$

式中 $\frac{N}{26.8}$ ——电化当量,96500C(或26.8A·h)的电量理论上能析出物质的质量(g),g/(A·h);

N——物质的化学当量,g;

M——物质的原子量;

n——物质的原子价;

I——电流强度,A;

t——时间,h。

实际生产中,由于部分电能消耗于电极上以及副反应的产生和漏电,电能不可能100%被利用,实际产量总比理论产量低。实际产量与理论产量之比称为电流效率。

$$电流效率 = \frac{实际产量}{理论产量} \times 100\% \tag{4-5}$$

电解食盐水溶液时,根据Cl_2计算的电流效率称为阳极效率,根据NaOH计算的电流效率称为阴极效率。电流效率是电解生产中很重要的技术经济指标,电流效率高,意味着电量损失小,说明相同的电量可获得较高的产量。现代氯碱工厂的电流效率一般为95%~97%。

电解理论所需的电能值($W_{理}$)与实际消耗电能值($W_{实}$)的比值,称为电能效率。

$$电能效率 = \frac{W_{理}}{W_{实}} \times 100\% \tag{4-6}$$

由于电能是电量和电压的乘积,故电能效率是电流效率和电压效率的乘积:

$$电能效率 = 电流效率 \times 电压效率 \tag{4-7}$$

由式(4-7)可见,降低电能消耗,必须提高电流效率和电压效率。

三、氯碱生产技术及其发展

氯碱工业的核心是电解,电解方法有隔膜法、水银法、离子交换膜法。

1890年,世界上第一个工业规模的隔膜电解槽制烧碱的装置,在德国哥里斯海姆建成,成为氯碱工业开端的标志。

[①] 根据国际标准和国家标准,"克当量"这个术语不再使用,但在此为法拉第定律所规定,故仍沿用之。

隔膜法是在电解槽阳极室与阴极室之间设有多孔渗透性的隔层，它能阻止阳极产物与阴极产物混合，但不妨碍阴、阳离子的自由迁移。

水银法是美国人卡斯纳和奥地利人凯纳在 1892 年同时提出的。该法的特点是烧碱浓度高、质量好、生产成本低，曾获得广泛应用；缺点是汞对环境有污染。因此现已趋于淘汰，我国于 1999 年淘汰此法。

1900 年以来，隔膜法及水银法电解所用阳极一直采用石墨，其缺点是消耗快，消耗急剧增大后而使耗电增加。在隔膜法中其粉末易堵塞隔膜；在水银法中易形成汞渣，影响钠汞齐质量，氯气中 CO_2 含量增加。1968 年，金属阳极的出现为电解工业技术的发展开辟了新纪元，同时，也为离子膜电解槽的出现创造了良好的条件。

之后开发的离子交换膜法电解，1975 年首先在美国和日本实现了工业化。此法用选择透过性的阳离子交换膜将阳极室和阴极室隔开，在阳极上和阴极上发生的反应与一般隔膜法电解相同。Na^+ 在电场的作用下伴随水分子透过离子交换膜移向阴极室，离子交换膜不允许 Cl^- 透过，因此，在阴极室得到纯度较高的烧碱溶液。离子交换膜电解法的优点是：膜具有选择透过性，只允许阳离子通过；电解液浓度高，目前电解液中烧碱含量为 32%～35%；产品质量好，不含石棉等其他杂质，浓缩至 50% 的离子膜烧碱，其氯化钠含量仍小于 5.0×10^{-5}；电流效率高，即使在较大的电流密度下，也能保持低电耗。离子交换膜电解法在现代氯碱工业中应用日益普及。美国离子膜法生产能力已达 80% 以上；日本已达 100%。

我国最早的隔膜法氯碱工厂是 1929 年投资的上海天原电化厂（现在的上海天原化工厂前身），第一家水银法氯碱工厂于 1952 年在锦西化工厂投产。1974 年我国首次采用的金属阳极电解槽，在上海天原化工厂投入工业化生产。1986 年甘肃盐锅峡化工厂引进第一套离子膜烧碱装置投产以来，离子交换膜法电解烧碱技术迅速发展。上海天原化工厂研制的 C_{30}-I_N 型固定式小极距隔膜电解槽，已达到了引进的 MDC-55 型电解槽的同等水平。北京化工机械厂开发的复极式离子膜电解槽（GL 型），使中国成为世界上除日本、美国、英国、意大利、德国等少数几个发达国家之外能独立开发、设计、制造离子膜电解槽的国家之一。此外，我国在金属扩张阳极、活性阴极、改性隔膜及固碱装置等方面都有很大进展。

目标自测

判断题

1. 电解食盐水需要使用大量的交流电。（　　）
2. 离子交换膜法电解在阳极室得到纯度较高的烧碱溶液。（　　）
3. 电解副反应会影响产品纯度，但不会降低电能能耗。（　　）
4. 过电压的大小与电极材料、电流密度、电解质温度等有关。（　　）

填空题

1. 电解食盐水的阳极总反应式为_____，根据 Cl_2 计算的电流效率称为_____，根据 NaOH 计算的电流效率称为_____。
2. _____的比值称为电能效率，降低电能消耗，必须提高_____和_____。
3. 氯碱工业的核心是电解，电解方法有_____、_____、_____，其中_____方法在现代氯碱工业中应用日益普及。

【任务二　氯碱的生产】

任务目标

1. 理解离子膜电解法的基本原理；
2. 了解电解槽结构，能分析确定电解工艺条件；
3. 能对离子膜法生产工艺流程进行分析；
4. 能理解分析碱液的蒸发浓缩过程。

一、离子膜电解法的基本原理

图4-2是离子膜法电解原理。离子交换膜（简称离子膜）将电解槽分成阳极室和阴极室两部分，从阳极室加入的饱和食盐水中的Na^+通过离子膜进入阴极室，部分氯离子在阳极放电，生成氯气逸出。NaCl的消耗导致盐水浓度降低，所以阳极室有淡盐水导出；阴极室加入一定的净水，在阴极上H^+放电并析出H_2，而H_2O不断地被离解成H^+和OH^-，OH^-无法穿透离子膜，在阴极室与Na^+结合生成NaOH，形成的NaOH溶液从阴极室流出，其含量为32%～35%，经浓缩得成品液碱或固碱。

目前，国内外使用的离子交换膜是耐氯碱腐蚀的阳离子交换膜，膜内部具有较复杂的化学结构，膜内存在固定离子（离子团）和可交换的对离子两部分，牌号有美国杜邦公司的Nafion、日本旭硝子公司的Flemion、日本旭化成公司的Aciplex。

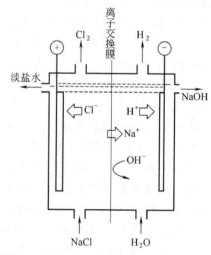

图4-2　离子膜法电解原理

现以Nafion膜为例，介绍离子膜选择透过性原理。该离子膜的固定离子团是磺酸基—SO_3^-或羧基—COO^-，可交换的正离子是Na^+。

图4-3是离子膜选择透过性示意图。

从微观角度看，离子膜是多孔结构物质，由孔和骨架组成，孔内是水相，固定离子团（负离子团）之间有微孔水道相通，骨架是含氟的聚合物。

离子膜内孔存在许多固定的负离子团，在电场作用下，阳极室的Na^+被负离子吸附并从一个负离子团迁移到另一个负离子团，这样，Na^+从阳极室迁移到阴极室。

离子膜内存在着的负离子团，对阴离子Cl^-和OH^-有很强的排斥力，尽管受电场力作用，阴离子有向阳极迁移的动向，但无法通过离子膜。Cl^-只在阳极放电并析出Cl_2，OH^-与Na^+结合形成NaOH。若阴极室碱溶液浓度太低，膜内的含水量增加使膜膨胀，OH^-有可能穿透过离子膜进入阳极室，导致电流效率降低。

影响离子膜性能降低的主要因素：①钙和镁正离子在电场作用下，易进入离子膜内，形成沉积物堵塞微孔通道，要求钙、镁离子总和低于20～30μg/L；②为稳定操作，膜内的负

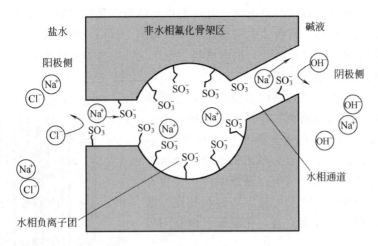

图 4-3 离子膜选择透过性示意图

离子团的数目要相对保持稳定，电解液温度不宜过高，碱液浓度不宜过浓，避免出现脱水现象，在膜内产生结晶，造成膜的永久性损坏；③溶液碱浓度过低而温度较高时，在膜的界面处也可能出现积水"起泡"现象，甚至使两层膜（离子膜一般由两层膜压合而成）分开，失去离子膜的性能。

二、离子膜电解槽及电解条件

1. 离子膜电解槽

（1）电解槽

目前，世界上的离子交换膜电解槽有多种类型。无论何种类型，电解槽均由若干电解单元组成，每个电解单元由阳极、离子交换膜与阴极组成。

按供电方式不同，离子膜电解槽分为单极式和复极式。两者的电路接线方式如图 4-4 所示。

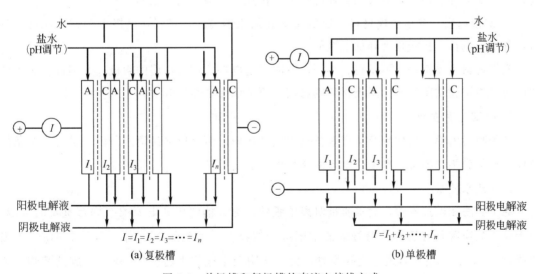

(a) 复极槽　　　　　　　　　　　　(b) 单极槽

图 4-4　单极槽和复极槽的直流电接线方式

由图 4-4（b）可见，单极式电解槽内部的直流电路是并联的，通过各个电解单元的电流之和等于通过这台单极电解槽的总电流,各电解单元的电压是相等的。所以,单极式电解槽适合于低电压高电流运转。复极式电解槽则相反,如图4-4(a),槽内各电解单元的直流电路都是串联的,各个单元的电流相等,电解槽的总电压是各电解单元电压之和。所以,复极式电解槽适合于低电流高电压运转。

图4-5是离子膜电解槽的结构示意图,其主要部件是阳极、阴极、隔板和槽框。在槽框的当中,有一块隔板将阳极室与阴极室隔开。两室所用材料不同,阳极室一般为钛,阴极室一般为不锈钢或镍。隔板一般是不锈钢或镍和钛板的复合板。隔板的两边还焊有筋板,其材料分别与阳极室和阴极室的材料相同。筋板上开有圆孔以利于电解液流通,在筋板上焊有阳极和阴极。

(2) 电极材料

电极材料分为阳极材料和阴极材料。

① 阳极材料 由于阳极直接、经常地与氯气、氧气及其他酸性物质接触,因此要求阳极具有较强的耐化学腐蚀性、对氯的超电压低、导电性能良好、机械强度高、易于加工及便宜等,此外还要考虑电极的寿命。

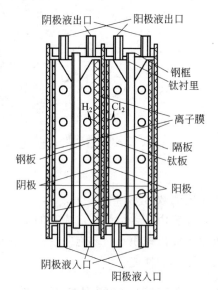

图 4-5 离子膜电解槽的结构示意图

阳极材料有金属阳极和石墨阳极两类,离子膜电解均采用金属阳极。

金属阳极以金属钛为基体,在表面涂有其他金属氧化物的活性层。金属钛的耐腐蚀性好,具有良好的导电性和机械强度,便于加工。基体涂的阳极活性层主要成分以钌、铱、钛为主体,并加有锆、钴、铌等成分。

金属阳极是一种新型高效电极材料,具有耐腐蚀、过电位低、槽电压稳定、电流密度高、生产能力强、使用寿命长和无环境污染等优点,一般为网形结构。

② 阴极材料 要求阴极材料耐氢氧化钠和氯化钠腐蚀,氢气在电极上的过电压低,具有良好的导电性、机械强度和加工性能。

阴极材料主要有铁、不锈钢、镍等,铁阴极的电耗比带活性层的阴极高,但镍材带活性层阴极的投资比铁阴极高。阴极材料的选用,要考虑综合经济效益。

2. 电解工艺条件

离子膜对电解产品质量及生产效益具有关键作用,而且价格昂贵。所以,电解工艺条件应保证离子膜不受损害,离子膜电解槽能长期、稳定运转。

(1) 盐水质量

离子膜法制碱技术中,盐水质量对离子膜的寿命、槽电压和电流效率均有重要的影响。由于离子交换膜具有选择和透过溶液中阳离子的特性,因此除 Na^+ 外,Ca^{2+}、Mg^{2+} 等也能透过。Ca^{2+}、Mg^{2+} 等透过交换膜时,会与从阴极室迁移来的少量 OH^- 生成沉淀物,堵塞离子膜,使膜电阻增加,引起电解槽电压上升,降低电压效率。

盐水质量除满足 NaCl 的含量外,应严格控制盐水中的 Ca^{2+}、Mg^{2+} 等杂质,Ca^{2+}、

Mg^{2+} 总量应小于 $20\sim30\mu g/L$。

(2) 阴极液中氢氧化钠的浓度

阴极液中氢氧化钠的浓度与电流效率的关系存在极大值，即氢氧化钠浓度升高，阴极一侧离子膜的含水率减少，排斥阴离子力增强，电流效率增大；若氢氧化钠浓度继续升高，膜中 OH^- 浓度增大，反迁移增强。氢氧化钠浓度超过 36% 时，电流效率明显下降。此外，氢氧化钠浓度升高，槽电压也升高。因此，氢氧化钠的浓度一般控制在 30%~35%。

(3) 阳极液中氯化钠的浓度

若阳极液中氯化钠浓度太低，阴极室的 OH^- 易反渗透，导致电流效率下降；此外，阳极液中 Cl^- 也容易通过扩散迁移到阴极室，导致碱液的盐含量增加。如果离子膜长期在低盐浓度下运行，还会使膜膨胀，严重时可导致起泡、膜层分离，出现针孔使膜遭到永久性的损坏。阳极液中盐浓度也不宜太高，否则会引起槽电压升高。生产上，阳极液中的氯化钠浓度通常控制在 200~220g/L。

(4) 阳极液的 pH 值

阳极液一般处于酸性环境中，有时，在进槽的盐水中加入盐酸，中和从阴极室反迁移来的 OH^-，以降低氯中含氧量，阻止 OH^- 与溶解于盐水中的氯发生副反应，提高阳极电流效率。但是，要严格控制阳极液的 pH 值不低于 2，以防离子膜阴极侧的羧酸层酸化，破坏其导电性，使电压急剧上升并造成膜的永久性破坏。

三、离子膜法生产工艺流程

离子膜法生产工艺流程主要包括原盐溶解，盐水的一次及二次精制，电解产生浓度为 32% 的烧碱及氢气和氯气，淡盐水脱除游离氯返回原盐溶解，氢气和氯气的冷却、干燥、压缩等，烧碱液的蒸发与浓缩。

1. 盐水一次精制

原盐溶解后的粗盐水含有 Ca^{2+}、Mg^{2+}、SO_4^{2-} 等杂质，离子膜电解槽要求盐水中 Ca^{2+}、Mg^{2+} 含量低于 $20\sim30\mu g/L$，因此需要用螯合树脂吸附处理。但螯合树脂吸附能力有限，必须先用普通化学精制法使 Ca^{2+}、Mg^{2+} 含量降至 10~20mg/L，这就是盐水的一次精制。图 4-6 是盐水一次精制流程框图。

原盐由皮带输送机送入化盐桶，用 55℃ 以上的洗泥水和脱氯后的淡盐水溶化。水从底部加入，经过 2~3m 高的盐层制成饱和粗盐水，从上部溢流进精制反应器。连续向精制反应器加入氢氧化钠、碳酸钠、氯化钡溶液与盐水中的 Mg^{2+}、Ca^{2+}、SO_4^{2-} 等反应，生成氢氧化镁、碳酸钙、硫酸钡悬浮物。反应后带有悬浮物的盐水送入澄清桶，并加入助沉剂（苛化淀

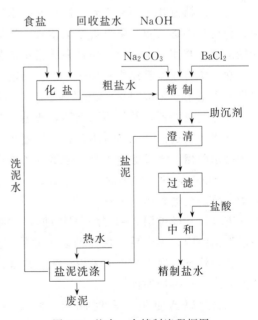

图 4-6 盐水一次精制流程框图

粉或麸皮、高分子凝聚剂），使盐水中的杂质微粒凝聚以利沉降。澄清后的盐水流入砂滤器，除去残存的悬浮物。过滤盐水进入连续中和反应罐，用盐酸中和过量的碱，使盐水 pH 值达 8～11。由澄清桶底排出的盐泥，送盐泥洗涤桶用热水洗涤，洗泥水送去化盐，废泥弃排。

2. 盐水二次精制

离子膜电解对 Ca^{2+}、Mg^{2+} 等要求极其严格，阳离子交换膜不仅能使 Na^+ 透过，而且也能使 Ca^{2+}、Mg^{2+} 透过，在膜内形成微细的沉淀堵塞离子膜，引起槽电压升高、电流效率下降。因此，盐水必须进行二次精制，其工艺流程如图 4-7 所示。

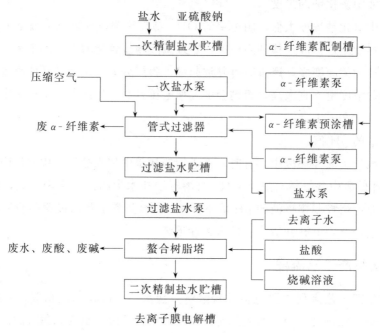

图 4-7　盐水二次精制流程框图

将一次精制盐水用泵送到一次精制盐水贮槽，为彻底除掉盐水中的游离氯和次氯酸，以免螯合树脂中毒失效和降低烧结碳素管的性能，一般加入微量的亚硫酸钠或硫化钠或硫代硫酸钠溶液，并用氧化还原电位计在线指示监测。

盐水中有一些悬浮物对除去 Ca^{2+}、Mg^{2+} 的螯合树脂产生不良影响，一般要求盐水中悬浮物的含量小于 1mg/L，因此必须过滤。用泵将盐水和 α-纤维素（助滤剂）配制成悬浮状的液体送到过滤器，并且不断循环，使过滤器表面形成一层厚薄均匀的助滤层。而后用盐水泵把盐水送到过滤器，同时用泵把一定量的 α-纤维素送到一次盐水泵进口，过滤后的盐水流到盐水贮槽，用过滤盐水泵送至螯合树脂塔，塔内装有螯合树脂，除去盐水中所含微量的 Ca^{2+}、Mg^{2+}，使盐水中的 Ca^{2+}、Mg^{2+} 低于 20～30μg/L。螯合树脂塔来的精制盐水流入贮槽，再送至电解槽阳极室。

螯合树脂塔可用 2～3 台。若用两台，则两台螯合树脂塔串联使用 24h，其中一塔再生，一塔继续使用，再生后又保持两塔串联使用；若采用三台，则两个塔工作，一个塔处于再生、待命状态。树脂的再生采用盐酸、纯水、烧碱处理。再生过程中产生的废水、废酸、废碱流入地坑，另行处理。

管式过滤器使用一段时间后，需要清洗再生，洗下的废 α-纤维素用压缩空气吹除弃去。

3. 离子膜电解工艺流程

各种离子膜电解流程虽有差别，但总过程大致相同，以旭硝子单极槽离子膜电解工艺过程为例，其工艺流程如图 4-8 所示。

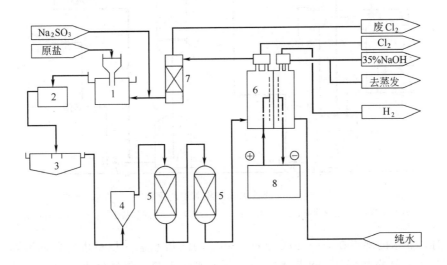

图 4-8 旭硝子单极槽离子膜电解工艺流程图
1—饱和槽；2—反应器；3—澄清槽；4—过滤器；
5—树脂塔；6—电解槽；7—脱氯塔；8—整流器

从离子膜电解槽 6 流出的淡盐水经过脱氯塔 7 脱去氯气，进入盐水饱和槽 1 制成饱和盐水，而后在反应器 2 中再加入氢氧化钠、碳酸钠、氯化钡等化学品，出反应器盐水进入澄清槽 3 澄清，但是从澄清槽出来的一次盐水还有一些悬浮物，因此需要经过盐水过滤器 4 过滤除去悬浮物。而后盐水再经过螯合树脂塔 5 除去其中的钙、镁等金属离子，就可以送至离子膜电解槽 6 的阳极室；同时，纯水被送入阴极室。在直流电作用下，阳极室产生的氯气和流出的淡盐水经过分离器分离，氯气输送到氯气总管，淡盐水一般含氯化钠 200～220g/L，经脱氯塔 7 去盐水饱和槽。在电解槽阴极室产生的氢气和 30%～35% 的液碱同样也经过分离器分离，氢气输送到氢气总管；30%～35% 的液碱可以作为商品出售，也可以送到氢氧化钠蒸发装置蒸浓到 50%。

4. 淡盐水脱氯流程

离子膜电解槽来的淡盐水中含有 700～800mg/L 的游离氯，游离氯的存在，使螯合树脂中毒，危害过滤碳素管，腐蚀设备和管道。因此，必须进行脱氯处理。

淡盐水脱氯工艺，通常有真空法、空气吹出法及化学试剂法脱除残余氯。真空脱氯法是利用氯气在盐水中的溶解度随压力降低而减小的原理，减压使溶解在盐水中的氯气逸出来；空气吹出法是空气与淡盐水在吸收塔中逆流接触，淡盐水中的氯气解吸除去；化学试剂法，在含氯的淡盐水中加入亚硫酸钠、亚硫酸氢钠、硫化钠等还原剂，使其与淡盐水中的氯反应，此法可与其他方法共用除去微量残余氯。

淡盐水真空脱氯工艺流程如图 4-9 所示。

在淡盐水中先加入适量盐酸，混合均匀，进入淡盐水罐 1。因酸度变化，逸出的氯气进入氯气总管，淡盐水泵 2 将淡盐水送往脱氯塔 3。脱氯塔里装有填料，塔内真空度在 82.7～

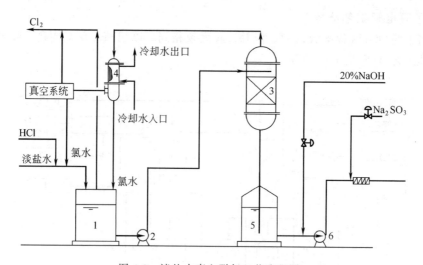

图 4-9 淡盐水真空脱氯工艺流程图
1—淡盐水罐；2—淡盐水泵；3—脱氯塔；4—钛冷却器；5—脱氯盐水罐；6—脱氯盐水泵

90.7kPa 时，盐水的沸点在 50～60℃之间，85℃的淡盐水进入填料塔内急剧沸腾，水蒸气携带着氯气进入钛冷却器 4，水蒸气冷凝，进入淡盐水罐，氯气经真空泵出口送入氯气总管，氯水则送回淡盐水罐。

出脱氯塔的淡盐水进入脱氯盐水罐 5，用 20％氢氧化钠调节 pH 值为 8～9，然后加入 Na_2SO_3 溶液，去除残余的游离氯。脱氯后的淡盐水用泵送去化盐工序。

另外，盐水闭路循环会有少量氯酸盐积累，氯酸盐浓度增加会导致盐水中氯化钠含量减少，而且腐蚀蒸发设备，故需将部分氯酸盐分解，使其浓度维持在某一水平上。

分解氯酸盐的方法有二：一是分流部分盐水去其他装置，使电解过程氯酸盐的生成量和此过程的分流量相等；二是引出部分淡盐水去氯酸盐分解槽，并加入适量的盐酸，提高温度，使氯酸盐分解为氯气。

四、碱液的蒸发浓缩

电解槽出来的电解液不仅含有烧碱，而且含有盐。由于电解方法的不同，其电解液组成也不同，如隔膜法电解液中氢氧化钠含量为 11％～12％，氯化钠含量为 16％～18％。蒸发电解液的目的：一是将电解液中 NaOH 含量浓缩至产品浓度（30％、42％、45％、50％和 73％）；二是将电解液中未分解的 NaCl 与 NaOH 分离，并回收送至化盐工序再使用。对于离子膜法，电解液中的 NaCl 含量低，一般为 30～50mg/L，蒸发浓缩不需除盐，而且电解液中 NaOH 含量高，一般为 32％～35％，蒸发水量少，蒸汽消耗低。

离子膜法的蒸发最被广泛采用的是双效蒸发流程，也有一部分单效蒸发流程。三效蒸发流程将会越来越受到重视，国内鲜有使用三效蒸发流程的报道。

蒸发操作的基本要求：①保持蒸汽压力的稳定。过高的蒸汽压力使加热管内碱液温度上升，造成管内液体剧烈沸腾，形成气膜，降低传热系数；而压力过低，达不到碱液所需温度，会使蒸发强度下降。②维持恒定的蒸发器液位。在循环蒸发器的蒸发过程中，液位高度的变化会造成静压头的变化，使蒸发过程不稳定。液位过低，蒸发及闪蒸加剧，夹带严重；液位过高，则使蒸发量减小，进加热室的料液温度增高，降低了传热有效温差，也降低了循环速度，最终导致蒸发能力下降。③保持足够的真空度。真空度的提高，可降低二次蒸汽的饱和温度，提高有效温差，还可降低蒸汽冷凝水的温度，以充分利用热能，降低蒸汽消耗。

固体烧碱（简称固碱）便于运输，适用于特殊的用户。固碱的生产是在高温下进一步浓缩液体烧碱，使其呈熔融状，再经冷却成型，即可得不同形状的固碱。固碱生产方法有直接加热法和降膜法，其中应用最广的是降膜法。

目标自测

判断题

1. 电解操作时从阴极室加入的饱和食盐水，通电后在阳极生成氯气，在阴极上析出H_2。（　　）
2. 为稳定操作，膜内的负离子团的数目要相对保持稳定，电解液温度不宜过高，碱液浓度不宜过浓，避免出现脱水现象。（　　）
3. 离子膜法制碱技术中，盐水质量对离子膜的寿命、槽电压和电流效率有影响，经盐水一次精制后才能满足生产要求。（　　）
4. 离子膜电解槽来的淡盐水必须进行脱氯处理后，才可以送去化盐工序。（　　）
5. 高温下进一步浓缩液体烧碱，使其呈熔融状，再经冷却成型，制得不同形状的固碱。（　　）

填空题

1. 离子膜将电解槽分成_____和_____两部分，并可选择_____离子迁移通过。
2. 无论何种类型离子交换膜电解槽，均由若干电解单元组成，每个电解单元是由_____、_____与_____组成。
3. 离子膜电解需严格控制的工艺条件包括：_____、_____、_____、_____阳极液的pH值等。
4. 通常采用_____塔，除去盐水中所含微量的Ca^{2+}、Mg^{2+}，使其低于20～30μg/L。
5. 将NaOH含量浓缩至产品浓度的蒸发操作基本要求：_____、_____、_____。

叙述题

识读教材旭硝子单极槽离子膜电解工艺流程图，描述工艺流程。

任务三　盐酸的生产

任务目标

1. 了解合成炉结构，能分析确定氯化氢合成工艺条件；
2. 能对盐酸生产过程进行分析；
3. 了解氯碱生产中腐蚀性物料的储运与防护。

盐酸生产主要有两种方式：一种是直接合成法；另一种是无机或有机产品生产的副产品。本节讨论以电解产品Cl_2和H_2直接合成盐酸。

一、生产原理与工艺条件

1. 生产原理

合成盐酸分两步：氯气与氢气作用生成氯化氢；再用水吸收氯化氢生产盐酸。合成氯化氢的反应如下：

$$Cl_2 + H_2 \longrightarrow 2HCl \qquad \Delta H_R^{\ominus} = -18421.2 kJ/mol$$

此反应若在低温、常压和没有光照的条件下进行，其反应速率非常缓慢；但在高温和光照的条件下，反应会非常迅速，放出大量热。

氯气与氢气的合成反应，必须很好地控制，否则会发生爆炸。

由于反应后的气体温度很高，因此，在用水吸收之前必须冷却。当用水吸收氯化氢时，也有很多热量放出，放出的热量使盐酸温度升高，不利于氯化氢气体的吸收。因为溶液温度越高，氯化氢气体的溶解度越低，因此，生产盐酸必须具有移热措施。

工业上吸收有两种方法，即冷却吸收法和绝热吸收法。当被吸收气体氯化氢浓度高时，采用绝热吸收法；而氯化氢浓度低时则采用冷却吸收法。以合成法制取氯化氢，气体中氯化氢的含量较高，因此多采用绝热吸收法。

2. 工艺条件

（1）温度

氯气和氢气在常温、常压、无光的条件下反应进行得很慢，当温度升至440℃以上时，即迅速化合，在有催化剂的条件下，150℃时就能剧烈化合，甚至爆炸。所以，在温度高的情况下可反应完全。如果温度高于1500℃，有显著的热分解现象。一般控制合成炉出口温度为400~450℃。

（2）水分

绝对干燥的氯气和氢气是很难反应的，而有微量水分存在时可以加快反应速率，水分是促进氯与氢反应的媒介。一般认为，如果水含量超过0.005%，则对反应速率没有多大的影响。

（3）氯氢的摩尔比

氯化氢合成，氯和氢按1:1的摩尔比化合，实际生产中使氢气过量，一般控制在5%~10%。否则，原料成分或操作条件稍有波动，就会造成氯气供应过量，这对防止设备腐蚀、提高产品质量、防止环境污染都是不利的；但氢气过量太多，则有爆炸的危险。

二、合成炉与工艺流程

1. 合成炉

目前，国内外合成炉的炉型主要分为两大类：铁制炉和石墨炉。铁制炉耐腐蚀性能差，使用寿命短，合成反应难以利用，操作环境较差，目前采用较少。

石墨炉分二合一石墨炉和三合一石墨炉。二合一石墨炉

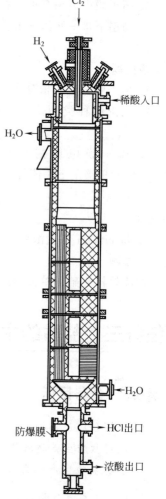

图4-10 A型三合一石墨炉

是将合成和冷却集为一体的炉子，三合一石墨炉是将合成、冷却、吸收集为一体的炉子。

一般来说，石墨合成炉是立式圆筒形石墨设备，由炉体、冷却装置、燃烧反应装置、安全防爆装置、吸收装置、视镜等附件组成。

图 4-10 是三合一石墨炉的一种，石英燃烧器（也叫石英灯头）安装在炉的顶部，喷出的火焰方向朝下。合成段为一圆筒状，由酚醛浸渍的不透性石墨制成，设有冷却水夹套，炉顶有一环形的稀酸分配槽，内径与合成段筒体相同。从分配槽溢出的稀酸沿内壁向下流，一方面冷却炉壁，另一方面与氯化氢接触形成浓度稍高的稀盐酸作吸收段的吸收剂。与合成段相连的吸收段由六块相同的圆块孔式石墨元件组成，其轴向孔为吸收通道，径向孔为冷却水通道。为强化吸收效果，增加流体的扰动，每个块体的轴向孔首末端加工成喇叭口状，并在块体上表面加工有径向和环形沟槽，经过上一段吸收的物料在此重新分配进入下一块体，直至最下面的块体。未被吸收的氯化氢，经下封头气液分离后去尾气塔，成品盐酸经液封送贮槽。

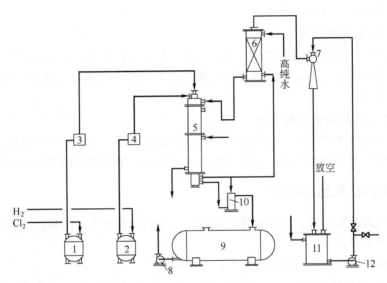

图 4-11　三合一石墨炉法流程图

1—氯气缓冲罐；2—氢气缓冲罐；3—氯气阻火器；4—氢气阻火器；
5—三合一石墨炉；6—尾气塔；7—水力喷射器；8—酸泵；
9—盐酸贮槽；10—液封罐；11—循环酸罐；12—循环泵

2. 工艺流程

三合一石墨炉法的工艺流程如图 4-11 所示。由氯氢处理工序来的氯气和氢气分别经过氯气缓冲罐 1、氢气缓冲罐 2、氯气阻火器 3、氢气阻火器 4 和各自的流量调节阀，以一定的比例［氯气与氢气之比为（1∶1.05）～（1∶1.10）］进入石墨炉 5 顶部的石英灯头。氯气走石英灯头的内层，氢气走石英灯头的外层，二者在石英灯头前混合燃烧，化合成氯化氢。生成的氯化氢向下进入冷却吸收段，从尾气塔来的稀酸从合成炉顶部进入，经分布环呈膜状沿合成段炉壁下流至吸收段，经再分配流入块孔式石墨吸收段的轴向孔，与氯化氢一起顺流而下。同时，氯化氢不断地被稀酸吸收，气体中的氯化氢浓度变得越来越低，而酸浓度越来越高，最后未被吸收的氯化氢经石墨炉底部的封头，进行气液分离，浓盐酸经液封罐 10 流入盐酸贮槽 9，未被吸收的氯化氢进入尾气塔 6 底部。高纯水经转子流量计从尾气塔顶部喷淋，吸收逆流而上的氯化氢而成稀盐酸，并经液封进入石墨炉。从尾气塔顶出来的尾气用水力喷射器 7 抽走，经循环酸罐分离，不凝废气排入大气。下水经水泵打往水力喷射器，往复循环一段时间后可作为稀盐酸出售，或经碱性物质中和后排入下水道，或作为工业盐酸的吸收液。生成氯化氢的燃烧热及氯化氢溶解热由石墨炉夹套冷却水带走。

三、吸收操作的基本要求

氯化氢溶于水形成盐酸是一个吸收过程，遵循吸收的规律，本质是氯化氢分子越过气液相界面向水中扩散的溶解过程。吸收操作应注意以下几点。

1. 吸收过程应在较低的温度下进行

氯化氢易溶于水，其溶解度与温度密切相关，温度越高溶解度越小；另外氯化氢的溶解产生大量溶解热，溶解热使溶液温度升高，从而降低氯化氢的溶解度，结果是吸收能力降低，不能制备浓盐酸。因此，为确保酸的浓度和提高吸收氯化氢的能力，除加强对从合成炉来的氯化氢的冷却外，还应设法移出溶解热。

2. 保持一定的气流速度

根据双膜理论，氯化氢气体溶解于水，氯化氢分子扩散的阻力主要来自气膜，而气膜的厚度取决于气体的速度。流速越大则气膜越薄，其阻力越小，氯化氢分子扩散的速度越大，吸收效率也就越高。

3. 保证有足够大的相接触面积

气液接触的相界面越大，氯化氢分子向水中扩散的机会越多，应尽可能提高气液相接触面积。如膜式吸收器分配要均匀，不要使吸收液膜断裂；填料塔中的填料润湿状况应良好。

四、腐蚀性物料的贮运与防护

氯碱工业处理的酸、碱、盐和氯等介质都具有强烈的腐蚀性，因腐蚀所造成的损失也很严重，是腐蚀严重的行业。

金属腐蚀防护的方法，可概括为以下四个方面。

① 选择合适的材料（金属或非金属）。如湿氯环境中选用钛材，或采用聚氯乙烯塑料及耐蚀玻璃钢；碱液浓缩可选用镍和高纯高铬铁素体不锈钢。

② 电化学保护。改变金属的电位，使金属处于电位-pH 图的免蚀区（阴极保护）或钝化区（阳极保护）。如隔膜电解槽在停车期间，采取外加直流电对电解槽进行阴极的电化学保护措施。

③ 改变介质的性质或在其中使用少量的添加剂，使金属的腐蚀受到明显的抑制。如精制盐水调配成中性或微碱性，脱去氯中的水分，熬制固碱时加入少量的硝酸钠、蔗糖等，均可起到减轻腐蚀的效果。

④ 采用耐蚀非金属覆盖层，使金属与腐蚀介质隔离开来。如盐水系统的设备和管线采取橡胶衬里、耐蚀玻璃钢衬里、有机或无机的涂层等保护；还有砖板衬里、玻璃衬里和塑料衬里等。

食盐水溶液对一般金属有腐蚀作用，腐蚀原理是电化学腐蚀。电解所用盐水浓度很高，且溶解氧较少，腐蚀速度并不很快，一次盐水系统的设备、管道大多为碳钢。但对设备的气相部分要作防腐处理，可用塑料粉末火焰喷涂，涂刷防腐涂料。由于对二次盐水要求严格，设备管道可用钢衬胶，钛的耐腐蚀性能突出，食盐水泵多为钛泵。

酸性盐水（阳极液系统）的设备与有饱和氯的酸性盐水或湿氯气相接触，腐蚀性很强，一般选用钛或钛钢复合材料。

阴极液含 30%～35% 的氢氧化钠，温度为 85～90℃，该系统设备及管道的材料一般选用超低碳奥氏体不锈钢。

离子膜电解槽的物料比较复杂。阳极室用的是工业纯钛，阴极室为工业纯镍。除此之外，还要对电解槽进行防腐蚀处理。离子膜电解槽阳极室槽框上的密封面是钛易产生缝隙腐蚀的部位，防腐措施可分为两类：一是作涂敷烧结处理，将钌和钯烧结在密封面上；二是选择抗缝隙腐蚀的材料——Ti-0.15Pd 合金。

蒸发与固碱系统的物料是烧碱，碳钢在此环境下易发生碱脆，所以，此系统多采用工业纯镍、超低碳纯铁素体不锈钢及超低碳奥氏体不锈钢等。

在常温下，氯对金属的腐蚀很轻，但在高温下很严重，如有水的存在，腐蚀会加剧。所以，一般选用耐氯腐蚀的钛材或非金属材料，如聚氯乙烯或玻璃。

盐酸对碳钢的腐蚀速度随浓度增加而呈指数关系增大，氯化氢合成炉现在基本使用石墨，盐酸的贮运要用非金属衬里。

目标自测

判断题

1. 氯气与氢气的合成反应，必须很好地控制温度，否则会发生爆炸。（　　）
2. 氯化氢吸收过程应在较高的温度下进行。（　　）
3. 氯碱工业处理的酸、碱、盐和氯等介质都具有强烈的腐蚀性，因此要做好金属腐蚀防护。（　　）

填空题

1. Cl_2 和 H_2 直接合成盐酸分为两步：_____ 和 _____。
2. 在氯化氢实际生产中通常使 _____ 过量，一般控制在 _____。
3. 三合一石墨炉是将 _____、_____、_____ 集为一体的炉子。
4. 氯化氢吸收操作应注意：_____、_____、_____。

任务四　氯碱生产的安全控制

任务目标

1. 了解氯碱工艺安全控制方式；
2. 理解电解工序异常工况及处理；
3. 了解氯碱生产的防护与紧急处置；
4. 树立规范操作、安全防护的意识。

一、工艺安全控制要求

氯碱生产过程设备设施大型化、自动化，同时伴有高温、高压现象，其原料、中间介质及产物具有强腐蚀性并易燃易爆，工艺过程危险系数高。

电解饱和食盐水工艺具有以下危险特点：①电解食盐水过程中产生的氢气是极易燃烧的气体，氯气是氧化性很强的剧毒气体，两种气体混合极易发生爆炸，当氯气中含氢量达到5%以上，则随时可能在光照或受热情况下发生爆炸。②如果盐水中存在的铵盐超标，在适宜的条件（pH＜4.5）下，铵盐和氯作用可生成氯化铵，浓氯化铵溶液与氯还可生成黄色油状的三氯化氮。三氯化氮是一种爆炸性物质，与许多有机物接触或加热至90℃以上以及被撞击、摩擦等，即发生剧烈的分解而爆炸。③电解溶液腐蚀性强。④液氯的生产、储存、包装、输送、运输可能发生液氯的泄漏。

氯碱生产的重点监控工艺参数包括：电解槽内液位；电解槽内电流和电压；电解槽进出物料流量；可燃和有毒气体浓度；电解槽的温度和压力；原料中铵含量；氯气杂质含量（水、氢气、氧气、三氯化氮等）等。

氯碱电解工艺安全控制的基本要求包括：电解槽温度、压力、液位、流量报警和联锁；电解供电整流装置与电解槽供电的报警和联锁；紧急联锁切断装置；事故状态下氯气吸收中和系统；可燃和有毒气体检测报警装置等。

氯碱电解工艺宜采用的控制方式：①将电解槽内压力、槽电压等形成联锁关系，系统设立联锁停车系统；②安全设施，包括安全阀、高压阀、紧急排放阀、液位计、单向阀及紧急切断装置等。

二、电解工序异常工况及处理

企业应加强生产现场安全管理和生产过程控制管理，操作人员进入生产现场应穿戴好相应的劳动保护用品，并严格执行操作规程，使工艺参数运行指标应控制在安全上下限值范围内。对生产过程中出现的工艺参数偏离情况及时分析原因，使运行偏差及时得到有效纠正。电解工序常见异常工况、原因及处理方法，主要有以下几种情况。

（1）电解槽阳极浓度降低

事故原因：①原料盐水量过少；②原料盐水浓度低。

处理方法：①增大电槽盐水供给阀门，补充原料供给；②提高供给盐水浓度。

（2）电解槽阳极浓度上升

事故原因：原料盐水量过多。

处理方法：关小电解槽盐水供给阀门，降低盐水供给量。

（3）电解槽温度偏高

事故原因：原料盐水温度偏高。

处理方法：①关小原料盐水加热蒸汽阀门；②停槽、换膜。

（4）电解槽温度偏低

事故原因：原料盐水温度偏低。

处理方法：开大盐水加热器蒸汽阀。

（5）烧碱在溶液中浓度低

事故原因：①供给纯水过多，膜破损；②供给盐水温度低。

处理方法：①关小纯水针形阀；②提高供给盐水浓度使其在正常范围。

（6）烧碱在溶液中浓度高

事故原因：①供给纯水过少；②淡盐水浓度过高。

处理方法：①开大纯水针形阀；②降低原料盐水的浓度。

(7) 电解槽电压及槽温异常上升，溶液中氯含量偏高

事故原因：①原料盐水异常停止供应；②离子膜受损。

处理方法：①立即补充原料盐水，组织开展故障排查，排除故障；②立即停止设备运行，更换离子膜。

三、氯碱生产的防护与紧急处置

企业从业人员应掌握氯气、氢气、氢氧化钠、盐酸等化学品的物性数据、活性数据、热和化学稳定性数据、腐蚀性数据、毒性信息、职业接触限值、急救和消防措施等。

氯碱生产中电解槽连接电极都是裸露在外，电解时高电压的直流电负荷非常大，作业人员要严格执行操作规程，入生产现场应穿戴好相应的绝缘劳动保护用品，防止发生电灼伤、触电事故。

生产中生成的氯气是有毒气体，比空气重，刺激咽喉及眼睛黏膜，吸入后能引起肺水肿、支气管炎，严重的甚至死亡。操作人员严格监测电解槽氯气系统处于负压，定期取样分析氯气含量，生产车间空气中含氯不得超过 $1mg/m^3$，厂房应有良好的通风。要备有防毒面具，并满足每 10 个操作人员备用 3 套滤毒罐式防毒面具的标准。

氢气是一种无色无嗅的易燃气体，遇明火、高热能引起燃烧爆炸，其爆炸范围是 4.1%～74.2%（体积分数），较高浓度时可引起窒息。氢气比空气轻，发生泄漏时极易向四周扩散，人员必须迅速撤离至上风向，须穿防护用品进入现场。

氢氧化钠是具有强腐蚀性的强碱，直接接触皮肤和眼睛可引起灼伤。必要时带耐酸碱手套和防护目镜。在氢氧化钠生产、储存区域，应设置冲洗和洗眼设施。喷溅到身体时先用水冲洗擦干后，再用 3% 硼酸溶液清洗并就医。

氯碱生产企业要针对可能发生的事故类别，制定相应的专项应急预案和现场处置方案。每年至少组织 1 次厂级应急救援预案演练，每半年至少进行 1 次车间级应急救援预案演练。

目标自测

判断题

1. 氯碱生产时应将电解槽内压力、槽电压等形成联锁关系，系统设立联锁停车系统。（　　）

2. 在氯碱生产中要防止发生电灼伤、触电事故。（　　）

3. 氢气是一种易燃气体，遇明火、高热能引起燃烧爆炸。（　　）

4. 氢氧化钠溶液可直接接触皮肤和眼睛，不会引起灼伤。（　　）

5. 对生产过程中出现的工艺参数偏离情况及时分析原因，使运行偏差及时得到有效纠正。（　　）

填空题

1. 电解槽设备应重点监控的工艺参数包括：电解槽内液位、电解槽内电流和_____；电解槽的_____和压力；电解槽进出物料流量。

2. 氯气是剧毒气体，生产车间空气中含氯不得超过_____。

3. 生产中造成烧碱在溶液中浓度高的原因可能是_____或_____。

4. 生产中电解槽温度偏低，应采取_____操作。

思考题与习题

4-1 画出隔膜法氯碱生产的基本工艺过程示意图。

4-2 什么是理论分解电压？什么是槽电压？槽电压由哪几部分构成？

4-3 什么是电压效率？什么是电流效率？它们与电能效率的关系是什么？

4-4 为什么离子膜法电解的阴极液中氯化钠含量低？根据离子膜选择透过性示意图分析。

4-5 导致离子膜性能下降的主要因素有哪些？

4-6 离子膜电解槽的单极槽与复极槽的主要区别是什么？试述其单元槽结构。

4-7 离子膜电解槽的主要阴、阳极材料有哪些？

4-8 试论述电解工艺条件的选择。

4-9 盐水一次精制和二次精制的目的是什么？

4-10 试叙述盐水一次精制和二次精制的工艺流程。

4-11 试述电解的工艺流程。

4-12 淡盐水脱氯的目的是什么？有哪几种方法？

4-13 参考隔膜法生产的基本工艺过程示意图，画出离子膜法生产的基本工艺过程示意图。

4-14 碱液蒸发的目的是什么？对其操作有哪些基本要求？

4-15 合成盐酸的两个基本步骤是什么？其吸收操作的基本要求有哪些？

4-16 氯化氢合成炉为什么一般选用石墨合成炉？简述三合一石墨炉内的工作过程。

4-17 简述盐酸合成的工艺流程。

4-18 对金属腐蚀的防护措施有哪些？

4-19 某电解槽通以 109kA 的电流时，氯气的生产速度为 1.923×10^3 mol/h，碱的生产速度为 3.094×10^3 mol/h，求阳极电流效率和阴极电流效率。

4-20 某电解槽为一含有 98 单元复极槽，当通以 9kA 的电流时，每天生产 30% 的烧碱 100t，99% 的氯气 27.5t，求其电流效率。

能力拓展

1. 查找我国氯碱生产的现状、生产方法、生产设备、工艺流程、生产事故、市场行情、发展趋势等信息资料，写一篇与氯碱行业有关的小论文。

2. 查阅有关"化学品物料的储运与防护"的资料，制作成 PPT，并讨论分析储运安全注意事项。

阅读园地

侯德榜与联合制碱法

侯德榜，中国著名化学家，化工、土建和机械工程专家。早年留学美国，获哥伦比亚大学化学工程博士学位。1921 年从美国回国，应邀作为技术人员筹建塘沽永利碱厂，建成后出任总工程师。塘沽永利碱厂是中国第一家民族制碱企业，它打破了国际制碱托拉斯对中国制碱业的垄断，实现了苏尔维法（氨碱法）制碱工艺。苏尔维法制碱工艺虽然优点很多，但其原料利用率低、流程长、排放大量废液等。鉴于苏尔维法的缺点，曾有不少科学家进行过研究改进。最理想的办法，是将氯化铵直接结晶出来作为产品。20世纪初叶，德国人什赖布首先有此建议，之后，各国皆有人先后研究，均未获得满意结果。1930～1931年间，德国人格鲁德及吕普曼获得初步成果，但生产过程是间断方法，产量低。

侯德榜先生从1938年起开始这方面的研究，1942年提出了完整的工艺路线。该方法连续化生产，生产规模大，不需要产生固体碳酸氢铵，也不需要任何辅助剂，与德国研究的方法有本质区别，因此称为"侯氏制碱法"。此法将制碱工业与合成氨工业联合，既生产纯碱，又生产氯化铵，故又称为"联合制碱法"。

联合制碱法工艺在国际上引起了强烈反响，侯德榜先生也因此荣获英国皇家学会、美国化学工程学会、美国机械学会荣誉会员称号，成为美国机械工程师协会终身荣誉会员。

项目五　煤的液化

学习导言

我国资源分布"富煤、贫油、少气",发展煤液化技术对补偿石油资源的短缺、减少煤炭使用导致的环境污染,具有非常重要的意义。本项目重点学习煤直接液化和煤间接液化的工艺技术。

学习目标

知识目标:了解煤液化的意义及发展概况,理解煤直接液化和间接液化的机理、催化剂、液化反应器及工艺过程。

能力目标:能分析选择煤液化生产工艺条件;能识读煤直接液化和间接液化工艺流程;具有流程分析组织的初步能力;具有查阅文献以及信息归纳的能力。

素质目标:具有一定的文字和语言表达沟通能力;具有遵章守纪的良好习惯;具有实事求是、一丝不苟的作风;具有规范操作、安全生产的意识。

任务一　煤液化生产的概貌

任务目标

1. 了解煤液化及煤液化的意义;
2. 了解煤液化技术的发展概况。

一、煤的液化

煤的液化就是把固体煤炭通过化学加工过程,使其转化成为液体燃料、化工原料和产品的洁净煤技术。煤液化产品又称"人造石油"。根据不同的加工路线,煤的液化可分为直接液化和间接液化两大类。

煤的直接液化又称煤的加氢液化,是指煤在高温高压下,借助于溶剂和催化剂的作用,通过裂解、加氢等反应转变为液体燃料的过程。通过煤直接液化不仅可以获得汽油、柴油、煤油、液化石油气等发动机燃料油,还可以提取苯、甲苯、二甲苯、乙烯、丙烯等重要的化工原料。煤直接液化基本过程包括煤浆制备、煤炭加氢液化、产品分离三个单元,如图 5-1 所示。

煤的间接液化又称一氧化碳加氢法,是以煤为原料,先气化制成合成气($CO+H_2$),再经催化剂作用将合成气转化成烃类燃料、醇类燃料和化学品的过程。典型煤的间接液化过程

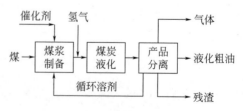

图 5-1　煤直接液化基本过程示意图

如图 5-2 所示，主要包括煤的气化、粗煤气的净化、费托合成、产品分离及精制。

二、发展煤液化的意义

在我国能源问题和环境问题日益突出，已逐渐成为国家发展的一个制约因素。石油在国民经济中占有非常重要的地位，而我国石油资源相对贫乏，供需矛盾日益突出，缓解石油紧张并寻找可替代能源已经刻不容缓。而我国煤炭资源相对丰富，在一次性能源消费中占有主导地位。但是煤炭的开发与利用所产生的一氧化碳、二氧化硫、氮化物以及烟尘排放是引起国际与国内环境问题的主要原因之一，制约着我国煤炭工业的发展。

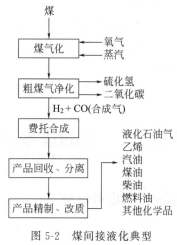

图 5-2 煤间接液化典型过程示意图

由于煤炭液化过程可以脱除煤中的硫、氮等污染大气的元素以及灰尘，获得的汽油、煤油、柴油等液体产品是优质洁净的液体燃料和化学品，所以发展煤炭液化技术是针对我国富煤贫油的资源特点、保障能源供应安全、减少环境污染、促进经济可持续发展的战略举措。

三、煤液化技术的发展概况

1927 年德国建成世界上第一家大规模工业化煤直接加氢液化的生产装置，被称为 IG 工艺。之后在此基础上世界各国结合本国煤质，不断改进工艺条件和降低生产成本，发展了具有自身特色的液化工艺。煤直接液化代表性工艺有德国的煤加氢液化和加氢精制一体化联合工艺（IGOR 工艺），美国开发的氢煤法（H-Coal 工艺）、催化两段液化法（CTSL 工艺）以及 HTI 工艺，日本的 NEDOL 工艺，中国的神华煤直接液化工艺等。

煤间接液化的关键技术是由德国科学家 F. Fischer 和 H. Tropsch 于 1923 年首次发现的，即将合成气（H_2+CO）在铁催化剂条件下合成了液态烃，因此得名费托（F-T）合成。费托合成是煤间接液化工艺的关键技术。煤间接液化代表工艺有南非 SASOL 公司的固定床 Arge 煤间接液化工艺和气流床 Synthol 煤间接液化工艺，德国的三相浆态床 Kolbel 工艺，中国兖矿的煤间接液化 F-T 合成工艺和山西煤炭化学研究所自主研发的高温铁基浆态床煤炭间接液化技术等。

煤直接液化技术装置规模相对较小、投资较少、原煤消耗较低、液化油收率高，但直接液化操作条件苛刻、合成的油品质量较差，而且对煤种依赖性强。煤间接液化技术设备体积庞大、建设投资较高、运行费用高，但具有原料适应强、油品质量好等优点。两种煤液化技术各有所长，生产者应因地制宜，结合具体情况选用适宜的煤液化工艺。

目标自测

判断题

1. 煤液化产品又称"人造石油"。（　　）
2. 煤间接液化操作条件苛刻、合成的油品质量较差，而且对煤种依赖性强。（　　）
3. 典型煤的间接液化过程主要包括煤的气化、粗煤气的净化、费托合成、产品分离及精制。（　　）

填空题

1. 根据不同的加工路线，煤的液化可分为_____和_____两大类。
2. 煤的液化就是把_____通过化学加工过程，使其转化为_____、_____的洁净煤技术。
3. 煤直接液化基本过程括_____、_____、_____三个单元。

任务二　煤的直接液化

任务目标

1. 掌握煤直接液化的机理、催化剂；
2. 能分析选择煤直接液化生产工艺条件；
3. 了解煤直接液化反应器；
4. 能识读直接液化工艺流程图，具有流程分析组织的初步能力。

一、煤直接液化的基本原理

煤的化学组成极其复杂，主要由 C、H、O 等元素组成，其基本结构单元是缩合芳环为主体的带有侧链和官能团的大分子，分子量达到 5000 以上。只有将煤转变为小分子，且提高产物的 H/C 原子比，才能把煤转化为液体燃料油。

研究表明，煤的加氢液化过程基本分为三个步骤。①煤的热裂解。当煤被加热至 300℃ 以上时，煤大分子结构中较弱的键开始断裂，打碎了煤的分子结构，从而产生大量带有活性的基团分子，即自由基碎片，其分子量在数百范围内。②自由基加氢反应。不稳定的自由基碎片遇到氢自由基或者活化氢分子，发生加氢反应生成沥青烯及液化油的分子。③沥青烯及液化分子被继续加氢裂化生成更小的分子。

煤直接液化的反应过程如图 5-3 所示。

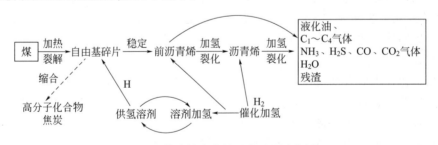

图 5-3　煤直接液化的反应过程示意图

在煤发生热解和加氢反应的同时，煤也会发生脱氧、脱硫、脱氮等脱除杂原子的副反应，生成 CO_2、CO、H_2S、NH_3 等，既影响产品的质量也会对环境造成污染。当温度过高或供氢不足时，自由基碎片会发生缩合反应生成半焦和焦炭，这不但会降低煤液化的产率，还会造成催化剂表面积炭或管道堵塞。

因此，煤的热解和供氢是煤液化过程中十分重要的两个因素。

煤结构中的化学键断裂处用氢来弥补，且裂解程度必须适当，如果裂解过度，生成的气体太多；如果裂解进行得不足，液体油产率较低，所以必须严格控制反应条件。

加氢反应关系着油收率的高低，氢自由基主要来自以下四个方面：①溶解于溶剂中的氢在催化剂作用下转化为活性氢；②溶剂可供给的氢；③煤发生裂解、重排、缩聚等化学反应释放出的氢；④其他化学反应生成的氢，如 $CO+H_2O \longrightarrow CO_2+H_2$。

二、煤直接液化的溶剂

1. 溶剂的作用

在煤炭加氢液化过程中，溶剂的作用主要体现在以下几个方面。

① 与煤配成煤浆，形成流动介质，便于输送和加压。

② 溶剂对煤具有溶胀作用。溶胀作用是指在溶剂分子的作用下，煤中的化学交联键在一定程度上的弯曲和伸展，发生体积的膨胀，以及非化学交联键的断裂和少量小分子被溶解的过程。

③ 溶解气相氢。溶剂溶解气相氢后，可使氢分子向煤或催化剂表面扩散，从而提高煤和固体催化剂、氢气的接触性能，加速加氢反应和提高液化速率。

④ 溶剂具有供氢作用。溶剂可向自由基碎片直接供氢和传递氢，可促进煤热解的自由基碎片稳定化，提高煤液化的转化率，同时减少煤液化过程中的氢耗量。

2. 溶剂的来源

煤液化装置开车时，没有循环溶剂，则需要采用外来的其他油品作为起始溶剂。起始溶剂可以选用高温煤焦油中的蒽油和洗油馏分；也可以采用石油重油催化裂化装置产出的澄清油或石油常减压装置的渣油等。起始溶剂使用前需要进行预加氢，使其具有供氢能力，随着投煤后不断循环使用10次以上，逐渐被煤液化自身产生的重质油代替。

在煤液化装置的连续运转过程中使用的是循环溶剂，生产中采用的是煤直接液化产生的中质油和重质油的混合物，主要由2~4环的芳烃和氢化芳烃组成。循环溶剂要经过预先加氢，提高溶剂中氢化芳烃的含量，从而提高溶剂的供氢能力。供氢溶剂在向自由基提供出氢原子后，自身又变为贫氢溶剂，可以通过催化剂对其加氢，恢复其供氢能力。循环溶剂对煤的溶解性优于起始溶剂。

三、煤直接液化的催化剂

1. 催化剂的作用

催化剂是煤直接液化过程的核心技术，是降低反应条件要求、提高油品质量、控制生产成本的重要因素。煤加氢液化过程中催化剂的作用主要体现在三个方面。

① 活化反应物，降低氢与自由基的反应活化能，增加分子氢的活性，加速加氢液化反应速率，提高煤液化的转化率和油收率。

② 促进溶剂的再加氢和氢源与煤之间的氢传递。在催化剂的作用下，溶剂再加氢速度加快，维持或增加了氢化芳烃化合物的含量和供体的活性，促进了氢源与煤之间的氢传递，从而提高了液化反应速率。

③ 具有选择性。煤加氢液化反应十分复杂，为了提高油收率和油品质量，减少残渣和气态烃产率，要求催化剂具有选择性催化作用，能加速热裂解，加氢、脱氢、氮、硫等杂原子及异构化反应，抑制缩合反应的发生，一般根据工艺目的的不同来选择相适应的催化剂。

2. 催化剂的种类

煤加氢液化催化剂种类很多,煤炭直接液化中使用的催化剂通常有三类。

第一类是金属催化剂,主要是钴、钼、镍催化剂。该类催化剂活性高,但价格较昂贵,而且丢弃对环境污染比较严重,因此用后需要回收,属于高价可再生催化剂。

第二类是金属卤化物催化剂,如 $ZnCl_2$,属于酸性催化剂,因对设备有腐蚀性,目前在工业上很少应用。

第三类是铁系催化剂,包括含铁的天然矿石、含铁的工业残渣和各种纯态的铁的化合物。该类催化剂活性好,性价比高,对环境没有污染,属于廉价可弃型催化剂,是目前煤炭直接液化催化剂研究的重点和方向。

四、煤直接液化的工艺影响因素

1. 原料煤

原料煤的变质程度、化学组成、岩相组成等会对加氢液化的转化难易程度、氢耗量、液体油收率等产生影响。原料煤中的元素组成是评价原料煤加氢液化性能的重要指标。

一般来说,煤化度越低,煤中元素的 H/C 比越高,氧及氮等杂原子含量越低,且灰分含量越低的煤,液化活性越好。无烟煤很难液化,一般不做加氢液化原料,适宜的加氢液化原料是高挥发分的烟煤和褐煤。

2. 反应温度

反应温度是煤加氢液化的一个主要工艺参数。在加热的情况下,煤发生解聚、分解等反应,随着反应温度的升高,氢气在溶剂中的溶解度增加,氢传递速度加快,加氢反应速度增加明显。当温度升到最佳范围 420~450℃ 时,煤的转化率和油产率最高,沥青烯和前沥青烯的产率低。但若温度偏高,可使部分反应生成的液化产物缩合或裂解生成气体产物,造成气体产率增加,还有可能出现结焦,严重影响液化过程的正常进行,对液化不利。所以生产中应根据煤种特点选择合适的液化反应温度。

3. 反应压力

反应压力对煤液化反应的影响主要是指氢气分压,煤液化反应速率与氢气分压的一次方成正比,氢气分压越高越有利于煤的液化反应,因此,采用高压的目的主要在于加快加氢反应速度。

压力提高,煤液化过程中的加氢速度就会加快,从而阻止了煤热解生成的低分子组分裂解或聚合成半焦的反应,使低分子物质稳定、油收率提高;提高压力,还使液化过程有可能采用较高的反应温度。但压力的增加可压缩能量消耗量、氢的消耗量以及设备投资,因此,选择煤液化装置的压力需综合各方面因素考虑。一般压力控制在 20MPa 以下是可行的。

4. 反应时间

实验证明,在适合的反应温度和足够氢供应下进行煤加氢液化,随着反应时间的延长,液化率开始增加很快,之后液化率增速减慢,而沥青烯和油收率却相应增加,并依次出现最高点,气体产率和氢耗量随着温度的增加而增加。

从生产角度出发,一般要求反应时间越短越好,因为反应时间短意味着空速高、处理量高。合适的反应时间与煤种、催化剂、反应温度、压力、溶剂以及对产品的质量要求等因素有关,应通过实验来确定。

5. 气液比

气液比通常用标准状态下气体的体积流量与煤浆体积流量之比来表示。提高气液比可以降低轻质油的停留时间，降低小分子液化油继续发生裂化生成气体的可能性，这对反应是有利的。但是提高气液比，反应器内气含率也随之增加，液相所占空间减小，液相停留时间缩短，对反应不利，同时气液比的提高还会增加循环压缩机的负荷，增加能量消耗。

五、煤直接液化反应器

直接液化反应器是煤液化的核心设备，它必须能耐受煤直接液化的高温高压以及氢腐蚀。另外加氢液化较大的反应热会使床层温度升高，但又不应出现局部过热现象，还要解决煤、催化剂等固体颗粒的沉积、磨损等问题，所以液化反应器也要保证液、固、气三相的传热和传质。

目前已工业化的直接液化反应器主要有鼓泡床液化反应器和悬浮床液化反应器。环流液化反应器是一种高效多相反应器，具有结构简单、传质性能好等特点，目前仍处于研究阶段，有望在煤液化领域得到应用。

1. 鼓泡床液化反应器

鼓泡床液化反应器结构简单，其外形为细长的圆筒，其长径比一般为18～30，里面除必要的管道进出口外，无其他多余的构件。氢气和煤浆从反应器底部进入，利用氢气增加反应器内的扰动，进而实现物料与氢气的混合，反应后的物料从上部排出。由于反应器内物料的流动形式为平推流（即柱塞流），也被称为柱塞流反应器，见图5-4。早期的煤液化反应器都是柱塞流鼓泡反应器，煤、油浆和氢气三相之间缺少相互作用，液化效果欠佳。如德国IG工艺和IGOR新工艺、日本的NEDOL工艺、美国的SRC和EDS以及俄罗斯的低压加氢工艺等都采用了这种反应器。

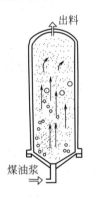
图5-4　柱塞流鼓泡反应器

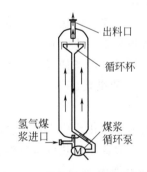
图5-5　神华直接液化反应器

2. 悬浮床液化反应器

悬浮床液化反应器是在鼓泡反应器的基础上开发出的新型反应器，该种反应器因内部有循环杯，并带有循环泵，因此称为强制循环悬浮床反应器。由于底部设置了强制循环泵，使得浆体在反应器内的流速增加，加快了油煤浆混合程度，降低了固体颗粒在反应器内沉积的概率，也减少了结焦的可能性，加速了煤加氢液化反应过程。但该类型反应器由于内构件的加入，使得内部结构复杂，且对循环泵的质量要求高。应用该种反应器的煤液化工艺主要有美国的HTI液化工艺、中国神华煤液化工艺等。神华直接液化反应器如图5-5所示，主要由上下封头、筒体、分布器、分布盘、循环杯及循环管等组成。采用新型抗氢耐热 2.25CrMoV 钢,大型加氢反应器的内径 4800mm,高 44m,容积可达 688m³。

六、煤直接液化工艺流程

1. 煤直接液化工艺过程

煤直接液化工艺在德国 IG 工艺的基础上,随着加氢反应器的改进、催化剂性能的改善以及工艺条件优化等,煤直接液化工艺不断发展。单段液化的代表工艺有 IGOR、H-Coal、EDS、NEDOL 等,两段液化的代表工艺有 CTSL、HTI、神华工艺等。

虽各类工艺各具特点,流程组织也不同,但也具有共同特征。煤直接液化工艺过程都主要包括:煤浆制备、煤炭直接液化、固液分离、液化粗油提质加工以及溶剂加氢几个工艺过程。如图 5-6 所示。

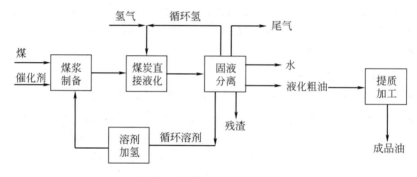

图 5-6 煤直接液化工艺过程

(1) 煤浆制备

将原料煤破碎制成煤粉,然后与溶剂及催化剂配成煤浆,这样既便于泵送和加压,也能为液化反应提供供氢溶剂。

因为煤中水分会影响煤粉的输送及煤浆配制,并会降低反应的氢气分压,所以原料煤首先通过粉碎干燥系统被加工成水分低于 2%、粒度小于 0.15mm 的煤粉。然后通过混捏机、分散搅拌罐、溶胀搅拌罐等设备使煤粉经历湿润、分散、溶胀三个过程,与溶剂和催化剂配制成浓度为 40%~50% 的煤浆。

(2) 煤炭直接液化

煤浆加压加热是为煤液化反应创造适合的反应条件。来自煤浆配制单元的煤浆通过高压煤浆泵加压后,与氢气混合经加热设备升温后,进入加氢液化反应器进行液化反应,直接液化反应器的工艺条件范围为压力 10~30MPa(氢气分压大于 14MPa),温度 420~470℃,停留时间 0.5~1.5h。

从反应器采出的高温反应产物以及剩余氢气的混合物,经过一系列冷却、冷凝和气液分离器,温度降至 50℃ 左右,分离出的气体一部分经循环压缩机和换热器后与原料氢气混合循环使用,而其余酸性废气则进入尾气处理系统;分离出的液体油分为轻质油、中质油和重质油的粗品。

(3) 固液分离

由加氢液化反应系统分离得到的重质油粗品中含有少量未反应的煤、矿物质和催化剂的固态颗粒,固液分离的目的就是要把固态颗粒和重质液化油分开。由于这些固体具有颗粒粒度很细、黏度高、与液相之间的密度差很小的特点,导致固液分离操作比较困难。目前可以采用减压蒸馏、溶剂萃取、水力旋流和过滤等技术进行固液分离。

分离后的重质油作为循环溶剂返回煤浆配制系统;分离后所得的固体产物是一种高碳、高灰、高硫的物质,称为液化残渣,在某些工艺中占液化原料煤总量的30%左右。分离得到的液化残渣可以进一步利用,如气化制氢、干馏回收残渣中油品、燃烧用于锅炉或窑炉加热等。

(4) 粗油提质加工

液化粗油的提质加工一般以生产汽油、柴油和化工产品为目的。液化粗油主要组成是芳烃和环烷烃类的物质,碳含量较高,氢含量较低,并含有一定量的氮、氧和硫等杂原子,与石油产品相比,色相与储藏稳定性差,且煤液化粗油难以燃烧,热值低,燃烧过程中会产生较多的二氧化碳和烟尘,严重污染环境。直接液化粗油只有进行提质加工,才能制得符合国家标准的液体燃料。提质加工工艺会根据液化油性质的不同而略有差别,可通过加氢、裂化、重整、精馏等进行提质加工,来获得商品汽油和柴油为主的精制产物。

(5) 溶剂加氢

在煤直接液化生产中循环溶剂的供氢作用非常重要。尤其在液化初期,自由基的活性氢主要来自溶剂。溶剂供氢能力强,可提供氢原子与煤裂解生成的自由基碎片结合,使之稳定;若供氢能力差,自由基会相互缩合生成更稳定的大分子化合物,降低液化油收率。循环溶剂通常是由不同流股的液化产物混合而成,溶剂预加氢处理可以增加溶剂馏分中氢化芳烃的量,提高溶剂的供氢能力,优化溶剂组成。

溶剂加氢多采用Ni/Mo、Ni/W或Co/Mo系催化剂,在固定床加氢反应器或沸腾床加氢反应器中进行溶剂的催化加氢,通过控制反应压力、反应温度、反应停留时间、氢油比等工艺条件来控制溶剂预加氢的深度。适宜的加氢深度,才能保证溶剂中氢的反应活性高,数量多。

四种典型煤直接液化工艺主要特征如表5-1所示。

表5-1 四种典型煤直接液化工艺主要特征

项目	工艺名称	IGOR	HTI	NEDOL	神华
液化反应器	类型	鼓泡床	悬浮床	鼓泡床	悬浮床
	段数	单段	两段	单段	两段
液化催化剂		铁系(赤泥)	铁系(胶状铁)	铁系(黄铁矿)	铁系(863)
液化工艺条件	温度/℃	470	440~450	430~465	440~450
	压力/MPa	30	17	17~19	18~19
	空速/[t/(m³·h)]	0.6	0.24	0.36	0.702
固液分离方法		减压蒸馏	溶剂萃取	减压蒸馏	减压蒸馏
转化率(daf煤)/%		97.5	93.5	89.7	91.7
油收率(daf煤)/%		58.6	67.2	52.8	61.4
残渣(daf煤)/%		11.7	13.4	28.1	14.7

注:daf为干燥无灰基。

2. 中国神华煤直接液化工艺

中国神华集团在煤炭液化研究成果的基础上，根据煤液化单项技术的成熟程度，将 HTI 工艺的优点与日本提出的 TOP-NEDOL 工艺的优点进行结合，开发了具有自主知识产权的神华煤直接液化工艺技术，2009 年 5 月正式投产，使我国成为世界上唯一掌握百万吨级煤直接液化技术的国家。神华直接液化项目建设规模为年产油品 500 万吨，分两期建设（还没建第二期）。中国神华煤直接液化工艺流程如图 5-7 所示。

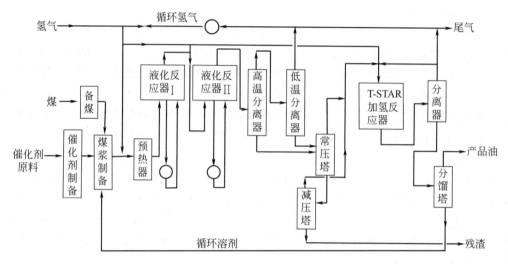

图 5-7　中国神华煤直接液化工艺流程图

经粉碎干燥后的煤粉与配制好的"863"煤液化高效催化剂、循环溶剂送入到煤浆配制系统，配制完成的煤浆经加压，与氢气混合进入煤浆预热器升温后进入液化反应器Ⅰ反应后，再配入氢气进入液化反应器Ⅱ进行加氢反应，控制反应温度在 450～460℃，压力为 19MPa。从液化反应器Ⅱ出来的产物进入高温高压分离器进行气液固分离，下部出来的液化油、未反应煤粉等进入常压塔，上部出来的气体、水、部分液化油进入低温高压分离器进行气液分离，由低温高压分离器分离出气相为富氢气体，富氢气体与新鲜氢气混合后循环使用，分离出的液化粗油进入常压塔进行蒸馏分离。在常压塔底部采出的重质油，再进入减压塔进行减压蒸馏，塔底采出液化残渣，塔顶得到的馏出物，与从常压塔塔顶采出的中质油和轻质油一起，进入 T-STAR 加氢反应器中进行加氢反应，既对循环溶剂进行预加氢，又对油品进行了加氢改质，同时脱除部分硫、氮、氧等杂物从而达到预精制的目的。T-STAR 装置的产物经气液分离后的液化粗油进入分馏塔，经精馏获得煤油、柴油等油品，塔釜得到的重组分作为循环油溶剂使用，分离出的气体进入尾气系统。煤液化生产中所用到的氢气由煤制氢装置生产并提供。

神华煤直接液化技术的创新特点主要体现在以下几个方面：

① 采用高活性"863"液化催化剂。该催化剂具有自主知识产权，价格低，活性高，添加量少，煤液化转化率高，残渣中由于催化剂带出的液化油少，提高了蒸馏油收率，同时避免了 HTI 的胶体催化剂加入煤浆的难题。

② 全部采用经过预加氢后的供氢循环溶剂。预加氢循环溶剂性质稳定，可配制浓度高且黏度低的煤浆，流动性好；溶剂供氢性能好，使得液化系统操作稳定性提高。

③ 采用强制循环的悬浮床反应器。反应器具有反应温度容易控制、矿物质不易沉积、

产品性质稳定、反应器利用率高、单系列处理量大等优点。

④ 采用成熟的减压蒸馏进行固液分离。溶剂中不含有沥青,为循环溶剂的预加氢提供了条件,同时残渣中油含量少,油品率提高。

⑤ T-STAR 加氢工艺中采用了强制循环悬浮床加氢反应器。由于强制循环悬浮床加氢反应器采用上流式,催化剂可以定期更新,加氢深度稳定,供氢性能好,产品性质稳定。

目标自测

判断题

1. 铁系催化剂是目前煤炭直接液化催化剂研究的重点和方向。( )
2. 无烟煤适宜作为加氢液化的原料,高挥发分的烟煤和褐煤不适宜作为加氢液化原料。( )
3. 煤液化过程中,压力提高,煤液化过程中的加氢速度就会加快,油收率提高。( )
4. 在煤直接液化生产中循环溶剂的供氢作用非常重要,通常在固定床加氢反应器或沸腾床加氢反应器中进行溶剂的催化加氢。( )
5. 神华煤直接液化技术采用强制循环的鼓泡床反应器,反应温度容易控制,矿物质不易沉积,产品性质稳定,反应器利用率高。( )

填空题

1. 煤的加氢液化过程基本分为三个步骤:_____、_____、_____。
2. 在煤炭加氢液化过程中,溶剂的作用主要体现在:_____、_____、_____、_____、_____。
3. 煤直接液化的工艺影响因素有_____、_____、_____、_____、_____。
4. 目前已工业化的直接液化反应器主要有_____和_____。
5. 神华煤直接液化技术采用了_____催化剂,具有自主知识产权。

叙述题

识读教材神华煤直接液化工艺流程图,叙述其工艺过程。

任务三 煤的间接液化

任务目标

1. 掌握煤间接液化的机理、费托催化剂;
2. 能分析选择费托合成生产工艺条件;
3. 了解煤间接液化反应器;
4. 理解煤间接液化工艺过程。

煤的间接液化过程主要包括煤的气化、粗煤气的净化、费托合成、产品分离及精制,其中费托(F-T)合成是煤的间接液化的核心技术。

一、费托合成基本原理

费托合成是指在催化剂作用下 CO 加氢生成脂肪烃的过程。发生的化学反应主要有:

① 烷烃生成反应　　$nCO+(2n+1)H_2 \longrightarrow C_nH_{2n+2}+nH_2O$　　(5-1)

② 烯烃生成反应　　$nCO+2nH_2 \longrightarrow C_nH_{2n}+nH_2O$　　(5-2)

式(5-1)和式(5-2)都是强放热反应，是生成直链烷烃和 α-烯烃的主反应。

③ 变换反应　　$CO+H_2O \longrightarrow H_2+CO_2$　　(5-3)

式(5-3)水蒸气变换反应对 F-T 合成具有一定的调节作用。

还有生成醇、醛、酮、酯等含氧化合物的副反应，如下所示：

④ 醇类生成反应　　$nCO+2nH_2 \longrightarrow C_nH_{2n+1}OH+(n-1)H_2O$　　(5-4)

⑤ 醛类生成反应　　$(n+1)CO+(2n+1)H_2 \longrightarrow C_nH_{2n+1}CHO+nH_2O$　　(5-5)

⑥ 酮类生成反应　　$(n+m+1)CO+(2n+2m+1)H_2 \longrightarrow$

$$C_nH_{2n+1}COC_mH_{2m+1}+(n+m)H_2O \quad (5\text{-}6)$$

⑦ 酯类生成反应　　$nCO+(2n-2)H_2 \longrightarrow C_nH_{2n}O_2+(n-2)H_2O$　　(5-7)

还会发生生成单质碳的结炭副反应，炭附着在催化剂表面会造成催化剂失活，如：

⑧ $2CO \longrightarrow C+CO_2$　　(5-8)

⑨ $H_2+CO \longrightarrow C+H_2O$　　(5-9)

F-T 合成过程是非常复杂的反应体系，实际过程中并不止于上述几种反应，控制反应条件和选择合适的催化剂，能使得到的反应产物主要是烷烃和烯烃。

二、费托合成催化剂

催化剂对 F-T 合成是非常重要的，只有在合适的催化剂下反应才能实现，而且其活性对间接液化的转化率和产物分布有着极其重要的影响。目前，研究最多的工业化费托合成催化剂是铁基催化剂和钴基催化剂。

1. 铁基催化剂

铁基催化剂是最早用于 F-T 合成研究的催化剂，因其储量丰富、价格低廉而备受关注。目前，工业上用于费托合成的铁系催化剂一般可分低温铁基催化剂和高温铁基催化剂。低温铁基催化剂主要是沉淀铁催化剂，主组分为 α-Fe_2O_3，助剂多是 CuO、K_2O、SiO_2、MgO 或 Al_2O_3 等，使用温度范围一般为 220~250℃，主要用于固定床反应器中，主要反应产物是长链重质烃。高温铁基催化剂有熔铁和烧结铁催化剂两种，使用温度范围一般为 320~340℃，主要用于反应温度较高的流化床反应器，反应产物以烯烃、化学品、汽油和柴油为主。

2. 钴基催化剂

在实际工艺中，除了铁基催化剂外，钴基催化剂也有应用。钴基催化剂活性高、积碳倾向低、寿命相对较长。钴基催化剂合成的产物主要是直链烷烃，油品较重，含蜡多，较铁系催化剂贵且机械强度较低，故空速不宜太大，只适用于固定床合成。钴系催化剂是以沉淀法制得的高活性催化剂，但钴属于贵金属，价格高，影响其在工业的应用。

三、费托合成工艺影响因素

影响 F-T 合成反应速率、转化率和产品分布的因素很多，主要有原料气的组成、反应温度、压力、空速等。

1. 原料气的组成

F-T 合成原料气中的有效成分是 CO、H_2，其含量越高，反应速度也就越快，转化率增加，但是反应放出的热量也随之增大，容易造成床层超温，且生产成本较高，工业上一般控制 CO+H_2 含量为 80%～85%。

F-T 合成过程是复杂的反应体系，原料气中 H_2 含量和 CO 含量影响反应进行的方向和产品的分布。$V(H_2)/V(CO)$ 比值越高，越有利于饱和烃、轻产物及甲烷的生成，反之则有利于链烯烃、重产物和含氧物的生成，一般控制 $V(H_2)/V(CO)$ 在 0.5～3 之间比较适宜。

2. 反应温度

F-T 合成是一个气-固催化反应，反应温度主要取决于所用的催化剂的活性温度。活性高的催化剂，适合反应的最佳温度范围一般较低，如钴催化剂的最佳温度为 170～210℃，铁催化剂合成的最佳温度为 220～340℃。

反应温度不仅影响 CO 的加氢反应速度，而且对合成产物分布影响也很大，一般规律是提高反应温度，中间产物的脱附增强，限制了链的生长反应，有利于轻产物的生成，降低温度，有利于重产物的生成。如当选用 Fe-Mn 系列催化剂时，其目的产物以低级烯烃为主，因此应选择较高的反应温度，利于低级烯烃生成。而当选用 Fe-Cu-K 催化剂时，目的产物为液态烃和固体蜡，在保证一定转化率时应选择尽量低的反应温度。

3. 反应压力

反应压力不仅影响 F-T 合成催化剂的活性和寿命，还会影响产物的组成和产率。不同的催化剂和目的产物对 F-T 系统压力要求也不一样。

钴基催化剂在常压下就具有一定的活性，可采用常压操作，在 0.5～1.5MPa 下合成效果更好，并且可以延长催化剂的寿命，生产过程中也不需要再生。对铁基催化剂，由于其活性低，寿命短，反应要求在 0.7～3.0MPa 下进行。

由化学平衡可知，F-T 合成是体积缩小的反应，故增加压力有利于费托合成活性的提高和高级烃的生成，但是压力增加，合成反应速度加快，同时副反应的速度也加快。过大的反应压力不仅会降低催化剂的活性，而且对设备要求高，设备的投资费用也高，能耗也随之增大，所以费托合成的操作压力总体不必太高。

4. 空间速度

空速对费托合成反应产物分布具有一定的影响，空速的提高有利于低碳烯烃生成，但一般转化率降低。

空速的高低影响产物中烯烃的二次反应，气体中较高的 H_2O 分压会对烯烃二次反应有一定的抑制作用，减小链增长的概率，从而影响了产物分布。随着原料气空速的增加，(CO+H_2) 转化率逐渐降低，烃分布向分子量低的方向移动，CH_4 比例明显增加，低级烃中烯烃比例也会增加。空速的选择还要与催化剂、反应温度等因素结合起来考虑。

四、费托合成反应器

由于不同反应器所用的催化剂和反应条件都有区别，反应器内传热、传质和物料停留时间等工艺条件不同，故所得的产物有很大的差别，反应器是 F-T 合成过程的关键设备。

费托合成的反应器经历了固定床反应器技术阶段、循环流化床反应器技术阶段、固定流化床反应器阶段和浆态床反应器技术阶段，各类型的反应器的工作原理如图 5-8(a)～(d) 所示。

1. 固定床反应器

固定床反应器是费托合成最早采用的反应器形式。其中的常压平行薄层反应器和套管式反应器由于效率低，工业上已不再应用，主要应用列管式固定床反应器，简称 Arge 反应

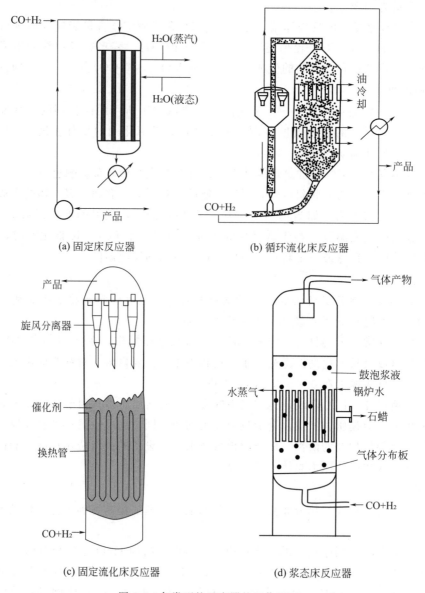

图 5-8 各类型的反应器的工作原理

器。南非 Sasol-Ⅰ厂使用的 Arge 反应器直径为 2.95m，高 12.8m，内设有 2052 根内径 50mm、长为 12m 的反应管，管内可填装催化剂 40m³，管间通沸腾水，合成时放出的反应热由水的沸腾汽化带出。因此可以通过调整管间蒸汽压力来控制管内反应温度。该反应器尺寸较小，操作简单，但产量低，催化剂床层压降大且更换困难。一般来讲，固定床由于反应温度较低及其他原因，重质油和石蜡产率高，甲烷和烯烃产率低。

2. 流化床反应器

流化床反应器分为循环流化床反应器（CFB，又称 Synthol 反应器）和固定流化床反应器（FFB，亦称 SAS）。

循环流化床（Synthol）反应器的催化剂随合成气一起进入反应器，在反应器内呈流化态，并被气流夹带采出，经分离后循环使用于反应器中，反应器上下两段设水冷（或油冷）

装置，用以移出反应热。循环流化床反应器强化了传热、传质过程，催化剂装卸容易。改进后的 Sasol-Ⅲ厂的 Synthol 反应器直径 3.6m，高 75m，产能可达 18 万吨，但其气固两相流速较高，设备磨损大，结构复杂，操作费用高。循环流化床反应器的初级产物烯烃含量高，重质烃选择性差。

固定流化床反应器（SAS）的催化剂在反应器内处于湍流状态，但整体呈静止不动，气速比循环流化床低，减少了磨损，造价及反应器体积得到了降低。更为重要的是通过内设旋风分离装置解决了催化剂和气体的分离问题，减少了催化剂的损失量以及操作的不稳定性，相同生产能力 SAS 的催化剂用量约是 Synthol 反应器的 50%。超大型 SAS 直径达 10.7m，高 38m，产能达到 18 万吨。SAS 的生产能力大，转化率高，循环比降低和压力降减少，操作费用低。在生产操作中要通过控制氢碳比等方式，尽量减少积炭现象的发生，否则会使反应器流化状态恶化，催化剂损失增加，反应器操作困难。一般来讲流化床反应器，甲烷和烯烃产率高，重质油和石蜡产率低。

3. 浆态床反应器

三相浆态床费托合成反应器是一个三相鼓泡塔，内部装有移热盘管，顶部有气-液（固）分离器，下部设气体分布板，外部为液面控制器，大型浆态床反应器直径达 9.6m，生产能力 17000 桶/d（1 桶＝158.987dm^3，下同）。反应器结构简单，易于放大，投资省；反应器床层内反应物混合好，温度均匀，可等温操作，可在较高的温度下运转，单位体积的产率更高；可简易实现催化剂的在线添加和移走，每吨催化剂的消耗仅为列管式固定床反应器的 20%～30%；通过改变催化剂组成、反应压力、反应温度、H_2/CO 比及空速等条件，可在加大范围内改变产品组成，操作弹性大，产品灵活性大，但浆态床的固-液分离相对复杂，催化剂与产品分离困难且易磨损失活。Sasol 浆态床技术的核心和创新在于其拥有专利的蜡产物和催化剂实现分离的工艺。浆态床反应器主要用来生产石蜡和重质燃料油。浆态床反应器是当前国际上重点发展的技术，在费托合成液体燃料方面具有良好的应用前景。

三种床型反应器在铁系催化剂下的操作条件及产物分布，如表 5-2 所示。

表 5-2 三种床型反应器的操作条件及产物分布

项目			固定床	气流床	浆态床
反应温度/℃			265	305	265
反应压力/MPa			2.0	2.0	2.0
CO/H_2 比			2.05	2.11	2.10
$(CO+H_2)$ 转化率/%			93	90	97
产物分布（质量分数）/%	C_1		22	27	8
	$C_2\sim C_4$		34	34	35
	C_5	200℃	32	32	22
		200～300℃	6	3	11
		>300℃	4	1	17
含氧化合物/%			2	6	7
烯烃/总烃/%			49	82	59

五、费托合成技术

费托合成技术是煤间接液化工艺过程中的关键技术,按照反应温度的不同,费托合成可分为低温费托合成(低于280℃)和高温费托合成(高于300℃),低温费托合成一般采用固定床或浆态床反应器,可生产石脑油、柴油、润滑油等基础油品,以及费托蜡等多种产品。高温费托合成一般采用流化床反应器,可生产甲烷、液化气、石脑油、柴油、烯烃、含氧化合物等多种产品。

目前工业上最具有代表性的煤间接液化技术是南非Sasol公司的F-T合成技术、山西煤化所低温煤间接液化工艺及上海兖矿的低温F-T合成技术。兖矿高温F-T合成技术中试已完成,还未工业化投产。

上海兖矿能源科技研发有限公司开发了具有自主知识产权的低温F-T合成技术,采用该技术建设的百万吨级煤间接液化煤制油项目2015年投产,建设规模为年生产能力109.57万吨油品,其中柴油78万吨、石脑油25万吨、液化气5.5万吨。开发了国内单台产能最大的费托合成反应器,使我国煤间接液化技术工程实现了大型化、规模化的高水平。

兖矿低温F-T合成技术采用连续操作三相浆态床反应器,使用的是自主研制的铁基催化剂,具有柴油选择性高、吨油品催化剂消耗低等特点。工艺过程分为催化剂前处理、费托合成及产品分离三部分。工艺流程如图5-9所示。

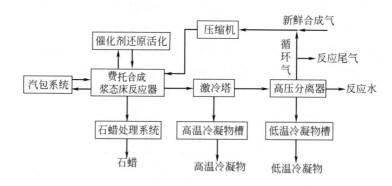

图5-9 兖矿低温浆态床F-T合成工艺流程图

来自净化工段的新鲜合成气和循环尾气混合,经循环压缩机加压后,被加热到160℃进入F-T合成反应器,在催化剂的作用下部分转化为烃类物质,反应器出口气体进入激冷塔进行冷却、洗涤,冷凝后,液体经高温冷凝物冷却器冷却进入过滤器过滤,过滤后的液体作为高温冷凝物送入产品贮槽。在激冷塔中未冷凝的气体,经激冷塔冷却器进一步冷却至40℃,然后进入高压分离器,液体和气体在高压分离器中得到分离,液相中的油相作为低温冷凝物送入低温冷凝物储槽。水相送至废水处理系统。高压分离器顶部排出的气体,经过闪蒸槽闪蒸后,一小部分放空进入燃料气系统,其余与新鲜合成气混合,经循环压缩机加压,并经原料气预热器预热后返回反应器。反应产生的石蜡经反应器内置液固分离器与催化剂分离后排放至石蜡收集槽,然后经粗石蜡冷却器冷却至130℃,进入石蜡缓冲槽闪蒸,闪蒸后的石蜡进入石蜡过滤器过滤,过滤后的石蜡送入石蜡储槽。

兖矿低温煤间接液化中试装置产物分布情况,如表5-3所示。

表 5-3　兖矿低温煤间接液化产物选择性分布表

产物	质量选择性/%	产物	质量选择性/%
甲烷	3.56	丁烷	0.86
乙烯	0.86	>C_5	81.57
乙烷	1.91	低温冷凝物	22.76
丙烯	6.48	高温冷凝物	14.70
丙烷	1.36	石蜡	37.80
丁烯	0.25	非酸氧化物	3.14

目标自测

判断题

1. F-T 合成是一个气-固催化反应，反应温度主要取决于所用的催化剂的活性温度。（　　）

2. 低温费托合成一般采用流化床反应器，高温费托合成一般采用固定床或浆态床反应器。（　　）

3. 兖矿低温 F-T 合成技术采用连续操作三相浆态床反应器。（　　）

4. 费托合成反应中空速的提高不利于低碳烯烃生成。（　　）

5. F-T 合成原料气中的有效成分是 CO、H_2，其含量越高，反应速度也就越快。（　　）

6. F-T 合成的反应温度会影响 CO 的加氢反应速度，对合成产物分布影响不大。（　　）

填空题

1. 煤的间接液化过程主要包括＿＿＿、＿＿＿、＿＿＿、＿＿＿，其中＿＿＿是煤的间接液化的核心技术。

2. 目前，研究最多的工业化费托合成催化剂是＿＿＿和＿＿＿。

3. 费托合成技术是煤间接液化工艺过程中的关键技术，按照反应温度的不同，费托合成可分为＿＿＿（低于＿＿＿℃）和＿＿＿费托合成（高于＿＿＿℃）。

4. 影响 F-T 合成反应速度、转化率和产品分布的因素主要有＿＿＿、＿＿＿、＿＿＿等。

5. 兖矿低温 F-T 合成技术具有＿＿＿选择性高、吨油品催化剂消耗低等特点。

叙述题

识读兖矿低温浆态床 F-T 合成工艺流程图，叙述其工艺过程。

任务四　煤液化生产的安全控制

1. 了解煤液化工艺安全控制方式；

2. 理解煤液化异常工况及处理;
3. 了解煤液化生产的防护与紧急处置;
4. 树立规范操作、安全防护的意识。

一、煤液化工艺安全控制要求

煤液化工艺危险特点:①反应介质涉及一氧化碳、氢气、甲烷、乙烯、丙烯等易燃气体,具有燃爆危险性;②反应过程多为高温、高压过程,易发生工艺介质泄漏,引发火灾、爆炸和一氧化碳中毒事故;③反应过程可能形成爆炸性混合气体;④反应速度快,放热量大,造成反应失控;⑤反应中间产物不稳定,易造成分解爆炸。

煤液化工艺的重点监控工艺参数包括:反应器温度和压力;反应物料的比例控制;料位;液位;进料介质温度、压力与流量;氧含量;外取热器蒸汽温度与压力;风压和风温;烟气压力与温度;压降;H_2/CO 比;NO/O_2 比;$NO/$醇比;H_2、H_2S、CO_2 含量等。

煤液化工艺安全控制的基本要求:反应器温度、压力报警与联锁;进料介质流量控制与联锁;反应系统紧急切断进料联锁;料位控制回路;液位控制回路;H_2/CO 比例控制与联锁;外取热器蒸汽热水泵联锁;主风流量联锁;可燃和有毒气体检测报警装置;紧急冷却系统;安全泄放系统。

煤液化工艺宜采用的控制方式:①将进料流量、外取热蒸汽流量、外取热蒸汽包液位、H_2/CO 比例与反应器进料系统设立联锁关系,一旦发生异常工况启动联锁,紧急切断所有进料,开启事故蒸汽阀或氮气阀,迅速置换反应器内物料,并将反应器进行冷却、降温。②安全设施,包括安全阀、防爆膜、紧急切断阀及紧急排放系统等。

二、煤直接液化反应工序异常工况及处理

煤直接液化调节和控制的主要工艺变量是反应器的温度、反应器的压力和空速,目的是使煤转化率、油灰渣转化率和液体收率达到最大,同时降低气体收率。对生产过程中出现的工艺参数偏离情况及时分析原因,使运行偏差及时得到有效纠正。煤直接液化反应工序常见异常工况、原因及处理方法,主要有以下几种情况。

1. 反应器温度难维持

事故原因:①原料入口温度低;②煤浆浓度低;③氢分压不足;④催化剂添加量不足;⑤硫化氢分压不足;⑥提负荷速度过快;⑦溶剂供氢性降低;⑧催化剂活性组分含量降低。

处理方法:①通知外操调整火嘴儿,增加瓦斯燃烧量,提高入口温度;②联系煤浆岗位,调整煤浆配制浓度,提高煤浆浓度;③联系调度调整新氢补入量,同时加大尾气排放,并注意反应床层的稳定控制;④联系煤浆岗位,增加催化剂的添加比例;⑤调整液硫泵行程,提高液硫注入量;⑥控制负荷速度,确定对反应温升以及分馏系统未造成冲击后,再进行下一个提负荷过程;⑦提高溶剂供氢性;⑧联系催化剂制备单元调整催化剂操作,提高活性组分含量。

2. 反应器密度波动较大

反应器密度是对反应器气液比的反应,反应器由密度在正常操作中应该相对稳定。如果在装置的操作过程中发现了反应器的密度梯度升高的趋势,这可能是反应器内高密度固体聚集的象征。

事故原因：①调整氢气量时速度过快；②进料有波动；③循环泵抽空。

处理方法：①通过新氢机大返回控制阀、氢气炉入口控制阀、煤浆炉配氢阀多开次进行调节，每次调整速度不大于 3000m³/h（标准状态）；②调整进料泵运行状态，发生设备故障时及时联系设备管理人员检修，并通过其余泵的负荷分配，尽量维持当前负荷；如果有困难可以降量，同时汇报值班、调度等；③循环泵在半抽空状态时应及时降低循环泵转速，逐步建立循环泵入口料位，待循环泵运行状态恢复后再逐步提高循环泵转速。

三、煤液化生产的防护与紧急处置

在煤液化生产中企业从业人员应掌握氢气、一氧化碳、烃类等化学品的物性数据、活性数据、热和化学稳定性数据、腐蚀性数据、毒性信息、职业接触限值、急救和消防措施等。

在生产中更要注意防护轻质烃带来的危害。乙烷、丙烷、丁烷及其所属烯烃，易燃易爆，密度比空气重。当从容器漏出后呈云状沉积在地面上，成为危险的蒸气云。操作人员的皮肤接触了乙烷、丙烷或丁烷会造成严重冻伤。安装在地面上的直火式加热炉的操作，将会有潜在的引燃爆炸的危险。处理轻质烃类应做到的防护：①一定要采取适当的设备和措施，取样和排放液化气；②为防止设备中排放的轻烃液体冻凝，排放管应伴热保温；③密切注意轻烃的泄漏，如有轻烃漏出，应消除该区域内的火源；④装有轻烃的容器暴露于火焰时，应用冷水喷淋该容器，以防器壁破裂；⑤在处理轻烃的区域，不允许有热作业；⑥在装置开工投料时，进油前要先置换管线和设备中残留的空气；⑦在停工时，空气进入管线和设备之前要排空存油和置换残留油气。

煤液化装置火险主要来自设备或管线的油气泄漏，分别包括煤浆泄漏着火、溶剂油泄漏着火、氢气泄漏着火等。采用的主要防火措施：①工艺主装置控制采用 DCS 控制方案，对整个生产过程进行监测和控制，设有重要的越限报警参数、信号联锁。在中控室设置紧急停车按钮，在紧急情况下通过联锁系统自动关闭部分转动设备。②在相应区域设置可燃气体浓度检测器和有毒气体浓度检测器，主要设备上设有泄压安全孔，以保护设备和管道的安全。③煤液化装置内设置防爆型手动报警按钮、防爆型警铃，在控制室和配电室设置火灾探测器。

目标自测

判断题

1. 煤液化生产中涉及一氧化碳、氢气、甲烷、乙烯、丙烯等易燃气体，具有燃爆危险性。（   ）
2. 煤液化生产中煤浆浓度突然过低，会引起液化反应器温度的波动。（   ）
3. 乙烷、丙烷、丁烷及其所属烯烃，当从容器泄漏，不会有燃爆危险。（   ）
4. 煤液化装置火险主要来自设备或管线的油气泄漏。（   ）
5. 在停工时，空气进入管线和设备之前要排空存油和置换残留油气。（   ）

填空题

1. 当反应器原料入口温度偏低时，需要外操调整火嘴儿，_____瓦斯燃烧量来提高入口温度。

2. 反应器密度波动较大的原因有_____或_____，也可能是循环泵抽空。

3. 在相应区域设置_____和_____，可预防火灾和中毒的发生。

思考题与习题

5-1 何谓煤的液化？
5-2 煤制油对我国有什么重要意义？
5-3 比较煤的直接液化和间接液化。
5-4 简述煤的直接液化的机理。
5-5 煤的直接液化溶剂作用和来源？
5-6 煤的直接液化过程中所用的催化剂品种及其性能？
5-7 煤直接加氢液化的主要工艺参数有哪些？它们对煤液化有什么影响？
5-8 简述煤的直接液化反应器结构特点。
5-9 煤直接液化包括哪些工艺过程？
5-10 简述中国神华煤直接液化工艺的工艺流程及主要特点。
5-11 简述煤的间接液化的机理。
5-12 煤的间接液化催化剂及特点？
5-13 简述反应器、原料气的组成、反应温度、压力、空速对费托合成的影响。
5-14 煤的间接液化主要反应器的类型及特点？
5-15 简述兖矿低温 F-T 合成工艺的流程。其特点是什么？

能力拓展

1. 查找我国能源分布、利用现状、发展战略等信息资料，制作成 PPT，分析讨论我国煤化工的战略意义、现状及发展趋势等。

2. 查找我国煤液化（煤制油）的主要企业、项目分布、生产方法、工艺过程、运行状况、发展趋势等信息资料，写一篇有关"煤制油"的小论文。

阅读园地

新型煤化工技术

我国能源资源禀赋特点为"富煤、贫油、少气"，大量的油气资源需要依赖进口。2018 年，我国原油表观消费量 6.48 亿吨，产量只有 1.89 亿吨，进口原油 4.62 亿吨，进口依存度达到 70.83%，2019 年，我国天然气产量 1736.2 亿立方米，进口量 1311.7 亿立方米，进口依存度达 43.0%。超高的对外依存度严重影响到我国能源安全。"十三五"及 2030 年能源领域中长期发展规划中，已将煤炭高效分质利用、现代煤化工作为解决石油过度依赖进口的有效途径，大力发展以煤为原料的化工一体化产业来解决能源供应不足的问题。

煤化工是指以煤为原料，经化学加工使煤转化为气体、液体和固体燃料以及化学品的过程。主要包括煤的气化、液化、干馏，以及焦油加工和电石乙炔化工等。在现阶段煤化工技术的应用中包含有煤焦化、电石和气化合成氨等产品，除此之外煤炭液化、煤制烯烃和醇醚燃料等各种新型节能技术成为了新型煤化工技术的代表。

新型煤化工以生产洁净能源和可替代石油化工的产品为主，如柴油、汽油、航空煤油、液化石油气、乙烯原料、聚丙烯原料、替代燃料（甲醇、二甲醚）等，它与能源、化工技术结合，可形成煤炭-能源化工一体化的新兴产业。

新型煤化工技术的特点：①以清洁能源为主要产品；②煤炭-能源化工一体化；③高新技术及新生产工艺；④建成大型企业和产业基地；⑤高效利用煤炭；⑥经济效益最大化；⑦环境友好。

作为石化产品和能源的补充，新型煤化工市场潜力广阔，对于中国减轻燃煤造成的环境污染、降低中国对进口石油的依赖有着重大意义。

项目六　合成氨生产

> **学习导言**

氨的合成是典型高温、高压反应，以化学平衡移动理论为研究对象。合成氨工业是典型的耗能大户，节能降耗是现代合成氨工业的重要课题之一。本项目将学习合成氨原料气的生产与净化、氨的合成和氨的加工。

> **学习目标**

知识目标：了解氨的理化性质及用途；了解氨原料气的制备方法及净化；掌握氨合成原理及工艺影响因素；熟悉氨合成塔的结构特点。

能力目标：能分析选择氨合成生产工艺条件；能识读氨合成工艺流程图；具有流程分析组织的初步能力；能分析氨合成塔的移热方法；能读懂氨合成生产操作规程；具有查阅文献以及信息归纳的能力。

素质目标：具有一定的文字和语言表达沟通能力；具有遵章守纪的良好习惯；具有实事求是、一丝不苟的作风；具有规范操作、安全生产的意识。

【任务一　合成氨原料气的生产与净化】

> **任务目标**

1. 了解氨的理化性质及用途；
2. 了解氨原料气的制备方法及净化工序；
3. 了解合成氨工业的概况，能进行专业资料检索和归纳整理。

一、氨的性质和用途

1. 氨的性质

氨在常温、常压下为无色气体，具有刺激性气味，能灼伤皮肤、眼睛，刺激呼吸器官黏膜。人们在空气含氨浓度大于 $100cm^3/m^3$ 的环境中，每天接触 8h 会引起慢性中毒；含氨质量浓度为 5000~10000mg/L 时，只要接触几分钟就会有致命危险。

氨的分子量为 17.03，沸点（0.1013MPa）为 $-33.35℃$，冰点为 $-77.7℃$，液氨密度（0.1013MPa，$-33.4℃$）为 0.6818kg/L，液氨挥发性很强，汽化热较大。氨极易溶于水，溶解产生大量的热，用于生产含氨 15%~30%（质量分数）的商品氨水。氨的水溶液呈弱碱性，易挥发。氨与空气或氧可形成爆炸性混合物，爆炸极限（体积分数）分别为 15.5%~28% 和 13.5%~82%。

氨化学性质较活泼,与酸反应生成盐,如与磷酸反应生成磷酸铵、与硝酸反应生成硝酸铵、与二氧化碳反应生成碳酸氢铵等,其中许多为化学肥料。在铂催化剂的作用下,氨与氧反应生成一氧化氮,该反应是生产硝酸最重要的反应。

2. 氨的用途

氨主要用来制造化学肥料。农业使用的氮肥如尿素、硝酸铵、磷酸铵、硫酸铵、氯化铵、氨水以及各种含氮混肥和复肥,都是以氨为原料生产的。

氨也作为其他化工产品的生产原料。基本化学工业中的硝酸、纯碱、含氮无机盐,有机化学工业中的含氮中间体,制药工业中的磺胺类药物、维生素、氨基酸,化纤和塑料工业中的己内酰胺、己二胺、甲苯二异氰酸酯、人造丝、丙烯腈、酚醛树脂等,都需要以氨作为原料。

在国防工业中,氨用于制造三硝基甲苯、三硝基苯酚、硝化甘油、硝化纤维等,导弹、火箭的推进剂和氧化剂也需要氨。

氨还可作冷冻、冷藏系统的制冷剂。

二、合成氨的原料

合成氨,首先需要含氢气和氮气的原料气。氮气来源于空气,可以在低温下将空气液化分离而得,也可在制氢过程中加入空气,氨的生产大多采用后者。

氢气的主要来源是水、碳氢化合物中的氢元素以及含氢的工业气体。

氮、氢原料气的生产,除需要含有氮、氢元素的原料外,还需要提供能量的燃料。因此,工业生产所需的原料既有提供氮、氢的原料,也有提供能量的燃料。空气和水到处都有,取之容易,故一般合成氨生产原料不包括空气和水,主要有:

① 固体原料 如焦炭和煤。
② 气体原料 如天然气、油田气、焦炉气、石油废气、有机合成废气等。
③ 液体原料 如石脑油、重油、原油等。

常用的合成氨原料有焦炭、煤、焦炉气、天然气、石脑油和重油。

三、合成氨原料气的生产与净化

不同合成氨厂,生产工艺流程不尽相同,但基本生产过程都包括以下工序。

① 原料气制备工序 制备合成氨用的氢、氮原料气。可将分别制得的氢气和氮气混合而成,也可同时制得氢、氮混合气。

除电解水外,制取的氢、氮原料气都含有硫化物、一氧化碳、二氧化碳等杂质,这些杂质不仅腐蚀设备,而且是合成氨催化剂的毒物。因此,必须除去,制得纯净的氢、氮混合气。

② 脱硫工序 除去原料中的硫化物。

③ 变换工序 利用一氧化碳与蒸汽作用生成氢和二氧化碳,除去原料气中的大部分一氧化碳。

④ 脱碳工序 经变换工序,原料气含有较多的二氧化碳,其中既有原料气制备过程产

生的,也有变换产生的。脱碳可除去原料气中的大部分二氧化碳。

⑤ 精制工序　经变换、脱碳,除去了原料气中大部分的一氧化碳和二氧化碳,但仍含有0.3%~3%的一氧化碳和0.1%~0.3%的二氧化碳,需进一步脱除以制取纯净的氢、氮混合气。

⑥ 压缩工序　将原料气压缩到净化所需要的压力,分别进行气体净化,得到纯净的氢、氮混合气,然后将纯净的氢、氮混合气压缩到氨合成反应要求的压力。

⑦ 氨合成工序　在高温、高压和有催化剂存在的条件下,氢气、氮气合成为氨。

在合成氨厂,原料气的制备也称为造气;而脱硫、变换、脱碳、少量一氧化碳及二氧化碳的脱除等,则统称为原料气的净化。

可以说,合成氨生产是由原料气的制备、净化及氨的合成等步骤组成的。

1. 原料气的制备

目前,制氨的原料主要有煤、焦炭、天然气、石脑油、重油。生产方法主要有固体燃料气化法(煤或焦炭的气化)、烃类蒸汽转化法(天然气、石脑油)、重油部分氧化法。由于合成氨原料气中的氮气容易制得,所以原料气的制备主要是制取氢气,而CO在变换过程能产生同体积的氢气,因此,把原料气中CO和H_2看作是有效气成分。

氨的合成是需要$H_2:N_2$为3:1的原料气,要求造气制得的煤气中有效气成分与氮气比例为3.1~3.2,即$(CO+H_2):N_2$为3.1~3.2,这就是通常所说的半水煤气。

(1) 固体燃料气化法

煤或焦炭中主要是碳元素,与水蒸气反应生成的有效气成分是CO和H_2。气化过程中的主要反应有:

$$C+H_2O \longrightarrow CO+H_2 \qquad \Delta H_R^{\ominus}=131 kJ/mol \qquad (6-1)$$

$$C+2H_2O \longrightarrow CO_2+2H_2 \qquad \Delta H_R^{\ominus}=90.3 kJ/mol \qquad (6-2)$$

此过程为强吸热过程,需要提供能量,一般是用空气或富氧空气或氧气与碳作用来提供能量。其反应如下:

$$C+O_2 \longrightarrow CO_2 \qquad \Delta H_R^{\ominus}=-393.8 kJ/mol \qquad (6-3)$$

$$C+\frac{1}{2}O_2 \longrightarrow CO \qquad \Delta H_R^{\ominus}=-110.6 kJ/mol \qquad (6-4)$$

按操作方式分,气化过程有间歇式和连续式之分。

① 固定床间歇气化法制半水煤气　燃烧与制气分阶段进行,所用设备称为煤气发生炉,炉中装填块状煤或焦炭,首先吹入空气使煤完全燃烧生成CO_2并产生大量热(该过程称为吹风),使煤层升温,烟道气放空,但部分回收作为N_2的来源。煤层温度达1200℃左右时,停止吹风,转换水蒸气,使之与高温煤层反应,产生CO、H_2等气体(称为水煤气)送入气柜,气化吸热使温度下降,降至950℃时,停止送蒸汽,重新吹风,如此交替操作。为防止高温下空气接触水煤气而发生爆炸和保证煤气质量,一个工作循环由吹风、一次上吹制气、下吹制气、二次上吹制气和空气吹净五步构成。

此法虽不需要纯氧,但对煤的机械强度、热稳定性、灰熔点要求较高;非制气时间较长,生产强度低;阀门开关频繁,阀门易损坏,维修工作量大;能耗高。

② 连续气化法　分为固定床、流化床和气流床三类。

a. 加压鲁奇气化法。由德国鲁奇公司开发。以氧和蒸汽为气化剂，采用固定床，操作压力为2~10MPa，块状煤或焦炭由炉顶定时加入，气化剂为水蒸气和纯氧或富氧空气混合气，在气化炉中同时进行碳与氧的燃烧放热反应和与水蒸气的气化吸热反应，通过调节H_2O/O_2比例，控制和调节炉中温度。

该法连续制气，生产强度较高，煤气质量稳定；缺点是对燃料要求较高，生成气中甲烷含量高，而且大量焦油和含氧废水使合成氨流程复杂化。

b. 德士古气化法。由美国德士古公司开发，也称为水煤浆气化法。以高浓度水煤浆（煤浓度达70%）进料，用泵送入气化炉，纯氧以亚音速或音速由炉顶喷嘴喷出，使料浆雾化，于1300~1500℃下进行气化反应，水煤浆在炉中的停留时间仅5~7s，液态排灰。该法可利用劣质煤，气化强度高，可直接获得低含量烃（甲烷含量<0.1%）的原料气，无需加入蒸汽，但是耗氧量高。

(2) 烃类蒸汽转化法

烃类主要是指天然气、石脑油，一般采用蒸汽转化法。石脑油的蒸汽转化原理与天然气蒸汽转化原理相近。天然气的主要成分为CH_4。以天然气为原料的蒸汽转化反应为

$$CH_4+H_2O(g) \longrightarrow CO+3H_2 \qquad \Delta H_R^\ominus=206.3 \text{kJ/mol} \qquad (6-5)$$

$$CH_4+2H_2O(g) \longrightarrow CO_2+4H_2 \qquad \Delta H_R^\ominus=165.1 \text{kJ/mol} \qquad (6-6)$$

该转化过程吸热，需外界提供热量。

转化一般分两个阶段进行。在一段转化炉，大部分烃类与蒸汽在催化剂作用下转化成H_2、CO、CO_2，接着一段转化气进入二段转化炉，在此加入空气，一部分H_2燃烧放出热量，床层温度升至1200~1250℃，继续进行甲烷的转化反应；二段转化炉出口温度为950~1000℃，二段转化目的是降低转化气中残余甲烷的含量，使其含量小于0.5%（体积分数）。

以天然气为原料合成氨，在工程投资、能量消耗和生产成本等方面具有显著的优越性。目前，大型合成氨厂多数以天然气为原料。

(3) 重油部分氧化法

重油是350℃以上馏程的石油炼制产品。重油部分氧化可制取合成氨原料气。重油先与氧气进行部分燃烧反应，放出的热量使碳氢化合物热裂解，在水蒸气作用下，裂解产物发生转化反应，制得以H_2和CO为主要成分的合成氨原料气。

2. 原料气的脱硫

一般合成氨原料气都含有少量的硫化物，主要是无机硫、硫化氢，其次为二硫化碳、硫氧化碳、硫醇、硫醚和噻吩等有机硫。

硫化物是各种催化剂的毒物，对甲烷转化和甲烷化催化剂、中温变换催化剂、低温变换催化剂、甲醇合成催化剂、氨合成催化剂的活性有显著影响；硫化物腐蚀设备和管道，给后继工序带来许多危害。工业上将硫化物的脱除称为脱硫。

脱硫方法有很多，按脱硫剂状态分，分为干法脱硫和湿法脱硫两大类。

干法脱硫是以固体吸收剂或吸附剂脱除硫化氢或有机硫，常用的有氧化锌法、钴钼加氢-氧化锌法、活性炭法、分子筛法等。干法脱硫效率高且净化度高，但是其为周期性操作，设备庞大，劳动强度高，脱硫剂不可再生或再生困难。因此，干法脱硫适用于硫含量较低、净化度要求较高的情况。

湿法脱硫是采用液态脱硫剂吸收硫化物的脱硫方法。根据吸收的特点，湿法脱硫分为物理法、化学法和物理化学法。物理法是利用脱硫剂对硫化物的溶解作用将其吸收，如低温甲

醇法；化学法是用碱性溶液吸收酸性气体硫化氢，吸收、再生过程发生各种化学反应，按反应过程的特点分为中和法和湿式氧化法；物理化学法是脱硫剂对硫化物的吸收既有物理溶解又有化学吸收，如环丁砜烷基醇胺法，生产中广泛应用的是改良 ADA 法和氧化锌法。湿法脱硫的脱硫剂为液体，便于输送，易于再生和回收硫黄，适用于硫含量高的场合；但因其脱硫净化度低，在净化度要求高的场合，不能单独使用。

(1) 改良 ADA 法脱硫

化学吸收法中的湿式氧化法，ADA 是蒽醌二磺酸钠的英文缩写。最初是采用含有 ADA 的碳酸钠水溶液吸收 H_2S，后在溶液中添加适量的偏钒酸钠等，加快了反应速率，吸收效果良好，称为改良 ADA 法。

改良 ADA 法脱硫的反应过程如下。

① 在脱硫塔中，pH 为 8.5～9.2 的稀纯碱溶液吸收硫化氢，生成硫氢化物。

$$Na_2CO_3 + H_2S \longrightarrow NaHS + NaHCO_3 \tag{6-7}$$

② 液相中的硫氢化物与偏钒酸盐反应生成还原性焦钒酸盐，析出单质硫。

$$2NaHS + 4NaVO_3 + H_2O \longrightarrow Na_2V_4O_9 + 4NaOH + 2S \tag{6-8}$$

③ 还原性焦钒酸盐与氧化态的 ADA 反应，生成还原态 ADA，焦钒酸盐则被 ADA 氧化，再生成偏钒酸盐。

$$Na_2V_4O_9 + 2ADA(氧化态) + 2NaOH + H_2O \longrightarrow 4NaVO_3 + 2ADA(还原态) \tag{6-9}$$

式(6-8)、式(6-9) 也在脱硫塔中进行，并析出硫黄。待反应式(6-8)、式(6-9) 进行完全后，脱硫液送到再生塔进行再生。

④ 在再生塔中，还原态 ADA 被空气中的氧氧化成氧化态 ADA。

$$2ADA(还原态) + O_2 \longrightarrow 2ADA(氧化态) + 2H_2O \tag{6-10}$$

再生后的脱硫剂循环使用。

式(6-7) 反应中消耗的碳酸钠，由式(6-8) 生成的氢氧化钠补偿。

$$NaOH + NaHCO_3 \longrightarrow Na_2CO_3 + H_2O \tag{6-11}$$

溶液中的硫氢化物被 ADA 氧化的速率很缓慢，而被偏矾酸盐氧化的速率很快，在溶液中加入偏钒酸盐后，加快了反应速率。式(6-8) 生成的焦钒酸盐不能直接被空气氧化，但可被氧化态 ADA 氧化，而还原态 ADA 能被空气直接氧化再生。因此，脱硫过程中 ADA 具有载氧体作用，偏矾酸钠具有促进剂的作用。

(2) 氧化锌法脱硫

属干法脱硫，净化后气体硫含量可降到 0.1mg/L 以下，广泛用于精细脱硫。氧化锌可直接吸收硫化氢和硫醇。

$$H_2S + ZnO \longrightarrow ZnS + H_2O \tag{6-12}$$

$$C_2H_5SH + ZnO \longrightarrow ZnS + C_2H_4 + H_2O \tag{6-13}$$

$$C_2H_5SH + ZnO \longrightarrow ZnS + C_2H_5OH \tag{6-14}$$

在氢存在时，二硫化碳与硫氧化碳在氧化锌的作用下，转化成硫化氢，然后被吸收转化成硫化锌。反应式为

$$CS_2 + 4H_2 \longrightarrow 2H_2S + CH_4 \tag{6-15}$$

$$COS + H_2 \longrightarrow H_2S + CO \tag{6-16}$$

氧化锌法不能脱除噻吩、硫醚，单独用氧化锌难以将有机硫化合物全部除尽。含有硫醚、噻吩等有机硫的气体，可采用催化加氢法（一般为钴钼加氢）将有机硫转化为 H_2S，再用氧化锌脱除。

3. 一氧化碳的变换

一般合成氨原料气中均含有一氧化碳。一氧化碳不是合成氨的直接原料，而且能使氨合成催化剂中毒，因此在送往合成工序前必须脱除。一氧化碳的脱除分两步。首先进行一氧化碳的变换，即用一氧化碳与水蒸气作用，生成氢气和二氧化碳。经变换，大部分一氧化碳转化为易于除去的二氧化碳，并获得氢气。因此，一氧化碳变换既是原料气的净化过程，又是原料气制造的继续。少量的一氧化碳将在后继工序中除掉。

变换反应设备为变换炉，反应在催化剂存在下进行。

$$CO+H_2O(g) \longrightarrow H_2+CO_2 \qquad \Delta H_R^{\ominus}=-206.3 \text{kJ/mol} \qquad (6-17)$$

式(6-17)是一个可逆放热反应，低温有利于转化率的提高。工业生产中，根据反应温度的不同，变换过程分为中温变换（或称高温变换）和低温变换。中温变换使用的催化剂称为中温变换催化剂，反应温度为350～550℃，反应后气体中仍含有2%～4%的一氧化碳。低温变换使用活性较高的低温变换催化剂，操作温度为180～260℃，反应后气体中残余一氧化碳可降至0.2%～0.4%。

对重油和煤制氨工艺，采用冷激流程时，可用耐硫变换催化剂进行变换，该催化剂的活性温度为160～500℃。该催化剂的使用不仅局限于耐硫变换，也可与中温变换催化剂串联使用，进行低温变换。

4. 二氧化碳的脱除

经变换的原料气含有大量的二氧化碳，二氧化碳是制造尿素、碳酸氢铵和纯碱的重要原料。原料气在进合成工序前，必须将二氧化碳清除干净。因此，合成氨生产中，二氧化碳的脱除及其回收利用具有双重目的。习惯上，将二氧化碳的脱除过程称为脱碳。

目前，脱碳多采用溶液吸收法。根据吸收剂性能的不同，分为化学吸收法和物理吸收法两类。化学吸收法是二氧化碳与碱性溶液反应而被除去，常用的有改良热钾碱法、氨水法和乙醇胺法。物理吸收法是利用二氧化碳比氢气、氮气在吸收剂中溶解度大的特性，用吸收的方法除去原料气中的二氧化碳，常用的有低温甲醇法、聚乙二醇二甲醚法和碳酸丙烯酯法。

(1) 改良热钾碱法

改良热钾碱法也称本菲尔法，该法采用热碳酸钾吸收二氧化碳

$$K_2CO_3+CO_2+H_2O \longrightarrow 2KHCO_3 \qquad (6-18)$$

碳酸钾溶液吸收二氧化碳后，应进行再生以使溶液循环使用，再生反应为

$$2KHCO_3 \longrightarrow K_2CO_3+H_2O+CO_2 \uparrow \qquad (6-19)$$

产生的二氧化碳可回收利用。

加压利于二氧化碳的吸收，故吸收在加压下操作；减压加热利于二氧化碳的解吸，故再生过程是在减压和加热的条件下完成的。

吸收溶液中，除碳酸钾之外，并有活化剂二乙醇胺，并加有缓蚀剂偏钒酸钾、消泡剂聚醚或聚硅氧烷乳状液等。近几年，美国UOP公司开发了一种可取代二乙醇胺的新活化剂ACT-1。

(2) 聚乙二醇二甲醚法

也称谢列克索法，属于物理吸收。聚乙二醇二甲醚能选择性脱除气体中的CO_2和H_2S，无毒，能耗较低。20世纪80年代初，美国将此法用于以天然气为原料的大型合成氨厂，至今世界上仍有许多工厂采用。中国南化公司研究院开发的同类脱碳工艺（NHD净化技术）

在中型氨厂试验成功，NHD 溶液吸收 CO_2 和 H_2S 的能力均优于国外的 Selexol 溶液，而价格便宜，技术与设备全部国产化。

5. 原料气的精制

经变换和脱碳的原料气中尚有少量残余的一氧化碳和二氧化碳，为防止对氨合成催化剂的毒害，原料气在送往合成工序以前，还需要进一步净化，精制后的气体中一氧化碳和二氧化碳总量要求小于 10mg/L（大型厂）或小于 30mg/L（中小型厂），此过程称为"精制"。常用的精制方法有三种。

（1）铜氨液洗涤法

常用溶液为醋酸铜氨液，简称铜液，主要成分是醋酸二氨合铜（Ⅰ）$[Cu(NH_3)_2Ac]$、醋酸四氨合铜（Ⅱ）$[Cu(NH_3)_4Ac_2]$、醋酸铵和游离氨。

吸收 CO 的反应为

$$Cu(NH_3)_2Ac + CO + NH_3 \longrightarrow [Cu(NH_3)_3CO]Ac \tag{6-20}$$

吸收 CO_2 的反应为

$$2NH_3 + CO_2 + H_2O \longrightarrow (NH_4)_2CO_3 \tag{6-21}$$

生成的碳酸铵继续吸收 CO_2，反应式为

$$(NH_4)_2CO_3 + CO_2 + H_2O \longrightarrow 2NH_4HCO_3 \tag{6-22}$$

上述反应均为可逆反应，低温、加压吸收，减压、加热再生。

（2）甲烷化法

甲烷化法是在催化剂作用下，少量一氧化碳和二氧化碳加氢生成对催化剂无害的甲烷，而使气体得到精制，反应式如下：

$$CO + 3H_2 \longrightarrow CH_4 + H_2O \tag{6-23}$$

$$CO_2 + 4H_2 \longrightarrow CH_4 + 2H_2O \tag{6-24}$$

该法消耗氢气，同时生成甲烷，只有当原料气中 CO 和 CO_2 的含量小于 0.7% 时，才可采用此法。直到实现低温变换后，才为甲烷化精制提供了条件。甲烷化法工艺简单、操作方便、费用低，但合成氨原料气惰性气体含量高。

（3）液氮洗涤法

属物理吸收过程。液氮洗涤法在脱除一氧化碳的同时，也脱除了合成气中的甲烷、氩气等，可使合成气中 CO 和 CO_2 的含量降至 10mg/L，CH_4 和 Ar 降至 100mg/L 以下，从而减少了氨合成系统的放空量。

工业上，液氮洗涤装置常与低温甲醇脱除 CO_2 的装置联用，脱除 CO_2 后的气体温度为 $-53 \sim -62℃$，进入液氮洗涤的热交换器降温至 $-188 \sim -190℃$，进入液氮洗涤塔脱除 CO、CO_2、CH_4、Ar。

与铜氨液洗涤法和甲烷化法相比，液氮洗涤法的优点是除脱除一氧化碳外，还可脱除甲烷和氩，惰性气体可降到 100mg/L 以下，减少了合成循环气的排放量，降低了氢、氮损失，提高了合成氨催化剂的产氨能力。但此法需要液体氮，只有与设有空气分离装置的重油、煤气化制备合成氨原料气或焦炉气分离制氢的流程结合，才比较经济合理。实际生产中，液氮洗与空分、低温甲醇洗组成联合装置，冷量利用合理，原料气净化流程简单。

目标自测

判断题

1. 农业对化肥的需求是合成氨工业发展的持久推动力。（　　）

2. 长期置露于氨含量大于 $100cm^3/m^3$ 的环境中，不会引起慢性中毒。（   ）

3. 煤或焦炭中的碳元素与水蒸气反应生成的有效气成分是 CO 和 H_2。（   ）

4. 干法脱硫工艺适用于硫含量较低、净化度要求较高的情况。（   ）

5. 脱碳工序可采用溶液吸收法，脱除原料气中的二氧化碳。（   ）

填空题

1. 合成氨厂的生产过程基本都包括原料气制备工序、脱硫工序、_____、_____工序、_____工序、压缩工序和_____工序。

2. 以煤为原料可采用_____方法制备氨的原料气；若以_____为原料，可采用烃类蒸汽转化法制备氨的原料气。

3. _____工序将合成氨原料气中的一氧化碳转化为易于脱除的二氧化碳，采用的反应设备是_____。

4. _____工序将原料气中尚存的少量残余的一氧化碳和二氧化碳除去，已达到氨合成工序对原料气的要求，可采用_____方法。

5. 实际氨生产中液氮洗与_____、_____组成联合装置，冷量利用合理。

任务二　氨的合成

任务目标

1. 掌握氨合成基本原理，能分析选择氨合成工艺条件；
2. 了解氨合成塔的结构特点，能分析氨合成塔的移热方法；
3. 能识读氨合成工艺流程图，具有流程分析组织的初步能力；
4. 能读懂氨合成生产操作规程，树立规范操作意识。

氨的合成是在适当条件下，将精制的氢、氮混合气合成氨，再将生成的气态氨从混合气体中冷凝分离获得液氨产品的生产过程。

一、基本原理

1. 氨合成反应的化学平衡

氨合成的化学反应式如下：

$$0.5N_2 + 1.5H_2 \rightleftharpoons NH_3(g) \qquad \Delta H_R^{\ominus} = -46.22 kJ/mol \qquad (6-25)$$

式(6-25)反应是可逆、放热和体积缩小的，反应需要催化剂才能以较快的速率进行。

（1）平衡常数

氨合成反应的平衡常数 K_p 可用下式表示：

$$K_p = \frac{p(NH_3)}{p^{1.5}(H_2)p^{0.5}(N_2)} \qquad (6-26)$$

式中　$p(NH_3)$、$p(H_2)$、$p(N_2)$——平衡状态下氨气、氢气、氮气的分压。

氨合成反应是可逆、放热、体积缩小的反应，根据平衡移动规律可知，降低温度，提高压力，有利于平衡向生成氨的方向移动。

(2) 平衡氨含量

反应达到平衡时氨在混合气体中的百分含量，称为平衡氨含量，或称为氨的平衡产率。平衡氨含量是在给定操作条件下，合成反应能达到的最大限度。由于平衡常数是温度和压力的函数，而在氨合成的气体中含有氢、氮、氨及惰性气体，因此平衡氨含量与压力、温度、惰性气体含量、氢氮比例有关。

① 温度和压力对平衡氨含量的影响　当氢氮比为 3 时，不同温度、压力下的平衡氨含量见表 6-1。

表 6-1　纯氢氮气（氢氮比为 3）的平衡氨含量（体积分数）

温度/℃	压力/MPa					
	0.101	10.13	15.20	20.26	30.39	40.52
350	0.84%	37.86%	46.21%	52.46%	61.61%	68.23%
380	0.54%	29.95%	37.89%	44.08%	53.50%	60.59%
420	0.31%	21.36%	28.25%	33.93%	43.04%	50.25%
460	0.19%	15.00%	20.60%	25.45%	33.66%	40.49%
500	0.12%	10.51%	14.87%	18.81%	25.80%	31.90%
550	0.07%	6.82%	9.90%	12.82%	18.23%	23.20%

由表 6-1 可知，当温度降低、压力升高时，平衡氨含量增加，有利于氨的生成，这与化学平衡移动原理得出的结论是一致的。

② 氢氮比对平衡氨含量的影响　氢氮比（一般用 γ 表示）对平衡氨含量有显著影响，见图 6-1。如不考虑组成对化学平衡常数的影响，$\gamma=3$ 时，平衡氨含量具有最大值；考虑组成对平衡常数的影响时，具有最大平衡氨含量的氢氮比略小于 3，其值随压力而异，在 2.68~2.90 之间。

③ 惰性气体的影响　惰性气体指氢、氮混合气中的甲烷和氩等。由压力对反应平衡的影响可知，惰性气体的存在，降低了氢气和氮气的有效分压，使平衡氨含量下降，见图 6-2。

2. 影响氨合成反应速率的因素

(1) 压力

氨合成正向反应速率与压力的 1.5 次方成正比，逆向反应速率与压力的 -0.5 次方成反比，提高压力可加快总反应速率。

(2) 温度

一般化学反应速率随温度的升高而加快，对于可逆放热反应过程，随着温度的升高，正、逆向反应速率均增加。但温度较低时，正向反应速率起决定作用，提高温度可加快净反应速率。随着温度的提高，逆向反应速率迅速增大，而净反应速率增加幅度逐渐减小。当温度达到某一数值时，净反应速率达到最大值，若再提高温度，净反应速率反而减小。因此，压力及催化剂一定时，对应一定的气体组成，总有一个反应温度使此反应系统的反应速率最大，此温度为最适宜温度。合成反应操作应尽可能使反应温度接近最适宜温度，以使反应速率保持最快。

(3) 氢氮比

由合成氨反应动力学特征可知，当其他条件一定时，在反应初期，氢氮比 $\gamma=1$，反应速率最快；随着反应的进行，氨含量不断增加，欲保持反应速率最大，则最佳氢氮比也应随

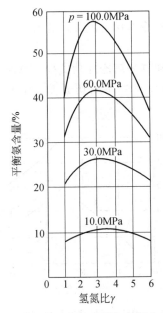

图 6-1　500℃时平衡氨含量与氢氮比的关系

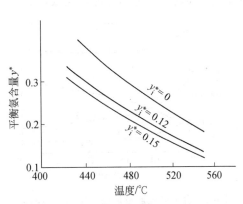

图 6-2　惰性气体对平衡氨含量的影响

之增大；当反应趋于平衡时，最佳氢氮比接近于3。

（4）惰性气体的影响

由可逆反应动力学原理可知，当温度、压力、氢氮比、氨含量一定时，随着惰性气体含量的增加，正向反应速率减小，逆向反应速率增加，而总反应速率下降。

此外，催化剂活性和粒度对反应速率也有影响，一般来说，粒度减小，反应速率加快。

3. 氨合成的催化剂

目前，氨合成的催化剂仍是铁系催化剂，其活性组分为 α-Fe。铁系催化剂一般是经过精选的天然磁铁矿通过熔融法制备的，未还原前为 FeO 和 Fe_2O_3，其成分也可视为 Fe_3O_4，其中 FeO 占 24%～38%（质量分数）。

主要助催化剂有 K_2O、CaO、MgO、Al_2O_3、SiO_2 等。

催化剂的毒物主要有氧及氧的化合物（CO、CO_2、H_2O 等）、硫及硫的化合物（H_2S、SO_2 等）、磷及磷的化合物（PH_3）、砷及砷的化合物（AsH_3）、卤素以及润滑油、铜氨液等。

二、工艺影响因素及条件

氨合成是一个可逆反应，一般情况下反应缓慢，只有在催化剂存在下，反应才能正常进行，优化工艺条件可充分发挥催化剂效能，使生产强度达到最大、消耗定额最低。

1. 压力

压力对氨的合成反应非常重要，就催化剂而言，反应温度不可太低，由氨合成的基本原理知道，提高压力对反应平衡及速率均有利，故氨的合成需在高压下进行。压力越高，反应速率越快，出口氨含量增加，反应器生产能力就越大，而且压力高，氨分离流程可以简化。例如，高压下分离氨只需水冷却。但是，高压下反应温度一般较高，催化剂使用寿命短，高压对设备材质、加工制造要求高。操作压力选择的主要依据是能量消耗以及包括能量消耗、原料费用、设备投资在内的综合费用。

能量消耗包括原料气压缩功、循环气压缩功和氨分离冷冻功，图 6-3 给出了合成系统能量消耗随操作压力的变化。

提高操作压力，原料气压缩功增加，循环气压缩功和氨分离冷冻功减少。总能量消耗在 15~30MPa 区间相差不大，且数值较小。压力过高，则原料气压缩功太大；压力过低，则循环气压缩功、氨分离冷冻功又太高。

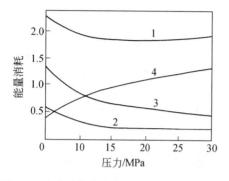

图 6-3　合成系统能量消耗与操作压力的关系
（以 15MPa 原料气的压缩功为比较的基准）
1—总能量消耗；2—循环气压缩功；
3—氨分离冷冻功；4—原料气压缩功

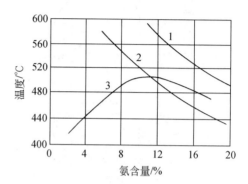

图 6-4　最适宜温度曲线
1—平衡曲线；2—最适宜温度曲线；
3—催化剂床层温度分布线

实践表明，合成压力为 13~30MPa 是比较经济的。

中小型氨厂一般选择 30MPa 的合成压力，大型氨厂采用蒸汽透平驱动高压离心式压缩机，从能量消耗考虑，采用 7.5~15MPa 的压力，国产催化剂的合成压力一般为 15MPa。

2. 温度

氨合成为可逆放热反应，存在最适宜反应温度，从基本原理已知，其他条件一定时，气体组成改变，最适宜温度改变。由于催化剂床层不同区间的气体组成不同，因而对应有不同的最适宜温度，所有最适宜温度点的连线称为最适宜温度曲线。根据最适宜温度曲线随原料转化率的变化趋势来看，反应初期的最适宜温度高，反应后期的最适宜温度低，见图 6-4。

反应按最适宜温度进行，反应速率最快，催化剂用量最少，氨合成率最高，生产能力最大，但是实际生产中不可能完全按最适宜温度曲线操作。

由于反应初期氨含量低，合成反应速率高，实现最适宜温度应不是问题，但受条件的限制，实际上不能做到。例如，当合成塔入口气体中氨浓度为 4% 时，相应的最适宜温度已超过 600℃，超过了铁催化剂的耐热温度。此外，温度分布递降的反应器在工艺实施上也不尽合理，不能利用反应热使反应过程自热进行，还需另加高温热源，预热反应气体以保证入口温度。所以，实际生产中在催化剂床层的前半段不可能按最适宜温度操作，而是使反应气体达到催化剂活性温度的前提下（一般为 350~400℃）进入催化剂层，先进行一段绝热反应过程，依靠自身的反应热升高温度，以达到最适宜温度。而在催化床床层下半段，才有可能使合成反应按最适宜温度曲线进行。

生产中应严格控制床层的入口温度和热点温度（催化床层中最高温度）。床层入口温度应等于或略高于催化剂活性温度下限，热点温度应小于或等于催化剂使用温度上限。生产后期由于催化剂活性下降，还应适当提高操作温度。

3. 空间速率

氨净值是氨合成塔出口与入口气体中氨百分含量的差值。当合成塔及其操作压力、温度及进塔气体组成一定时,增加空间速率,即加快气体通过催化剂床层的速率,气体与催化剂的接触时间缩短,出塔气体中氨含量降低,即氨净值降低。氨净值降低的程度比空间速率的增大倍数要少,所以增加空速,氨合成生产强度(单位时间、单位体积催化剂所生产的氨量)提高。当气体中氢氮比为3:1(不含氨和惰性气体)时,在30MPa、500℃的等温反应器中反应,空间速率与出口氨含量和生产强度的关系见表6-2。

表6-2 空间速率与出口氨含量和生产强度的关系

空间速率/h^{-1}	1×10^4	2×10^4	3×10^4	4×10^4	5×10^4
出口氨含量/%	21.7	19.02	17.33	16.07	15.0
氨生产强度/[kg/(m³·h)]	1350	2417	3370	4160	4920

由表6-2可知,其他条件一定时,增加空间速率可提高生产强度,但是空间速率增大,使系统阻力增大,压缩循环气功耗增加,分离氨需要的冷冻量也增大。同时,单位循环气量的产氨量减少,获得反应热相应减少,当反应热降低到一定程度时,合成塔就难以维持"自热"。

一般操作压力为30MPa的中压法合成氨,空间速率为15000~30000/h;为充分利用反应热、降低功耗并延长催化剂使用寿命,大型合成氨厂通常采用较低的空间速率,如操作压力15MPa的合成塔,空间速率为5000~10000/h。

4. 合成气体的初始组成

(1) 氢氮比

从反应平衡的角度看,氢氮比为3时,平衡氨含量最大。从反应速率角度分析,最适宜的氢氮比随氨含量的不同而变化。反应初期最适宜氢氮比 γ 为1,随着反应的进行,如欲保持反应速率为最大值,最适宜的氢氮比将不断增大,氨含量接近平衡值时,最适宜的氢氮比趋近于3。氨合成是按3:1的氢氮比消耗的,反应初期若按最适宜氢氮比 $\gamma=1$ 投料,则混合气中的氢氮比将随反应进行而不断减小;若维持氢氮比不变,势必要不断补充氢气,这在生产上难以实现。生产实践表明,进塔气体氢氮比应略低于3,2.8~2.9比较合适,而新鲜气中的氢氮比应控制在3,以免循环气中的氢氮比不断下降。

(2) 惰性气体含量

惰性气体来自新鲜气,惰性气体的存在会降低氢气和氮气的分压,对化学平衡和反应速率不利。由于不参加反应,随着合成反应的进行,不断补充新鲜气体,惰性气体留在循环气中,循环气中的惰性气体就会越来越多,因此必须排放少量循环气以降低惰性气体含量。若维持进塔气中过低的惰性气体含量,则需排放大量循环气,但部分氢气和氮气也随之排出,造成原料气损失增大。因此,循环气中惰性气体含量过高或过低都是不利的。

循环气中惰性气体含量的控制与操作压力、催化剂活性有关。操作压力较高及催化剂活性较好时,惰性气体含量可高一些,反之则低一些。如中压法惰性气体含量可控制在16%~20%,低压法一般控制在8%~15%。

(3) 初始氨含量

新鲜气中不含氨,但因循环气中氨分离不完全,故进塔气中含有一定量的氨。在其他条件一定时，进塔气体中氨含量越高，氨净值就越小，生产能力越低。冷冻法分离氨，初始氨含量与冷凝温度和系统压力有关，若进口氨含量降得很低，则循环气温度需降得很低，冷冻功耗增大。因此，过多降低冷凝温度而增加氨冷负荷不可取。

一般操作压力为 30MPa 时，进塔氨量控制在 3.2%～3.8%；15MPa 时为 2.0%～3.2%。采用水吸收法分离氨，初始氨含量可控制在 0.5% 以下。

三、氨合成塔

1. 结构特点和分类

高温、高压下，氢气、氮气对碳钢有明显的腐蚀作用。氢对碳钢腐蚀有氢脆和氢腐蚀。氢脆是氢溶解于金属晶格中，使钢材缓慢变形而发生脆性破坏。氢腐蚀是氢渗透至钢材内部，使碳化物分解并生成甲烷（$Fe_3C + 2H_2 \longrightarrow 3Fe + CH_4$），生成的甲烷聚集于晶界微观孔隙中形成高压，导致应力集中，沿晶界出现破坏裂纹，并在钢材中聚积形成宏观鼓泡。氢腐蚀与压力、温度有关，温度超过 221℃、氢分压大于 1.43MPa 时发生氢腐蚀。氮气在高温、高压下与钢中的铁及其他合金元素生成硬而脆的氮化物，导致金属力学性能降低。

氨合成塔由外筒和内件所组成，内件置于外筒之中，其结构如图 6-5 所示。内件由催化剂筐、热交换器、电加热器三部分构成，在 500℃ 左右的高温下操作，只承受环隙气流与内件气流间的压差（一般为 0.5～2MPa），即只承受高温而不承受高压。内件外面设有保温层，减少向外筒散热，内件一般用合金钢，塔径较小时也可用纯铁制作。大型氨合成塔内件，一般不设电加热器而由塔外加热炉供热，内件使用寿命比外筒短得多。

外筒材质为普通低合金钢或优质碳钢，主要承受高压而不承受高温，正常使用寿命可达四五十年以上。

氨合成的最适宜温度，随氨含量的增加而逐渐降低。因此，随着反应的进行，催化剂层应采取逐渐降温措施。按降温的方法不同，可将氨合成塔分为三类。

（1）冷管式

在催化剂层设置冷却管，反应前温度较低的原料气在冷管中流动，移出反应热，降低反应温度，并将原料气预热到反应温度。根据冷管的结构不同，分为双套管、三套管、单管等。冷管式合成塔结构复杂，一般用于直径为 500～1000mm 的中小型氨合成塔。

（2）冷激式

将催化剂分为多层（一般不超过 5 层），气体经每层绝热反应后，温度升高，通入冷的原料气与之混合，温度降低后再进入下一层。冷激式结构简单，加入未反应的冷原料气，降低了

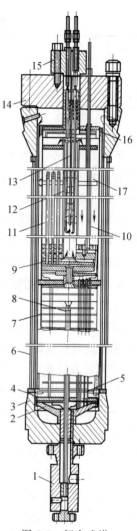

图 6-5 氨合成塔
1—塔体下部；2—托架；
3—底盖；4—花板；
5—热交换器；6—外筒；
7—挡板；8—冷气管；
9—分气盒；10—温度计管；11—冷管（双套管）；12—中心管；
13—电炉；14—大法兰；15—头盖；
16—催化剂床盖；
17—催化剂床

氨合成率，一般多用于大型合成塔，近年来有些中小型合成塔也采用了冷激式。

(3) 间接换热式

将催化剂分为几层，层间设置换热器，上一层反应后的高温气体进入换热器降温后，再进入下一层进行反应。此种塔的氨净值较高，节能降耗效果明显，近年来在生产中应用逐渐广泛，并成为一种发展趋向。

按气体在塔内的流动方向，合成塔可分为轴向塔和径向塔，气体沿塔轴向流动的称为轴向塔；沿半径方向流动的称为径向塔。

中小型氨厂一般采用冷管式合成塔，如三套管、单管式等。近年来开发的新型合成塔，塔内既可装冷管，也可采用冷激，还可以应用间接换热，既有轴向塔也有径向塔。大型氨厂一般为轴向冷激式合成塔。

2. 中小型氨厂的氨合成塔

(1) 并流三套管

图 6-6 为并流三套管内件的结构示意图。冷气体经合成塔下部热交换器预热后，进入分气盒的下室，分配到各冷管的内管，气体由内管上升至顶部，沿内、外管的环隙折流而下，通过外管与催化剂床层的气体并流换热，被预热到反应温度后经分气盒上室及中心管进入催化床层，进行反应。反应后气体进入热交换器，将热量传给进塔气后由塔底引出。床层的顶部不设置冷管，为绝热层，反应热完全用于加热气体，使温度尽快达到最适宜温度；床层的中、下部为冷管层，可移出反应热，使反应按最适宜温度曲线进行。

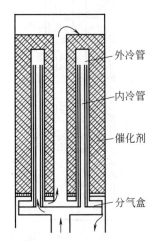

图 6-6　并流三套管内件的结构示意图

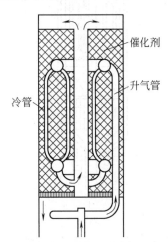

图 6-7　单管并流式内件示意图

并流三套管由并流双套管演变而来，二者的差别在于并流双套管的内冷管为单层，并流三套管的内冷管为双层，并流三套管双层内的冷管一端层间间隙焊死，形成"滞气层"。"滞气层"增大了内、外管间热阻，气体在内管温升小，使床层与内外管间环隙气体的温差增大，改善了床层的冷却效果。并流三套管床层温度分布较合理，催化剂生产强度高，结构可靠，操作稳定，适应性强；但是结构较复杂，冷管与分气盒占据较多空间，催化剂还原时，床层下部受冷管影响升温困难，还原不彻底。此类内件广泛用于直径为 800~1000mm 的合成塔。

(2) 单管并流式内件

图 6-7 为单管并流式内件示意图。冷气体经合成塔下部热交换器预热后，经两根（有的塔

设三根）升气管送至催化剂床层上部的分气环内，分配至各冷管内自上向下流动，与催化剂层中由上而下流动的热气体并流换热，然后汇集至下集气管，经中心管进入催化剂床层进行反应，反应后的气体经热交换器降温后从塔底引出。单管并流合成塔冷管换热的原理、传热效果与三套管并流合成塔基本相同，催化剂层的温度分布也基本相似。不同的是以单管代替三套管，以几根直径较大的升气管代替三套管中几十根双层内冷管的输气任务，使冷管结构简化，取消了与三套管相适应的分气盒，因此塔内件紧凑，催化剂筐与换热器之间距离减小，塔的容积得到了有效利用。缺点是结构不够牢固，由于温差应力大，升气管、冷管焊缝容易裂开。

（3）传统改进型

冷管型内件普遍存在冷管效应，且存在催化剂层调温困难、底部催化剂不易还原、塔阻力大、氨净值低以及余热利用率低等弊病。针对上述缺陷，我国的科技人员进行了许多改进，改进型合成塔内件如ⅢJ型、YD型、NC型等。图6-8为ⅢJ型氨合成塔示意图。

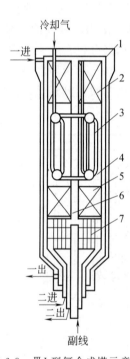

图6-8　ⅢJ型氨合成塔示意图
1—外筒；2—上绝热层；3—冷管；
4—冷管层；5—下绝热层；
6—中心管；7—换热器

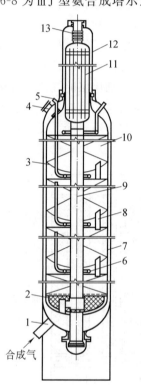

图6-9　立式轴向四段冷激式氨合成塔
1—塔底封头接管；2—氧化铝球；3—筛板；4—人孔；
5—冷激气接管；6—冷激管；7—下筒体；8—卸料
管；9—中心管；10—催化剂筐；11—换热器；
12—上筒体；13—波纹连接管

催化剂床层中部设有冷管，将催化剂层分为上绝热层、冷却层和下绝热层，塔下部设有换热器。温度为30～40℃的循环气分为两部分：一部分占总气量的35%～45%，经顶部两根导气管进入催化剂层中的冷管内，与催化剂层的高温气体换热后，沿导管由下而上到达催化剂层顶部；另一部分气体占总气量的55%～65%，由塔上侧进入塔内（一进），沿塔外筒与内件间的环隙流至塔底，由下部五通出来（一出），进塔外热交换器被加热至170～180℃，从五通进入塔（二进）下部换热器的管间，被反应后气体预热到反应温度，经中心管到达催化剂床层顶部。两部分气体在催化剂顶部汇合后进入催化剂床层，由上而下经过上绝热层、冷管层、下绝热层反应后，进入塔下换热器管内换热后，由塔底部引出（二出）。

这种塔的特点是高压容积利用率高，催化剂装填量多，塔温便于调节，温度分布合理，氨净值较高；缺点是仍保留了部分冷管。

3. 大型氨厂的氨合成塔

20世纪70年代，我国引进的大型合成氨装置普遍为凯洛格四床层轴向冷激式氨合成塔及托普索S-100型二床层径向冷激合成塔。图6-9为立式轴向四段冷激式氨合成塔（凯洛格型）示意图，外筒形状如瓶上小下大，缩口部位密封，内件包括四层催化剂、层间气体混合装置（冷激管和挡板）和列管式换热器。

气体从塔底封头接管1进入，经内外筒之环隙以冷却外筒，穿过催化剂缩口部分向上流过换热器11与上筒体12的环形空间，折流向上穿过换热器11管间，被加热到400℃左右入第一层催化剂，反应后温度升至500℃左右，在第一、二层间反应气与来自接管5的冷激气混合降温，而后进第二层催化剂。以此类推，最后气体由第四层催化剂层底部流出，而后折流向上穿过中心管9与换热器11的管内，换热后经波纹连接管13流出塔。

该塔利用冷激气调节反应温度，操作方便，而且省去许多冷管，结构简单，内件可靠性好；筒体与内件上开设人孔，催化剂装卸不必将内件吊出，外筒密封在缩口处。缺点是瓶式结构虽便于密封，但合成塔封头焊接前需将内件装妥，塔体较重，运输和安装均较困难；由于内件无法吊出，维修与更换零件极为不便。

针对上述缺陷，老塔进行技术改造，推出一批新的内件，如托普索S-200型二床层径向层间换热式、卡萨里轴径向四床层冷激式和三床层二冷激一层间换热式、凯洛格二床层轴向分流层间换热式等内件。新建大型氨厂中的凯洛格低能型工艺采用卧式中间冷却式合成塔，具有较低的阻力降。布朗工艺采用3台（或2台）绝热合成塔组合，塔外设置的高压废热锅炉副产蒸汽，托普索公司还推出新的3床层S-250型设计，可获得更高的氨净值。

四、工艺流程

尽管氨合成工艺流程各异，但合成基本原理相同，故有许多相同之处。

由于氨合成率不高，大量氢气、氮气未反应，需循环使用，故氨合成是带循环的系统。

氨合成的平衡氨含量取决于反应温度、压力、氢氮比及惰性气体含量，当这些条件一定时，平衡氨含量就是一个定值，不论进口气体中有无氨存在，出口气体中氨含量总是一定值。因此反应后的气体必须冷凝以分离所含的氨，使循环回合成塔入口的混合气体中氨含量尽量少，以提高氨净值。

当循环系统惰性气体积累达到一定浓度值时，会降低合成率和平衡氨含量。因此，应定期或连续排放定量的循环气，使惰性气体含量保持在要求的范围内。

氨合成系统是在高压下进行的，必须用压缩机加压。管道、设备及合成塔床层压力降以及氨冷凝等阻力的原因，使循环气与合成塔进口气间产生压力差，需采用循环压缩机弥补压力降的损失。

此外，还有反应气体的预热和反应后气体热能的回收等。

工艺流程是上述步骤的合理组合，图6-10是氨合成的原则工艺流程。合理确定循环机、新鲜气体的补入及惰性气体排放位置以及氨分离的冷凝级数、冷热交换器的安排和热能回收方式，是流程组织与设计的关键。

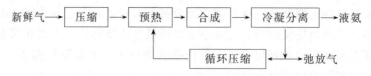

图 6-10　氨合成的原则工艺流程

1. 中小型氨厂的氨合成流程

我国中小型合成氨厂目前普遍采用的流程如图 6-11 所示，操作压力为 32MPa 左右，设置水冷器和氨冷器两次分离产品液氨，新鲜气和循环气均由往复式压缩机加压。

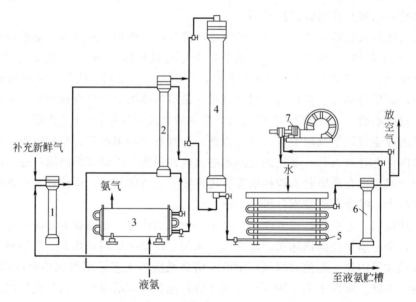

图 6-11　中小型氨厂合成系统常用流程
1—油分离器；2—冷交换塔；3—氨冷器；4—氨合成塔；
5—水冷器；6—氨分离器；7—循环器

由压缩工序来的新鲜氢、氮混合气压力为 32MPa 左右，温度为 30～50℃，进入油分离器 1 与循环器 7 来的循环气汇合，在油分离器中除去油、水等杂质，微量二氧化碳、水与循环气中的氨作用生成碳酸氢铵结晶，也一同在油分离器中除去。从油分离器出来的气体，温度为 30～50℃，进入冷交换器 2 上部的热交换器管内，被从冷交换器下部氨分离器上升的冷气体冷却到 10～20℃后进入氨冷器 3。在氨冷器内，气体在高压管内流动，液氨在管外蒸发吸收热量，气体进一步冷却至 0～-8℃，使气体中的氨进一步冷凝成液氨。氨冷器所用液氨由液氨产品仓库送来。蒸发后的气氨经分离器，除去液氨雾滴，由气氨总管输送至冰机进口，压缩后再冷凝成液氨。

从氨冷器来的循环气带有液氨，进入冷交换塔下部的氨分离器，分离出液氨，残余的微量水蒸气、油分及碳酸氢铵也被液氨洗涤随之除去。循环气除氨后上升到冷交换器顶部与来自油分离器的气体换热，被加热至 10～30℃，分两路进入氨合成塔 4，一路经主阀由塔顶进入，另一路经副阀从塔底进入，用以调节催化剂层的温度。进合成塔循环气的含氨量为 2.8%～3.8%，反应后出塔气体氨含量达 13%～17%。

氨合成塔出口气体，温度在 230℃ 以下，经水冷器 5 冷却至 25～50℃，使部分气氨液化成液氨。带有液氨的循环气进入氨分离器 6 分离出液氨。为降低系统中惰性气体的含量，在氨分离之后设有气体放空管,定期排放一部分气体。出氨分离器的气体,经循环机补偿系统压力损失后,进入油分离器开始下一个循环。氨分离器和冷交换器下部分离出来的液氨,减压至 1.4~1.6MPa 后,由液氨总管送至液氨贮槽。

该流程的特点是:①放空位置设在氨分离器之后、新鲜气加入之前,气体中氨含量较低,而惰性气体含量较高,可减少氨损失和氢、氮气的消耗;②循环机位于氨分离器和冷交换器之间,循环气温度较低,有利于气体的压缩;③新鲜气在油分离器中加入,第二次氨分离时,可以利用冷凝下来的液氨再次除去油、水分和二氧化碳,达到进一步净化的目的。该流程的主要缺陷是反应热未充分利用。

2. 中小型氨厂的改进型氨合成流程

氨合成是放热反应,热效应较大,充分利用反应热是合成氨节能降耗的重要课题。热能回收的工艺流程有多种,小型合成氨厂的综合换热网络工艺流程是具有代表性的节能型工艺流程。

根据系统工程原理,综合换热网络工艺流程,打破按工段内热量回收和利用的界限,依系统内余热的品位和热量供求关系合理组成综合换热网络,使反应热最大限度地得到有效利用,即将合成、变换、铜洗工段的热能供需综合平衡,回收氨合成反应热副产蒸汽,是以蒸汽为主的综合换热网络。首先,将合成反应的高位热能用来产生蒸汽,供变换工段使用,取消外供蒸汽;其次,在变换工段增设第二热水塔,回收第一热水塔变换气的热能,供铜洗工段加热铜液,取消铜洗工段外供蒸汽。综合换热网络技术最终使合成、变换、铜洗三工段达到热能自给。

后置提温型副产蒸汽工艺流程如图 6-12 所示。后置锅炉之后串联循环气预热器和软水预热器,气体提温后进入氨合成塔。

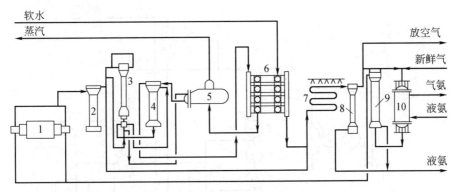

图 6-12 后置提温型副产蒸汽工艺流程

1—循环机;2—油分离器;3—合成塔;4—循环气预热器;5—后置锅炉;
6—软水预热器;7—水冷器;8—氨分离器;9—冷交换器;10—氨冷器

由循环机 1 来的气体,经油分离器 2 进入合成塔 3,气体沿合成塔内外筒环隙下行以保护外筒,而后离开合成塔进循环气预热器 4,提温后达 160℃ 左右返回合成塔下部换热器中,反应后温度为 300℃ 左右的出塔气,进入后置锅炉 5 副产压力为 0.8~1.0MPa 的饱和蒸汽,约 $0.8t/(tNH_3)$。气体出后置锅炉经循环气预热器 4、软水预热器 6 回收热量后,再依次进入水冷器 7、氨分离器 8、冷交换器 9、氨冷器 10 及冷交换器下部的氨分离器等设备冷却冷凝并分离氨后进循环机,进行下一个循环过程。该过程回收的蒸汽可供变换工段使用。

3. 凯洛格大型氨厂合成氨流程

20世纪60年代，美国凯洛格公司开发了以天然气为原料，采用单系列和蒸汽透平为驱动力的大型合成氨装置，这是合成氨工业的一次飞跃。

凯洛格氨合成工艺采用蒸汽透平驱动带循环段的离心压缩机，气体不受油的污染，但新鲜气中尚含有微量二氧化碳和水蒸气，需经氨冷最终净化。另外，合成塔操作压力较低（15MPa），采用三级氨冷将气体冷却至-23℃，使氨分离较为完全。

20世纪70年代我国引进的大型合成氨装置，普遍采用凯洛格氨合成工艺流程，如图6-13所示。反应热用于加热锅炉给水，新鲜气在离心式压缩机15的第一段压缩到6.5MPa，经新鲜气甲烷化气换热器1、水冷却器2及氨冷却器3逐步冷却到8℃。除去水分后的新鲜气进入压缩机第二段继续压缩，并与循环气在机内混合，压缩到15.5MPa、温度为69℃，经过水冷却器5，气体温度降到38℃，而后气体分两股继续冷却、冷凝。一股约50%的气体经过两级串联的氨冷却器6和7，在一级氨冷却器6中液氨在13℃下蒸发，将气体冷却到22℃，在二级氨冷却器7中液氨在-7℃下蒸发，将气体进一步冷却到1℃。另一股气体与来自高压氨分离器12的-23℃的气体在冷热交换器9中换热，降温至-9℃，而冷气体升温到24℃。两股气体汇合后其温度为-4℃，再经过第三级氨冷却器8，利用在-33℃下蒸发的液氨将气体进一步冷却到-23℃，然后送往高压氨分离器12。分离液氨后，含氨2%的循环气经冷热交换器9和塔前换热器10预热到141℃进冷激式氨合成塔13。合成塔出口气体温度为284℃，首先进入锅炉给水预热器14，然后经塔前换热器与进塔气体换热，被冷却到43℃，其中绝大部分气体回到压缩机高压段，完成了整个循环过程。另一小部分气体在放空气氨冷却器17中被液氨冷却，经氨分离器18分离液氨后去氢回收系统。

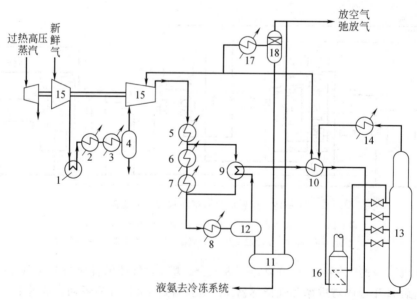

图6-13 凯洛格氨合成工艺流程

1—新鲜气甲烷化气换热器；2,5—水冷却器；3,6~8—氨冷却器；4—冷凝液分离器；9—冷热交换器；10—塔前换热器；11—低压氨分离器；12—高压氨分离器；13—氨合成塔；14—锅炉给水预热器；15—离心式压缩机；16—开工加热炉；17—放空气氨冷却器；18—氨分离器

该工艺除采用离心式压缩机并回收氨合成反应热预热锅炉给水外，还具有如下特点：采用三级氨冷，逐级将气体降温至-23℃，冷冻系统的液氨也分三级闪蒸，三种不同压力的氨蒸气分别返回离心式压缩机相应的压缩级中，这比全部氨气一次压缩至高压、冷凝后一次蒸发冷冻系数大、功耗小；流程中放空管线位于压缩机循环段之前，此处惰性气体含量最高，氨含量也最高，由于回收排放气中的氨，故对氨损失影响不大；此外，氨冷凝在压缩机循环段之后进行，可以进一步清除气体中夹带的密封油、CO_2 等杂质。缺点是循环功耗较大。

合成氨生产技术进展很快，国外一些合成氨公司开发了若干氨合成新流程，如布朗三塔三废热锅炉流程、凯洛格 600t/d 节能型流程、伍德两塔三床两废热锅炉流程、托普索两塔三床两废热锅炉流程等。

4. 布朗型氨合成工艺流程

图 6-14 为布朗三塔三废热锅炉氨合成流程。

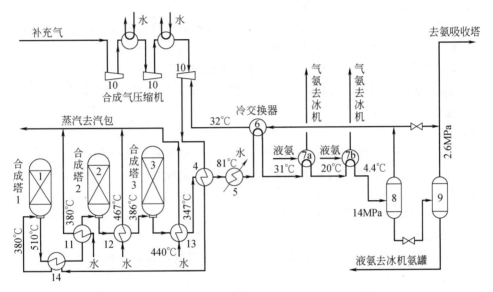

图 6-14 布朗三塔三废热锅炉氨合成流程
1~3—合成塔；4—换热器；5—水冷器；6—冷交换器；7a,7b—氨冷器；8—分离器；
9—减压罐；10—合成气压缩机；11~13—废热锅炉；14—预热器

已净化的合成气，经合成与循环压缩机被压缩至 14.3MPa。循环气在压缩机的最后一个叶轮之前加入，汇合后的气体在 15.4MPa 离开压缩机，经预热后进入合成塔。

氨合成是在三台串联的固定床合成塔 1~3 中进行的，每两台合成塔间有冷却，每台合成塔都装相同型号的催化剂。合成压缩机送来的新鲜气和循环气通过与第 3 和第 1 合成塔出口气体换热而被预热，循环气在废热锅炉 13 之后的换热器中从 59℃加热到 306℃，然后在合成塔 1 出口预热器中从 306℃再加热到 380℃，到合成塔 1 的循环气中含有大约 3.5%的氨。

合成塔 1 出口气体氨含量约 11.7%，通过预热器 14 与进入合成塔 1 的循环气换热及废热锅炉 11 加热锅炉给水，副产 12.5MPa 的蒸汽，自身被冷却到 380℃，进入合成塔 2。合成塔 2 出口气体中的热量是在废热锅炉 12 中产生 12.5MPa 蒸汽而得到回收的。合成塔 3 出口气体中的热量回收是在废热锅炉 13 中产生 12.5MPa 蒸汽及在换热器中预热合成塔 1 的循环气。合成塔 2、3 出口气体中的氨含量分别为 17%和 21%。热回收后的出口气体再经水冷器、冷交换器和氨冷器 7a、7b 进一步冷却，使气体中的氨冷凝，产品液氨在氨分离器中分出，液氨在减压罐中减压至 2.6MPa，氨分离器出口的循环气体返回冷交换器冷却合成塔出口气体，然后回到循环压缩机入口。

液氨减压后去冰机氨罐；气体经减压后去氨吸收塔。反应后的气体用于副产 12.5MPa 高压蒸汽，充分利用反应热，由于惰性气体含量低及采用间接换热，反应后气体氨含量较高，可达 21%（体积分数），因而循环气量较小，循环功耗及冷冻功耗也较低。

目标自测

判断题

1. 氨合成反应是一个可逆、吸热、体积缩小的反应。（　　）
2. 操作压力的选择主要依据是能量消耗以及包括能量消耗、原料费用、设备投资在内的所谓综合费用。（　　）
3. 氨合成塔是一个高温高压设备。（　　）
4. 根据最适宜温度曲线，反应初期的最适宜温度高，反应后期最适宜温度低。（　　）
5. 循环气中惰性气体含量的高低对生产过程不产生大的影响。（　　）
6. 新型氨合成塔，塔内既装冷管，也采用冷激和间接换热。（　　）
7. 合成氨工艺高温高压，应将合成氨塔内温度、压力与物料流量、冷却系统形成联锁控制。（　　）

填空题

1. 铁系氨合成催化剂的活性组分是_____，所以使用前要进行还原。
2. 生产中应严格控制氨合成催化剂床层的_____温度和_____温度。
3. 合成气体的初始组成包括氢氮比、_____、_____。
4. 增加空间速度可提高生产强度，但使系统阻力_____，压缩循环气功耗_____，分离氨需要的冷冻量也增大。
5. 氨合成塔由外筒和_____所组成，按气体在塔内的流动方向可分为_____和径向塔。

名词解释

1. 平衡氨含量
2. 氨净值

叙述题

识读教材凯洛格氨合成工艺流程图，描述其工艺流程。

任务三　氨的加工

任务目标

1. 了解尿素的合成反应及生产方法；
2. 了解硝酸的生产方法；
3. 了解氮肥的概况，能进行专业资料检索和归纳整理。

氨主要用于生产化肥，可加工成尿素、硝酸铵、碳酸氢铵、硫酸铵、氯化铵以及磷酸铵等含氮肥料，为农作物提供氮元素。氨也是化学工业的重要原料，氨也可以加工成硝酸及其他含氮化合物。下面介绍尿素和硝酸的生产。

一、尿素的生产

尿素的化学名称为碳酰二胺，分子式为 $CO(NH_2)_2$，分子量为 60.06。纯尿素呈白色，无臭、无味；工业产品为白色或淡黄色。

尿素主要用作化肥，为中性肥料，含氮量为 46.65%，在所有的化肥中最高，长期使用不会使土质板结；尿素也是高聚物合成材料、医药工业等的化工原料。

1. 尿素合成反应

尿素合成反应在液相中分两步进行。

第一步，液氨与 CO_2 反应生成中间化合物氨基甲酸铵（简称甲铵）。

$$2NH_3 + CO_2 \rightleftharpoons NH_2COONH_4 \qquad \Delta H_R^\ominus = -119.2 \text{kJ/mol} \qquad (6\text{-}27)$$

式(6-27)是快速、强放热反应，且平衡转化率很高。

第二步，甲铵脱水生成尿素。

$$NH_2COONH_4 \rightleftharpoons CO(NH_2)_2 + H_2O \qquad \Delta H_R^\ominus = 15.5 \text{kJ/mol} \qquad (6\text{-}28)$$

式(6-28)是慢速微吸热的可逆反应，且需要在液相中进行，一般甲铵脱水是反应的控制步骤，其转化率一般为 50%~70%。

合成尿素的总反应式为

$$2NH_3 + CO_2 \rightleftharpoons CO(NH_2)_2 + H_2O + Q \qquad (6\text{-}29)$$

合成尿素的副反应主要是缩合和水解反应：

$$2CO(NH_2)_2 \longrightarrow NH_2CONHCONH_2 + NH_3 \qquad (6\text{-}30)$$

$$CO(NH_2)_2 + H_2O \longrightarrow NH_2COONH_4 \qquad (6\text{-}31)$$

甲铵脱水是反应的控制步骤，反应为吸热反应，一般在较高温度（185~200℃之间）下进行。甲铵是一种不稳定的化合物，受热易分解，高温下甲铵的离解压力较高。为避免甲铵的分解，甲铵脱水要在较高压力下进行反应。

2. 尿素的生产方法

工业上用二氧化碳与氨合成尿素，由于反应物不能完全转化，未反应物需要回收。回收方式很多，早期有不循环法和部分循环法，现均采用全循环法。

全循环法是尿素合成后，未转化的氨和二氧化碳经多段蒸馏和分离后，以各种不同形式全部返回合成系统循环利用。

无论何种全循环法，尿素生产的基本工艺相同，分为四个基本步骤：①氨与二氧化碳的供应与净化；②氨与二氧化碳合成尿素；③尿素熔融液与未反应物质的分离与回收；④尿素熔融物的加工。

目前，工业上采用水溶液全循环法及气提法。

（1）水溶液全循环法

尿素合成的未反应物氨和 CO_2，经减压加热分解分离后，用水吸收成甲铵溶液，然后循环回合成系统称为水溶液全循环法。该法自 20 世纪 60 年代起迅速得到推广，在尿素生产中占有很大的优势，至今仍在完善提高。典型的有荷兰斯塔米卡本水溶液全循环法、美国凯米科水溶液全循环法及日本三井东压的改良 C 法及 D 法等。我国中小型尿素厂多数采用水溶液全循环法。

水溶液全循环法工艺可靠、设备材料要求不高、投资较低。缺点是反应热没能充分利用，一段甲铵泵腐蚀严重，甲铵泵的制造、操作、维修比较麻烦；为了回收微量的CO_2和氨气，使流程变得过于复杂。

（2）气提法

是用气提剂如CO_2、氨气、变换气或其他惰性气体，在一定压力下加热并气提合成反应液，促进未转化的甲铵分解。

$$NH_2COONH_4 \rightleftharpoons 2NH_3(g)+CO_2(g) \qquad (6-32)$$

式(6-32)是吸热、体积增大的可逆反应，只要有足够的热量，并能降低反应产物中任意组分的分压，甲铵的分解反应就一直向右进行。气提法就是利用这一原理，当通入CO_2气时，气相中CO_2的分压接近于1，而氨的分压趋于0，致使反应不断进行。同样，用氨气提也有相同的结果。

根据通入气体介质的不同，分为CO_2气提法、NH_3气提法和变换气气提法等。

气提法工艺是当前尿素合成生产中重要的技术改进，与水溶液全循环法相比，具有流程简化、能耗低、生产费用低、单系列大型化和运转周期长等优点。

具有代表性的气提法有：荷兰斯塔米卡本CO_2气提法、意大利斯那姆氨气气提法、意大利蒙爱公司的等压双循环法（IDR）及日本三井东压低能耗法（ACES）。

二、硝酸的生产

硝酸是基本化学工业中的重要产品之一，可用于制造化肥、炸药及作为有机化工产品的原料，特别是染料的生产。

目前，硝酸是用氨催化氧化来生产的，产品有稀硝酸（含量为45%～60%）和浓硝酸（含量为96%～98%），这里介绍稀硝酸的生产。

用氨催化氧化的方法制硝酸，主要有三步。

（1）氨的氧化

从氨合成工段来的氨气和空气按一定比例混合，在铂网催化剂的作用下生成一氧化氮，其反应式为

$$4NH_3+5O_2 \longrightarrow 4NO+6H_2O \qquad \Delta H_R^\ominus=-907.3kJ/mol \qquad (6-33)$$

（2）一氧化氮继续氧化生成二氧化氮

氨催化氧化后的气体中主要是NO、H_2O以及没有参加反应的N_2、O_2，将该气体冷却降温到150～180℃，NO继续氧化便可得到二氧化氮，反应式为

$$2NO+O_2 \longrightarrow 2NO_2 \qquad \Delta H_R^\ominus=-112.6kJ/mol \qquad (6-34)$$

（3）二氧化氮气体的吸收

水吸收二氧化氮气体生成硝酸和一氧化氮，反应式如下：

$$3NO_2+H_2O \longrightarrow 2HNO_3+NO \qquad \Delta H_R^\ominus=-136.2kJ/mol \qquad (6-35)$$

从式(6-35)可以看出，用水吸收NO_2，只有2/3生成硝酸，还有1/3转化为NO。要利用这部分NO，必须使其氧化为NO_2，氧化后的NO_2仍只有2/3被吸收，因此吸收后的尾气必有一部分NO排空，需要治理，否则污染环境。

工业上，氨的催化氧化，一般是在铂系催化剂存在下进行的。铂系催化剂具有良好的选择性，既能加快反应式(6-33)和式(6-34)，又能抑制其他副反应。纯铂具有催化能力，但强度较差，若采用含铑10%的铂铑合金，不仅使机械强度增加，而且比纯铂的活

性更高。但铑价格昂贵，因此多采用铂、铑、钯三元合金，常见组成为铂93%、铑3%、钯4%。

根据操作压力的不同，氨氧化制稀硝酸工艺分为常压法、全加压法和综合法。

(1) 常压法

氨氧化和氮氧化物的吸收均在常压下进行。该法压力低，氨的氧化率高，铂消耗低，设备结构简单。吸收塔可采用不锈钢，也可采用花岗石、耐酸砖或塑料。但该法成品酸浓度低，尾气中氮氧化物浓度高，需经处理才能放空，吸收容积大，占地多，故投资大。

(2) 全加压法

又分为中压（0.2~0.5MPa）与高压（0.7~0.9MPa）两种。氨氧化及氮氧化物吸收均在加压下进行。该法吸收率高，成品酸浓度高，尾气中氮氧化物浓度低，吸收容积小，能量回收率高。但加压下的氨氧化率略低，铂损失较高。

(3) 综合法

氨氧化与氮氧化物的吸收在两个不同压力下进行，该法可分为常压氧化、中压吸收及中压氧化、高压吸收两种流程。此法集中了前两种方法的优点。氨消耗、铂消耗低于全高压法，不锈钢用量低于中压法。如果采用较高的吸收压力和较低的吸收温度，成品酸含量一般可达60%，尾气中氮氧化物含量低于0.02%，不经处理即能直接放空。

目标自测

判断题

1. 尿素是含氮量最低的氮肥，而且长期使用会使土质板结。（　　）
2. 气提法是当前尿素合成生产中的重要技术，可分为CO_2气提法、NH_3气提法和变换气气提法。（　　）
3. 氨的催化氧化制硝酸，一般是在铂系催化剂存在下进行的。（　　）

填空题

1. 尿素的化学名称为_____，分子式为_____，合成尿素的总反应式为_____。
2. 工业上采用水溶液全循环法或_____制得尿素。
3. 用氨催化氧化的方法制硝酸主要有三步：_____、氧化生成二氧化氮和_____。
4. 根据操作压力的不同，氨氧化制稀硝酸工艺分为_____、_____和_____。

任务四　合成氨生产的安全控制

任务目标

1. 了解合成氨工艺安全控制方式；
2. 理解氨合成工序安全生产要点；
3. 了解合成氨生产的防护与紧急处置；
4. 树立规范操作、安全防护的意识。

一、合成氨工艺安全控制要求

合成氨生产工艺由于操作压力大、温度高，原料气是活泼的氢气，产品是具有毒性的液氨，使生产具有以下危险特点：①高温高压使可燃气体（氢气）爆炸极限扩宽，气体物料一旦过氧（亦称透氧），极易在设备和管道内发生爆炸。②高温高压气体物料从设备管线泄漏时，会迅速膨胀与空气混合形成爆炸性混合物，遇到明火或因高流速物料与裂口（喷口）处摩擦产生静电火花，则引起着火和空间爆炸。③气体压缩机等转动设备在高温下运行会使润滑油挥发裂解，在附近管道内造成积炭，可导致积炭燃烧或爆炸。④高温高压可加速设备金属材料发生蠕变，改变金相组织，还会加剧氢气和氮气对钢材的侵蚀，加剧设备的疲劳腐蚀，使机械强度减弱，引发物理爆炸。⑤液氨大规模事故性泄漏会形成低温云团，引起大范围人群中毒，遇明火还会发生空间爆炸。

合成氨工艺安全控制的基本要求包括：合成氨装置温度、压力报警和联锁；物料比例控制和联锁；压缩机的温度、入口分离器液位、压力报警联锁；紧急冷却系统；紧急切断系统；安全泄放系统；可燃、有毒气体检测报警装置。

根据重点监控工艺参数，采用的控制方式：

① 将合成氨装置内温度、压力与物料流量、冷却系统形成联锁关系；将压缩机温度、压力、入口分离器液位与供电系统形成联锁关系；紧急停车系统。

② 合成单元自动控制还需要设置以下几个控制回路：氨分离器、冷交换器液位；废热锅炉液位；循环量控制；废热锅炉蒸汽流量；废热锅炉蒸汽压力。

③ 安全设施，包括安全阀、爆破片、紧急放空阀、液位计、单向阀及紧急切断装置等。

二、氨合成工序安全生产要点

在生产过程中要严格执行各岗位操作技术规程，坚持文明生产；液氨管道阀门严格检修，加强密闭化，防止跑冒滴漏。

采用开工加热炉的氨合成系统，加热炉点火前，炉膛必须用蒸汽置换 15min 以上，出口气体中氧含量小于 0.2%，方可点火。采用塔内电炉加热时，开启电炉前必须先开循环机，保证电炉的安全循环量，启用电炉期间，严禁开塔副阀；若遇断电，系统应保压。电炉加电、撤电不能过快，应严格按指标操作。合成塔电炉的绝缘应合格，并按时巡检，做好对电炉的保护工作。

必须经常注意合成塔壁温度，以防塔壁超温，加剧塔壁氢腐蚀。密切注意系统压力和合成塔进出口压差，严防系统超压。在合成塔升降温过程中，严格按操作规程进行，防止升降温过快而损坏催化剂。检修合成塔时，卸出催化剂前，必须进行降温处理，以防催化剂烧结和烧坏设备。系统停车卸压时，严防卸压速度过快，以免摩擦产生电火花，造成爆炸。

要严格控制氨分离器液位在指标内，严防高压串低压系统或带氨，同时放氨安全阀动作要灵敏，按规定维护校对，使之经常处于安全状态。加强与氨库的联系，在排污、排氨期间，戴好防氨面具和胶皮手套，预防冻伤。

系统设置废热锅炉时，要严格控制废热锅炉水质指标和液位，防止结垢、干锅和带水；严防废热锅炉超压，蒸汽出口阀要经常检查，同时安全阀应灵敏。

合成岗位与原料气压缩机、循环压缩机岗位，应互设停车及加减量记号报警，联络信号必须经常检查，保证完好，处于备用状态。

合成氨系统在发生断电、断水、断气、断仪表空气，合成塔急剧超压，液氨大量外泄或系统发生其他较大物料外泄事故，系统发生着火、爆炸等时，必须采取紧急停车。

三、合成氨生产的防护与紧急处置

液氨接触皮肤能立即引起冻伤，气氨对皮肤、眼睛、呼吸道有刺激伤害作用。当液氨或氨水溅到眼睛内时，应立即用清水或2%的硼酸溶液冲洗干净。当液氨灼伤皮肤时，用2%的硼酸溶液或大量清水彻底冲洗。

当空气中氨浓度超标时，工作人员必须根据情况佩戴防毒口罩或面具，穿戴胶皮工作服、胶靴、胶皮手套和防护眼镜等。当液、气氨大量泄漏需躲避时，可用湿毛巾等挡住呼吸道，应逆风而行，应急操作人员带正压式呼吸器或防毒面具，穿消防防护服，不能直接接触泄漏物，尽快切断泄漏源。

遇到氨中毒时，应首先将患者转移至空气新鲜处，维持呼吸循环功能，立即用清水或2%的硼酸溶液冲洗污染部位；严重者立即就医。

企业应加强对作业人员上岗和定期的职业安全卫生知识培训，重点企业应该编制防治氨中毒事故的应急援救预案并组织演练。

目标自测

判断题

1. 高温高压会加剧氢气和氮气对钢材的侵蚀，加剧设备的疲劳腐蚀，使机械强度减弱。（　　）
2. 液氨大规模事故性泄漏会引起大范围人群中毒，遇明火还会发生空间爆炸。（　　）
3. 合成氨系统在发生合成塔急剧超压时必须采取紧急停车。（　　）
4. 在生产过程中要严格执行各岗位操作技术规程，坚持文明生产，严格检修。（　　）
5. 当空气中氨浓度超标时，工作人员无需佩戴防毒口罩，穿戴胶皮工作服、胶靴、胶皮手套和防护眼镜等。（　　）

填空题

1. 合成氨工艺安全控制的基本要求包括：合成氨装置温度、压力的_____和联锁，物料比例的控制和_____，紧急冷却系统；紧急切断系统；_____系统；_____气体检测报警装置。
2. 合成氨生产中的安全设施，包括安全阀、_____、_____等。
3. 当液氨或氨水溅到眼睛内时，应立即用清水或_____溶液冲洗干净。

思考题与习题

6-1 合成氨生产常用的原料有哪些？

6-2 合成氨生产分哪几个基本工序？三个基本工艺步骤是什么？

6-3 写出固体燃料气化生产一氧化碳和二氧化碳的基本反应。为什么还要通入空气或富氧空气或氧气进行气化反应？其反应式是什么？

6-4 固定床间歇气化法的主要缺点是什么？德士古法的优、缺点是什么？

6-5 天然气蒸汽转化法为何要进行二段转化操作？

6-6 干法脱硫与湿法脱硫各有什么优、缺点？

6-7 改良ADA法脱硫由哪几个基本反应过程构成？

6-8 采用低温变换的目的是什么？耐硫变换适用于什么场合？

6-9　写出本菲尔法脱除二氧化碳吸收和再生的主要反应。为什么要加入二乙醇胺？

6-10　写出铜氨液洗涤法和甲烷化法脱除一氧化碳和二氧化碳的基本反应。

6-11　什么是平衡氨含量？影响平衡氨含量的因素有哪些？有何影响？

6-12　影响氨合成反应速率的因素有哪些？有何影响？

6-13　氨合成的工艺影响因素有哪些？如何选择确定氨合成的工艺条件？

6-14　氨合成塔的结构有何特点？

6-15　并流三套管合成塔内件和单管并流合成塔内件各有何优、缺点？

6-16　ⅢJ型氨合成塔的主要优点是什么？

6-17　凯洛格立式轴向四段冷激式氨合成塔的优、缺点是什么？

6-18　氨合成工艺流程包括哪些基本步骤？

6-19　画出中小型氨厂传统型合成氨工艺流程，并进行叙述。

6-20　小型合成氨厂的综合换热网络流程与传统氨合成流程相比，有何改进？

6-21　凯洛格流程为何要采用三级氨冷？

6-22　布朗氨合成流程的主要优点是什么？

6-23　布朗氨合成流程与凯洛格传统氨合成流程相比，哪个能量利用比较合理？

6-24　写出合成尿素的主、副反应。

6-25　氨与二氧化碳合成尿素分为哪四个步骤？

6-26　气提法分解甲铵的原理是什么？

6-27　NH_3 氧化制取硝酸有哪几步？目前制造稀硝酸的工艺有哪几种？

6-28　氨氧化反应方程式为 $4NH_3+5O_2 \longrightarrow 4NO+6H_2O$，氨的转化率为96%，进入反应器的氨与空气中氧的摩尔比为 1∶1.8。若进入反应器氨的流量为 100kmol/h，计算反应器出口混合物的组成。

6-29　在557℃密闭容器中进行下列反应：

$$CO+H_2O \rightleftharpoons CO_2+H_2$$

若起始浓度为 2mol/L，水蒸气浓度为 3mol/L，平衡时 CO_2 浓度为 1.2mol/L，求 CO 和 H_2O 的转化率。

能力拓展

1. 查找我国合成氨工业的生产现状、生产方法、生产设备、工艺流程、生产事故、市场行情、发展趋势等信息资料，写一篇有关我国"合成氨工业"的小论文。

2. 查阅合成氨催化剂升温还原的有关资料，并制作成PPT，分组讨论方案的优缺点。

阅读园地

合成氨工业简介

合成氨工业的诞生是近代化学工业的新纪元。

人类1754年发现了氨，1784年确定氨是由氮和氢元素组成的，从此，人们开始研究用氮气和氢气合成氨。由氮气与氢气合成氨并使之工业化的转折点是1909年，德国化学家哈伯以锇作催化剂在高温、高压下合成了6%的氨，这一成就为氨合成走向工业化奠定了基础。1913年，德国建立了第一套日产30t的合成氨装置，合成氨工业从此正式诞生。

氨合成方法的研究成功，不仅为获取化合态氮开辟了广阔的道路，而且促进了许多科技领域（如化学热力学、化学动力学、催化、高压技术、低温技术等）的发展。因此，合成氨工业的诞生被誉为近代化学工业的开端。

经过百年的发展，合成氨工业已遍布全世界。合成氨技术得到了高速发展，生产规模大型化，单机最高产量已达1800t/d，生产操作高度自动化，大型氨厂基本都采用集散控制系统，热能利用充分合理，现在的先进工艺能耗已降至29GJ/(tNH_3)左右。

我国合成氨生产始于20世纪30年代，当时仅有几个中小型的氨厂。1949年以后，尤其是20世纪60年代，合成氨工业得到迅速发展。70年代引进了13套年产300kt合成氨的大型现代化合成氨装置，以后又陆续引进和自建了一批大中型合成氨厂，形成了以大型为骨干的大、中、小俱全，煤、气、油为原料的全面发展格局。到1999年，我国合成氨产量居世界首位，达3431.72万吨，2018年，全国累计生产合成氨5612万吨。

项目七　烃类热裂解

学习导言

乙烯、丙烯和丁烯等低级烯烃，化学性质活泼，用途广泛，是十分重要的化工原料。自然界不存在低级烯烃，生产制造烯烃的主要工业方法是烃类的热裂解。本项目主要学习烃类热裂解的原理、管式裂解炉与裂解工艺流程及裂解气的净化与分离。

学习目标

知识目标：理解烃类热裂解的原理和特点；了解管式裂解炉的结构及炉型；理解烃类热裂解的工艺条件；理解裂解气的净化与分离；了解乙烯或丙烯精馏塔的基本操作。

能力目标：能分析选择裂解生产工艺条件；能识读烃类热裂解及净化的工艺流程图；具有流程分析组织的初步能力；能读懂烃类热裂解生产操作规程；具有查阅文献以及信息归纳的能力。

素质目标：具有爱岗敬业的精神；具有规范操作、安全生产、节能减排的意识；培养勤于思考、用所学理论解决实际问题的能力。

任务一　烃类热裂解的反应原理

任务目标

1. 理解轻烃类热裂解的化学反应，了解轻烃类热裂解反应的特点和规律；
2. 理解轻烃类热裂解主要工艺因素，能分析选择工艺条件。

烃类热裂解是典型的高温气相反应，是石油烃在高温下裂解生成分子量较小的烯烃、烷烃和其他烃类产品的过程。

一、烃类热裂解的化学反应

烃类热裂解是一个复杂的化学反应过程，已知的反应有脱氢、断链、二烯合成、异构化、脱氢环化、脱烷基、叠合、歧化、聚合、脱氢交联和焦化等，裂解产物多达数十种乃至数百种。图 7-1 概括了这一复杂的反应系统。

图 7-1 所示的生成物变化过程中，按反应的先后顺序，可分为一次反应和二次反应。

一次反应指原料的烃分子裂解生成乙烯和丙烯等产物的反应。二次反应指一次反应生成的低级烯烃进一步反应生成多种产物，直至生成碳和焦的反应。显然，二次反应不仅降低了低级烯烃的收率，而且生成的碳和焦会堵塞管道和设备，是不希望发生的一类反应。

1. 烃类热裂解的一次反应

（1）烷烃热裂解的一次反应

基本反应有脱氢和碳链断裂的反应。

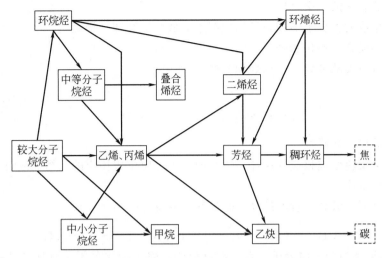

图 7-1 烃类热裂解过程中主要产物的变化

脱氢反应 $R-CH_2-CH_3 \longrightarrow R-CH=CH_2 + H_2$

或 $C_nH_{2n+2} \longrightarrow C_nH_{2n} + H_2$

断链反应 $R-CH_2-CH_2-R' \longrightarrow R-CH=CH_2 + R'H$

或 $C_{n+m}H_{2(n+m)+2} \longrightarrow C_nH_{2n} + C_mH_{2m+2}$

根据分子结构中的键能大小，可判断不同烷烃脱氢和断链反应的难易。

(2) 环烷烃热裂解的一次反应

基本反应是脱氢和碳链断裂生成低分子烯烃和芳烃。如环己烷热裂解：

$$\text{环己烷} \longrightarrow \begin{cases} C_2H_4 + C_4H_8 \\ C_2H_4 + C_4H_6 + H_2 \\ C_4H_6 + C_2H_6 \\ \frac{3}{2}C_4H_6 + \frac{3}{2}H_2 \end{cases}$$

(3) 芳香烃热裂解反应

芳香烃的热稳定性很高，一般不易发生芳环开裂的反应，但可发生芳烃脱氢缩合、侧链断链及脱氢反应。芳烃脱氢缩合生成多环、稠环芳烃，继续脱氢生成焦油直至结焦。

$$2\,\text{苯} \xrightarrow{-H_2} \text{联苯} \xrightarrow{-nH_2} (\text{苯})_m \xrightarrow{-nH_2} (\text{稠环芳烃}) \xrightarrow{-nH_2} \text{焦}$$

烷基芳烃侧链的断链反应，生成苯、甲苯、二甲苯等。

烷基芳烃侧链的脱氢反应，生成苯乙烯等。

(4) 烯烃热裂解一次反应

天然石油不含烯烃，但是其加工油品中可能含有烯烃。烯烃热裂解可能发生断链反应和脱氢反应，生成低级烯烃和二烯烃。

$$C_{n+m}H_{2(n+m)} \longrightarrow C_nH_{2n} + C_mH_{2m} \quad \text{或} \quad C_nH_{2n} \longrightarrow C_nH_{2n-2} + H_2$$

2. 烃类热裂解的二次反应

烃类热裂解的二次反应比一次反应复杂。

(1) 烯烃热裂解的二次反应

一次反应生成的大分子烯烃，继续裂解生成低级烯烃和二烯烃。

(2) 烯烃的缩合、环化和聚合

生成分子量较大的烯烃、二烯烃和芳烃。

$$2C_2H_4 \longrightarrow C_4H_6 + H_2$$

$$C_2H_4 + C_4H_6 \longrightarrow \bigcirc + 2H_2$$

(3) 烯烃的加氢和脱氢

烯烃的加氢反应生成相应的烷烃，烯烃的脱氢反应生成相应的二烯烃或炔烃。

(4) 烃分解生成碳

在较高温度下，低分子量的烷烃、烯烃均可分解为碳和氢。

$$-CH_2=CH_2- \xrightarrow{-H_2} -CH\equiv CH- \xrightarrow{-H_2} C_n + mH_2$$

C_n 为六面形排列的平面分子。在二次反应中，除了较大分子量的烯烃裂解，可增加乙烯收率外，其余的二次反应均消耗乙烯，降低乙烯收率，导致结焦和生碳。

二、烃类热裂解反应的特点与规律

1. 烃类热裂解反应的特点

烃类热裂解反应具有以下特点：

① 无论断链还是脱氢反应，都是热效应很高的吸热反应；

② 断链反应可以视为不可逆反应，脱氢反应则为可逆反应；

③ 存在复杂的二次反应；

④ 反应产物是复杂的混合物。

2. 烃类热裂解反应的一般规律

(1) 烷烃的裂解反应规律

① 同碳原子数的烷烃，C—H键能大于C—C键能，断链反应比脱氢反应容易。

② 烷烃分子的碳链越长，越容易发生断链反应。

③ 烷烃的脱氢能力与其结构有关，叔氢最易，仲氢次之，伯氢再次之。

④ 含有支链的烷烃容易发生裂解反应。乙烷不发生断链反应，只发生脱氢反应。

(2) 环烷烃的裂解反应规律

① 侧链烷基比环烷烃容易裂解，长侧链中央的C—C键先断裂，含有侧链的环烷烃裂解比无侧链的环烷烃裂解的烯烃收率高。

② 环烷烃脱氢反应生成芳烃，比开环反应生成烯烃容易。

③ 低碳数的环比多碳数的环难以裂解。

裂解原料中的环烷烃含量增加，乙烯收率下降，而丁二烯和芳烃的收率有所提高。

(3) 各种烃类热裂解的反应规律

① 烷烃 正构烷烃，最有利于生成乙烯、丙烯，分子量越小，烯烃的总收率越高；异构烷烃的烯烃总收率低于同碳原子数的正构烷烃。

② 环烷烃 生成芳烃的反应优于生成单烯烃的反应；含环烷烃较多，丁二烯和芳烃的收率较高，而乙烯和丙烯的收率较低。

③ 芳烃 无侧链芳烃的裂解，基本不生成烯烃；有侧链芳烃的裂解，其侧链逐步断链

及脱氢；芳环的脱氢缩合反应，主要生成稠环芳烃，直至结焦。

④ 烯烃　大分子量的烯烃裂解反应，生成低级烯烃和二烯烃。

各类烃的热裂解反应的难易顺序为

$$正构烷烃＞异构烷烃＞环烷烃＞芳烃$$

三、烃类热裂解的主要工艺因素

烃类热裂解的主要工艺因素是裂解温度、停留时间、裂解压力和原料烃组成。

1. 裂解温度

烃类热裂解反应是强吸热反应，化学平衡常数随着温度的升高而增大。低温下烃类生成烯烃的裂解反应很难发生。为获得低级烯烃，必须给裂解反应提供大量的热能，在高温条件下进行。但在高温条件下，裂解的二次反应平衡常数大于裂解的一次反应平衡常数，即二次反应在化学平衡上占优势。为提高烯烃收率，抑制高温下的副反应，除高温条件外，还需综合考虑其他工艺因素。

2. 停留时间

虽然烃类热裂解的二次反应，在化学平衡上占有一定的优势。但是，裂解的一次反应速率高于二次反应速率。因此，可充分利用裂解一次反应在反应速率上的优势，使裂解物料以很短的停留时间通过反应区，二次反应尚未发生，即已终止反应，从而达到抑制二次反应、提高烯烃收率的目的。图 7-2 为裂解温度和停留时间对烯烃收率的影响。

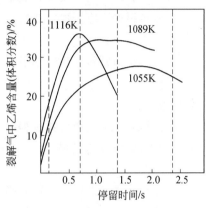

图 7-2　裂解温度和停留时间对烯烃收率的影响

3. 裂解压力

烃类热裂解生成烯烃的反应，是分子数增多的反应。由化学平衡移动原理知道，降低压力，有利于提高烯烃收率；烯烃的缩合、聚合等二次反应，是分子数减小的反应，降低压力，可抑制二次反应。因此，降低压力，有利于提高烯烃的收率。但是，高温下的减压操作存在以下问题：一是系统很容易吸入空气导致爆炸危险；二是系统压力较低，不利于后继工序的操作；三是难以实现短停留时间的控制。为避免减压操作存在的问题，采用添加稀释剂降低原料分压的措施，工业上以水蒸气作为稀释剂，其特点是：

① 水蒸气的热容大，具有稳定炉管温度、保护炉管的作用；

② 价廉易得，易从裂解产物中分离；

③ 化学性质稳定，一般与烃类不发生反应；

④ 可与二次反应生成的碳反应（$C+H_2O \longrightarrow H_2+CO$），具有清除炉管沉积碳的作用；

⑤ 对金属表面具有一定的氧化作用，使金属表面形成氧化物膜，可减轻金属铁、镍对烃分解生成碳的催化作用；

⑥ 可抑制原料中硫对裂解炉管的腐蚀。

4. 原料烃组成

裂解原料分为气态烃和液态烃。气态烃包括天然气、油田气及其凝析油、炼厂气等；液态烃包括各种液态石油产品，如轻油、柴油和重油等。

裂解原料的组成是判断其是否适宜作裂解原料的重要依据。在裂解条件下，原料中烷烃含量越高，乙烯收率越高。随着环烷烃和芳烃含量的增加，乙烯收率下降。轻柴油的烷烃含量较高，是理想的裂解原料。不同原料的裂解规律已有讨论，不再赘述。

目标自测

判断题

1. 烃类热裂解是典型的高温气相反应，是石油烃在高温下裂解生成分子量较小的烯烃、烷烃和其他烃类产品的过程。（　　）
2. 烃类热裂解二次反应不仅不会降低低级烯烃的收率，而且生成的碳和焦不会堵塞管道和设备。（　　）
3. 烃类热裂解中断链反应和脱氢反应可以视为不可逆反应。（　　）
4. 烃类热裂解反应是强吸热反应，为获得低级烯烃，必须给裂解反应提供大量的热能。（　　）
5. 烃类热裂解原料分为气态烃和液态烃，其组成是判断是否适宜作裂解原料的重要依据。（　　）

填空题

1. 烃类热裂解生成物变化过程中，按反应的先后顺序，可分为_____和_____。
2. 烃类热裂解反应的特点：_____、_____、_____、_____。
3. 各类烃的热裂解反应的难易顺序为_____＞_____＞_____＞_____。
4. 烃类热裂解主要工艺因素是_____、_____、_____和_____。

任务二　管式裂解炉与裂解工艺流程

任务目标

1. 了解裂解炉的结构与特点；
2. 能识读裂解工艺流程图，具有流程分析组织的初步能力；
3. 培养勤于思考、用所学理论解决实际问题的能力；
4. 树立规范操作、安全生产、节能减排的意识。

烃类热裂解工艺流程包括烃的热裂解、裂解气预处理和分离。

裂解供热方式有直接和间接两种，广泛采用的是间接供热的管式炉法。

一、管式裂解炉

管式裂解炉是烃类裂解最重要的装置，由炉体和裂解反应管组成。炉体分为辐射室和对流室，用钢构件和耐火材料砌筑。原料预热管和水蒸气加热管安放在对流室，反应管布置在辐射室，辐射室安装一定数量的烧嘴。根据反应管的布置方式、烧嘴安装位置以及燃烧方式的不同，管式裂解炉有多种炉型，具有代表性的炉型有以下几种。

项目七 烃类热裂解

1. 鲁姆斯 SRT-Ⅲ型炉

由美国鲁姆斯公司开发,鲁姆斯 SRT-Ⅲ型裂解炉的结构如图 7-3 所示。

该炉型具有以下特点:①管组排列为 4-2-1-1 方式,侧壁和炉底采用两种烧嘴,辐射加热面均匀;②炉管垂直排列,管间距宽大,双侧受热,热量分布均匀;炉管不受自重应力影响,可自由膨胀;③裂解原料在管内停留时间短,结焦率低;④适用原料范围广,适用于乙烷到柴油间的各种裂解原料。

该炉型的管壁温度可达 1100℃,停留时间为 0.431~0.37s,以轻柴油为原料,乙烯收率可达 23.25%~24.5%(质量分数),炉子热效率可达 93.5%。

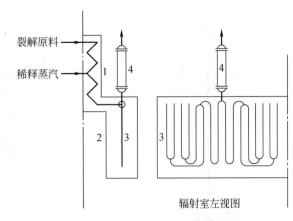

图 7-3 鲁姆斯 SRT-Ⅲ型裂解炉结构
1—对流室;2—辐射室;3—炉管组;4—急冷换热器

2. 凯洛格毫秒裂解炉 MSF 炉型

由美国凯洛格公司开发,炉型结构如图 7-4 所示。

该炉型具有以下特点:①炉管为单程、单排垂直组成,热通量大,可在极短时间内将原料加热至裂解温度;②炉管无弯头,流体阻力降小,烃分压低,乙烯收率高;③采用"猪尾管"分配进料,进料均匀;④裂解原料适应范围广,从乙烷到重柴油间的各种原料均可裂解。

该炉型的裂解气出口温度可达 850~880℃,停留时间为 0.05~0.1s,以石脑油为原料,乙烯收率可达 32%~34.4%(质量分数)。

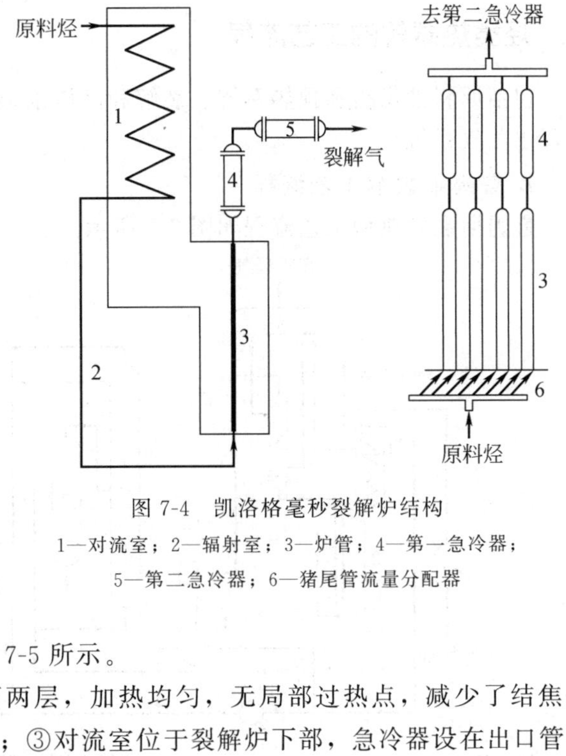

图 7-4 凯洛格毫秒裂解炉结构
1—对流室;2—辐射室;3—炉管;4—第一急冷器;5—第二急冷器;6—猪尾管流量分配器

3. 三菱 M-TCF 倒梯台式裂解炉

由日本三菱公司开发,炉型结构如图 7-5 所示。

该炉型具有以下特点:①烧嘴分上下两层,加热均匀,无局部过热点,减少了结焦倾向;②采用椭圆形炉管,增大了传热面积;③对流室位于裂解炉下部,急冷器设在出口管和炉顶之间,以减少二次反应;④炉子结构紧凑,投资少;⑤适用原料范围广,可裂解乙烷到柴油间的各种原料。

4. 斯通-韦勃斯特超选择性裂解炉 USC

由美国斯通-韦勃斯特公司开发,炉型结构见图 7-6 所示。

该炉型具有以下特点:①采用两段急冷;②每组炉管成 W 形排列,4 程 3 次变径,单排;③适用原料范围广,可裂解乙烷到柴油间的各种原料。

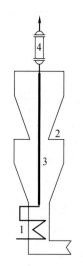 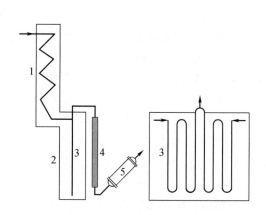

图 7-5 三菱倒梯台式裂解炉的结构
1—对流室；2—辐射室；
3—炉管；4—急冷器

图 7-6 斯通-韦勃斯特超选择性裂解炉的结构
1—对流室；2—辐射室；3—炉管；
4—第一急冷器；5—第二急冷器

二、烃类热裂解的工艺流程

包括原料油供给和预热系统、裂解和高压水蒸气系统、急冷油和燃料油系统、急冷水和稀释水蒸气系统。

1. 鲁姆斯裂解工艺流程

鲁姆斯裂解典型工艺流程如图 7-7 所示。

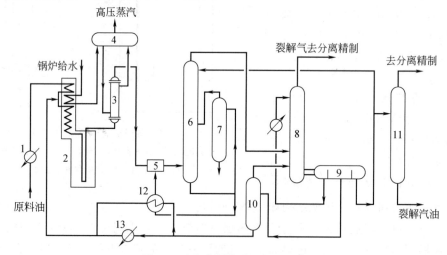

图 7-7 鲁姆斯裂解典型工艺流程
1—原料预热器；2—裂解炉；3—急冷锅炉；4—汽包；5—油急冷器；6,11—汽油分馏塔；7—燃料油汽提塔；
8—水洗塔；9—油水分离器；10—水汽提塔；12,13—交叉换热器（稀释蒸汽发生器）

裂解原料经原料预热器 1 与急冷水和急冷油交叉换热后进入裂解炉 2 对流室，与稀释水蒸气混合、预热至裂解初始温度后进入辐射室裂解。离开裂解炉的高温裂解气，进入急冷锅炉 3 急冷，终止裂解反应，副产高压水蒸气。经急冷锅炉急冷的裂解气进入油急冷器 5，进一步冷却后进入汽油分馏塔 6。

裂解气在汽油分馏塔6进行分馏，汽油及更轻的组分由塔顶蒸出，送往水洗塔8；塔釜的燃料油馏分和油急冷器加入的急冷油，一部分与水汽提塔釜流出的工艺水交叉换热，冷却后作为急冷油返回急冷器，一部分进入燃料油汽提塔7进行汽提，经汽提的轻组分汽油馏分返回汽油分馏塔6，塔釜的重组分燃料油作为裂解原料送出。

由汽油分馏塔6塔顶来的汽油馏分及更轻组分进入水洗塔8，用冷却水进行喷淋水洗、冷却和分离，经水洗的裂解气送往裂解气分离系统；水洗塔釜液是含有部分汽油馏分的洗涤水，送油水分离器沉降分离。

经油水分离器9分离的水，部分经冷却送回水洗塔作为冷却洗涤水，部分经工艺水汽提塔汽提后，再由急冷油及蒸汽加热汽化作为稀释水蒸气；经油水分离器9分离的裂解汽油，部分送回汽油分馏塔11，部分经汽油汽提塔汽提后，作为汽油产品送出，汽油汽提塔顶裂解气送往裂解气分离系统。

2. 凯洛格毫秒炉裂解工艺流程

凯洛格毫秒炉裂解典型工艺流程如图7-8所示。

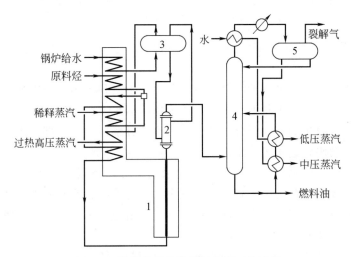

图7-8 凯洛格毫秒炉裂解典型工艺流程
1—裂解炉；2—急冷锅炉；3—汽包；4—急冷塔；5—水气分离器

原料进入裂解炉的对流室，与稀释水蒸气混合、预热至裂解初始温度，进入辐射室进行裂解反应，裂解炉出口高温裂解气经急冷锅炉急冷终止裂解，并副产高压蒸汽。经急冷锅炉急冷后的裂解气进入急冷塔，急冷塔由汽油分馏塔和水洗塔两部分组成，上段为水洗段，下段为油洗段，由急冷锅炉来的裂解气经油洗、水洗，其中的汽油及比汽油重的馏分由塔釜采出，部分作为燃料油送出，部分经交叉换热冷却作为急冷油返回急冷塔；急冷塔顶采出的裂解气和水蒸气，经冷却、冷凝后进入水气分离器，经水气分离器分离出的水，部分作为急冷水返回急冷塔，部分与急冷塔底采出的回流急冷油换热，副产中压蒸汽；水气分离器分离出的裂解气送往分离精制系统。

3. 三菱倒梯台炉裂解工艺流程

三菱倒梯台炉裂解典型工艺流程如图7-9所示。

原料烃进入裂解炉对流室，与稀释蒸汽混合、预热至裂解初始温度后，进入辐射室进行裂解反应。裂解炉出口的高温裂解气经急冷锅炉急冷，终止裂解反应，同时副产高

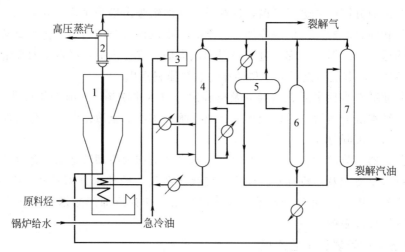

图 7-9 三菱倒梯台炉裂解典型工艺流程
1—裂解炉；2—急冷锅炉；3—油急冷器；4—汽油分馏塔（油洗塔）；
5—油水气分离器；6—工艺水汽提塔；7—汽油汽提塔

压蒸汽，经急冷锅炉急冷的裂解气进入油急冷器，用急冷油进一步冷却，而后进入汽油分馏塔。

在汽油分馏塔，裂解气中汽油馏分及更轻的组分由塔顶蒸出，经冷凝、冷却后进入油水气分离器；塔釜采出重组分燃料油，经冷却作为急冷器用的急冷油。

油水气分离器分离出的汽油馏分，部分作为汽油分馏塔回流，部分送去汽油汽提塔。油水气分离器分离出的水，进入工艺水汽提塔。

在工艺水汽提塔，油水气分离器分离出的水经汽提，塔釜工艺水经过热器汽化产生蒸汽，作为原料烃的稀释水蒸气去裂解炉；塔顶裂解气经冷凝、冷却后进入油水气分离器。

来自油水气分离器的汽油，经汽油汽提塔汽提，塔釜送出裂解汽油，塔顶分离出的裂解气经冷凝、冷却进入油水气分离器。

裂解气经油水气分离器分离，送往裂解气分离精制系统。

目标自测

判断题

1. 烃类裂解工艺流程，包括烃的热裂解、裂解气预处理和分离。（   ）
2. 管式裂解炉由炉体和裂解反应管组成，根据反应管的布置方式、烧嘴安装位置以及燃烧方式的不同，管式裂解炉有多种炉型。（   ）
3. 鲁姆斯 SRT-Ⅲ 型炉炉管垂直排列，管间距宽大，双侧受热，热量分布均匀，不可自由膨胀。（   ）
4. 凯洛格毫秒裂解炉 MSF 炉型采用"猪尾管"分配进料，进料均匀。（   ）
5. 三菱 M-TCF 倒梯台式裂解炉适用原料范围广，可裂解乙烷到柴油间的各种原料。（   ）

填空题

1. 裂解供热方式有_____和_____两种，广泛采用的是_____的管式炉法。
2. 烃类热裂解的工艺流程包括_____、_____、_____和_____。

3. 鲁姆斯裂解工艺流程裂解气在汽油分馏塔进行分馏，_____和_____由塔顶蒸出。

叙述题

识读教材三菱倒梯台炉裂解典型工艺流程图，叙述其流程。

任务三　裂解气的净化与分离

任务目标

1. 理解裂解气的净化及分离工艺，培养解决实际问题的能力；
2. 了解裂解气深冷分离三种典型流程，具有流程分析组织的初步能力；
3. 了解乙烯精馏塔与丙烯精馏塔，理解基本操作。

裂解气是组成复杂的气体混合物，其中，既有目的产物乙烯、丙烯，又有副产物丁二烯、饱和烃类，还有一氧化碳、二氧化碳、炔烃、水和含硫化合物等杂质。

为获取纯度单一的烯烃及其他馏分，必须对裂解气进行分离和提纯。裂解气分离的方法有多种，工业上主要采用深冷分离法和油吸收精馏分离法。

(1) 深冷分离法

是将裂解气中除甲烷、氢以外的其他烃类全部冷凝为液体，然后根据各组分相对挥发度的不同，采用精馏操作逐一分离的方法。裂解气的深冷分离是裂解气分离的主要方法，其技术指标先进，产品质量好，收率高。但是分离流程复杂，动力设备多，需要大量的低温合金钢材，投资较高，适用于加工精度高的大工业生产。

(2) 油吸收精馏分离法

根据裂解气各组分在某种吸收剂中的溶解度不同，采用吸收剂吸收除氢和甲烷外的组分，然后用精馏的方法再把各组分从吸收剂中逐一分离的方法。该法工艺流程简单，动力设备少，仅需少量合金钢，投资少。但是，经济技术指标和产品纯度较差，适用于中小型石油化工企业。

一、裂解气的净化工艺

裂解气在分离前必须净化。净化过程包括：裂解气的压缩、酸性气体的脱除、脱炔、脱一氧化碳、脱除水分等。

1. 裂解气的压缩

裂解气中许多组分的沸点很低，在常温常压下呈气态。若在常压下将其冷凝分离，所需冷剂的温度很低，冷量消耗很大，设备的耐低温要求也很高，经济上不合理。为减少冷量和低温材料消耗，必须提高裂解气中各组分的沸点。根据物质沸点随压力升高的规律，需要对裂解气压缩以提高其沸点。裂解气压缩工艺流程如图 7-10 所示。

应当看到，压力升高对设备材质的强度要求提高，动力消耗增大，各组分间的相对挥发度降低，升压造成的升温，还可能引起不饱和物质聚合。

裂解气是易燃易爆气体，压缩过程要求良好的密封，采取正压操作，防止空气漏入。

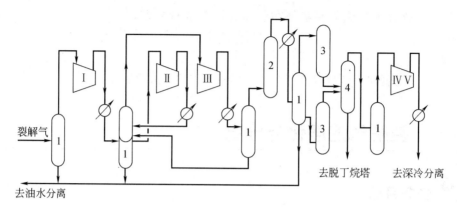

图 7-10　裂解气压缩工艺流程

Ⅰ～Ⅴ—1～5 段压缩机；1—分离罐；2—碱洗塔；3—干燥塔；4—脱丙烷塔

2. 酸性气体的脱除

裂解气中的酸性气体主要是二氧化碳和硫化氢。酸性气体对裂解气的分离和利用危害很大，必须除去。酸性气体的脱除，一般采用吸收法，常用吸收剂有 NaOH 和乙醇胺。裂解气中酸性气体含量较低时多采用碱洗（以 NaOH 吸收）法，含量较高时采用乙醇胺法。

裂解气碱洗法脱酸性气体工艺流程如图 7-11 所示。

3. 水分的脱除

裂解气中的水分是由急冷和碱洗时带入的。在低温下，水分会凝结成冰，还会与烃类生成水合物质的结晶，黏结在设备和管壁上，堵塞管道和设备。因此，必须除去裂解气中的水分。

脱除水的方法有多种，广泛采用的固体吸附法是以分子筛为吸附剂，其脱水工艺流程如图 7-12 所示。

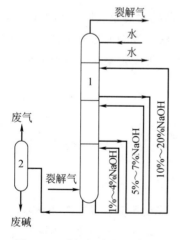

图 7-11　裂解气碱洗法脱酸性
气体工艺流程

1—碱洗塔；2—脱气槽

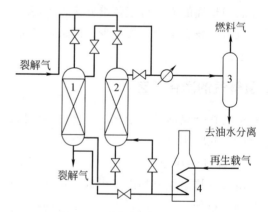

图 7-12　裂解气脱水工艺流程

1—操作干燥器；2—再生干燥器；
3—气液分离器；4—加热炉

4. 脱炔和一氧化碳

裂解气中含有少量的乙炔和 CO，严重影响乙烯和丙烯的质量。乙炔影响合成催化剂的寿命，恶化乙烯聚合物性能，乙炔积累过多，还有爆炸的危险。丙炔、丙二烯的存在影响丙烯反应质量和效果。脱除乙炔的方法，有选择性催化加氢法和溶剂吸收法，工业上大多采用催化加氢法脱炔，反应式为

$$C_2H_2 + H_2 \longrightarrow C_2H_4$$

催化加氢脱乙炔及再生工艺流程如图 7-13 所示。溶剂吸收法脱炔，工业上是以二甲基甲酰胺为吸收剂吸收乙炔，其工艺流程如图 7-14 所示。

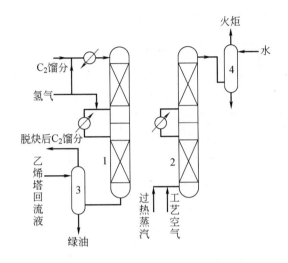
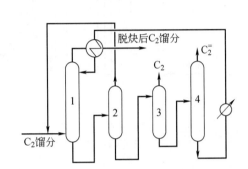

图 7-13　催化加氢脱乙炔及再生工艺流程
1—加氢反应器；2—再生反应器；3—绿油吸收塔；4—再生气洗涤塔

图 7-14　溶剂吸收脱乙炔工艺流程
1—吸收塔；2—第一闪蒸塔；3—第二闪蒸塔；4—解吸塔

除去 CO，工业上主要采用甲烷化法，即催化加氢使一氧化碳转化为甲烷。

二、裂解气的分离工艺

裂解气分离是典型的多组分分离，一个合理的分离工艺流程，对于减少费用、降低成本、提高产品质量、保证安全生产是非常重要的。

图 7-15 是深冷分离一般方案流程示意图。

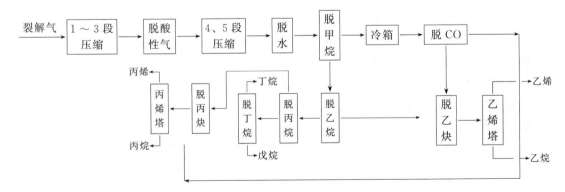

图 7-15　深冷分离一般方案流程示意图

深冷分离流程包括气体净化系统、压缩和深冷系统、精馏分离系统等部分。

1. 裂解气分离流程

根据裂解气净化、精馏在流程中位置的不同，即按裂解气各组分分离次序的不同，裂解气深冷分离有多种方案。常见的是顺序分离流程、前脱乙烷分离流程、前脱丙烷分离流程。

(1) 顺序分离流程

是按裂解气中各组分所含碳原子数的多少，由轻到重逐一分离的方法。裂解气顺序分离工艺流程如图 7-16 所示。

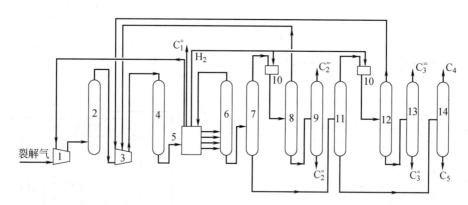

图 7-16 裂解气顺序分离工艺流程
1—1～3 段压缩机；2—碱洗塔；3—4、5 段压缩机；4—脱水器；5—冷箱；6—脱甲烷塔；
7—第一脱乙烷塔；8—第二脱甲烷塔；9—乙烯精馏塔；10—脱炔反应器；
11—脱丙烷塔；12—第二脱乙烷塔；13—丙烯精馏塔；14—脱丁烷塔

裂解气经三段压缩后，进入碱洗塔脱去硫化氢和二氧化碳等酸性气体，再进行 4、5 段压缩，压缩后的裂解气进入脱水器除去水分，经过冷箱多级冷冻后进入脱甲烷塔。脱甲烷塔顶来的甲烷和氢气经节流膨胀后进入冷箱，回收部分冷量并提纯氢气，氢气作后加氢脱炔的原料，甲烷作为燃料引出；脱甲烷塔釜液进入第一脱乙烷塔。在第一脱乙烷塔，塔顶的 C_2 馏分进入脱炔反应器，将裂解气中的乙炔转化为乙烯和乙烷，加氢后的 C_2 馏分进入第二脱甲烷塔。第二脱甲烷塔将甲烷和氢气从 C_2 馏分中脱出，由塔顶返回压缩机回收；塔釜的 C_2 馏分主要含有乙烯和乙烷，进入乙烯精馏塔。C_2 馏分经乙烯精馏塔精馏，塔顶得到高纯度的乙烯产品，塔釜得到乙烷作为裂解原料送回裂解炉。

第一脱乙烷塔塔釜来的 C_3 及其他重馏分送入脱丙烷塔，塔顶分离出 C_3 馏分，经脱炔反应器脱除丙炔和丙二烯后，送入第二脱乙烷塔；塔釜 C_4 及其他重馏分送至脱丁烷塔。在第二脱乙烷塔，脱去加氢带入的 C_3 以下馏分后送压缩机回收；塔釜馏分送入丙烯精馏塔精馏。丙烯精馏塔塔顶产品为高纯度的丙烯；塔釜产品为丙烷馏分。

脱丙烷塔釜来的 C_4 及其他重馏分送至脱丁烷塔，经脱丁烷塔蒸馏，在塔顶得到 C_4 馏分；塔釜得到 C_5 及其以上馏分，分别送往其他工序处理。

(2) 前脱乙烷分离流程

以乙烷和丙烯为分离界限，先将裂解气分离为两部分。一部分是乙烷及比乙烷轻的组分（包括氢、甲烷、乙烯、乙烷）；另一部分是丙烯及比丙烯重的组分（包括丙烯、丙烷、丁烯、丁烷和 C_5 以上的烃类），然后再将两部分分别进行分离。裂解气前脱乙烷分离工艺流程如图 7-17 所示。

裂解气经三段压缩后，进入碱洗塔碱洗，脱去硫化氢、二氧化碳等酸性气体，然后进入

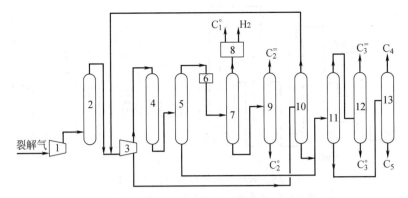

图 7-17 裂解气前脱乙烷分离工艺流程
1—1~3段压缩机；2—碱洗塔；3—4、5段压缩机；4—脱水器；5—脱乙烷塔；
6—脱炔反应器；7—脱甲烷塔；8—冷箱；9—乙烯精馏塔；10—高压蒸出塔；
11—脱丙烷塔；12—丙烯精馏塔；13—脱丁烷塔

4、5段压缩，经压缩的裂解气部分进入脱水器除去水分，部分送至高压蒸出塔将部分 C_3 及其以上馏分由塔釜分出。经脱水器脱水的裂解气进入脱乙烷塔，塔顶馏出的 C_2 馏分进入脱炔反应器，将裂解气中的乙炔转化为乙烯和乙烷，脱炔后的 C_2 馏分送入脱甲烷塔脱除甲烷、氢气。经脱甲烷塔蒸出的甲烷和氢气节流膨胀后进入冷箱，回收部分冷量并提纯氢气，而后作为后加氢原料，甲烷作为燃料引出；脱甲烷塔釜的 C_2 馏分进入乙烯精馏塔。C_2 馏分经乙烯精馏塔精馏，塔顶得到高纯度的乙烯产品，塔釜得到的乙烷作为裂解原料送回裂解炉。

脱乙烷塔釜液和高压蒸出塔的釜液（C_3 及以上馏分），送入脱丙烷塔分离。脱丙烷塔顶馏出的 C_3 馏分进入丙烯精馏塔，丙烯精馏塔顶得到高纯度丙烯产品，塔釜得到丙烷馏分。

脱丙烷塔釜的 C_4 及以上馏分送入脱丁烷塔分离，脱丁烷塔顶馏出 C_4 馏分；塔釜得到的 C_5 及以上馏分，分别送往其他工序处理。

经高压蒸出塔分离出的 C_2 及以下馏分，由塔顶返回压缩机。

(3) 前脱丙烷分离流程

以丙烷和丁烯为分离界限，先将裂解气分离为两部分。一部分是丙烷及比丙烷轻的组分（包括氢、甲烷、乙烯、乙烷、丙烯、丙烷）；另一部分是丁烯及比丁烯重的组分（包括丁烯、丁烷和 C_5 以上的烃），然后再将两部分分别分离。裂解气前脱丙烷分离工艺流程如图 7-18 所示。

裂解气经三段压缩后，进入碱洗塔，在碱洗塔脱去硫化氢和二氧化碳等酸性气体，进入脱水塔除去水分。脱除水分的裂解气进入脱丙烷塔分离，C_3 及其以下馏分由脱丙烷塔顶馏出，经 4、5 段压缩后，进入脱炔反应器进行加氢反应。脱炔后的馏分进入冷箱冷却，再经多级压缩后送入脱甲烷塔分离。经脱甲烷塔分离，塔顶的甲烷、氢气经节流膨胀进入冷箱，回收部分冷量并提纯氢气，氢气作为后加氢脱炔原料，甲烷作为燃料引出；脱甲烷塔釜馏分进入脱乙烷塔分离。脱乙烷塔顶馏出的 C_2 馏分送入乙烯精馏塔，乙烯精馏塔顶得高纯度的乙烯产品；塔釜得到的乙烷作裂解原料送回裂解炉。脱乙烷塔釜馏出的 C_3 馏分送入丙烯精馏塔分离，丙烯精馏塔顶得到高纯度丙烯产品；塔釜得到丙烷。

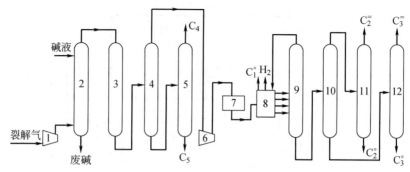

图 7-18 裂解气前脱丙烷分离工艺流程

1—1～3 段压缩机；2—碱洗塔；3—脱水塔；4—脱丙烷塔；5—脱丁烷塔；
6—4、5 段压缩机；7—脱炔反应器；8—冷箱；9—脱甲烷塔；
10—脱乙烷塔；11—乙烯精馏塔；12—丙烯精馏塔

脱丙烷塔釜馏出的 C_4 及以上的馏分，送脱丁烷塔精馏。经脱丁烷塔分离，分别由塔顶、塔釜得到 C_4 馏分和 C_5 及以上馏分，送往其他工序处理。

三种裂解气分离流程各具特色。采用何种流程，取决于裂解气组成和分离流程的经济合理性。表 7-1 是三种深冷分离流程技术经济指标的比较。

表 7-1 三种深冷分离流程技术经济指标的比较

比较项目	顺序分离流程	前脱乙烷分离流程	前脱丙烷分离流程
操作情况	1号塔居首，釜温低，不易堵塞再沸器	2号塔居首，压力高，釜温高。如 C_4 以上重质烃含量多，二烯烃在再沸器易聚合，影响操作，且损失丁二烯	3号塔居首，置于压缩机段间，可先除去 C_4 以上烃再送入 1号、2号塔，可防上述现象
对原料的选择性	对各种原料的裂解气都能适应	含 $C_4^=$ 多的裂解气不能处理。最宜处理含 C_3、C_4 较多而 $C_4^=$ 较少的气体。如炼厂气先分离后裂解的裂解气	适宜处理重质原料的裂解气
干燥负荷	干燥放在流程中压力较高、温度较低的位置，有利于吸附，露点易保证，干燥负荷较少	干燥放在流程中压力较高、温度较低的位置，有利于吸附，露点易保证，干燥负荷较少	因 3号塔在压缩三段出口，故干燥只能设在低压位置，且三段出口 C_3 以上重质烃可能冷凝下来，影响分子筛吸附性能，所以负荷大，费用大
催化加氢脱炔方案	若裂解气含丁二烯多，则不宜用前加氢，否则丁二烯加氢受损失，且可能有"飞温"现象	可用后加氢，但采用前加氢有利。因为 2号塔顶出来的只是甲烷、氢、碳二馏分，加氢时不会发生上述现象	可用前加氢或后加氢
冷量消耗	全馏分进入 1号塔，加重 1号塔冷冻负荷，消耗高能位的冷量多，冷量利用不够合理	C_3、C_4 烃不在 1号塔冷凝而在 2号塔冷凝，消耗低能位的冷量少，故冷量利用较合理	C_4 烃在 3号塔冷凝，冷量利用较合理

续表

比较项目	顺序分离流程	前脱乙烷分离流程	前脱丙烷分离流程
热量消耗	后加氢的原料气是2号塔顶气相出料C_2馏分,加热量少	若为后加氢,则原料气由1号塔釜液相出料,需加热汽化,耗热量多	用前加氢,原料气来自压缩机4段出口,可利用压缩热,节省热量
机械功消耗	后加氢,需设第二脱甲烷塔或侧线出料的乙烯精馏塔,返回压缩机的循环气较多,消耗机械功大	如用后加氢,需设第二脱甲烷塔或侧线出料的乙烯精馏塔,返回压缩机的循环气较多,消耗机械功大	不设第二脱甲烷塔,乙烯精馏塔塔顶循环气量少,可省机械功
塔径大小	因全馏分进入1号塔,故1号塔负荷大,直径大,耐低温钢材耗量大	1号塔负荷轻,直径小,可省低温钢	情况介于前两流程之间
设备多少	流程长,设备多	根据加氢方案不同而异	采用前加氢时,设备较少

注:1号、2号、3号塔是指脱甲烷塔、脱乙烷塔和脱丙烷塔。

例如,若裂解气中轻组分含量较多,脱甲烷塔可脱除大量轻组分,而使后继塔处理量减少、设备尺寸缩小、能量消耗降低,采用顺序分离流程较为优越。若裂解气中的重组分含量较高,脱乙烷塔或脱丙烷塔先将重组分除去,减少了脱甲烷塔的处理量,节省了低冷冻级别的能量消耗,缩小了脱甲烷塔尺寸,节省了低温钢材,选择前脱乙烷或前脱丙烷分离流程较好。

2. 脱甲烷、乙烯及丙烯的精馏

脱甲烷和乙烯精馏的能量消耗,在裂解气深冷分离中所占比例很大,脱甲烷约占52%,乙烯精制约占36%。脱甲烷塔、乙烯精馏塔操作的好坏,直接关系到乙烯产品的质量、产量和成本,是裂解气深冷分离过程的关键。

(1) 脱甲烷过程

由脱甲烷塔和冷箱组成,任务是将裂解气中比乙烯轻的组分分离出去。冷箱是将高效板式换热器和气液分离器等集中放置并用绝热材料保冷,在-100~-160℃低温下操作的箱式设备。为提高乙烯的纯度和收率,应尽可能降低轻组分中的乙烯含量和重组分中的甲烷含量。

(2) 乙烯的回收和富氢的提取与提纯

根据冷箱所处位置,分为前冷(冷箱在脱甲烷塔之前)流程和后冷(冷箱在脱甲烷塔之后)流程。

① 前冷工艺流程 裂解气在进脱甲烷塔之前,利用不同温度级别的塔顶馏分,逐级进行部分冷凝,较重的组分先冷凝,较轻的组分后冷凝,部分甲烷和氢气不凝,冷凝液分多股送入脱甲烷塔。前冷(前脱氢)分离工艺流程如图7-19所示。

裂解气经冷却冷凝后,进入气液分离器,分离出的液体送往脱甲烷塔,分离出的气体去换热器,经进一步冷却冷凝后,再进入气液分离器,分离出的液体送往脱甲烷塔,分离出的气体再进一步冷却冷凝,经气液分离器,分离出的液体送往脱甲烷塔,未凝气体经冷箱进一

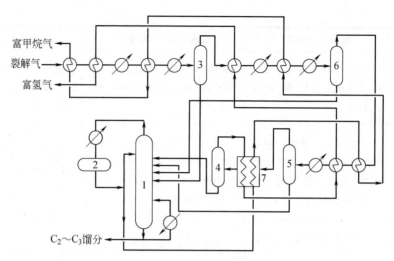

图 7-19 前冷（前脱氢）分离工艺流程
1—脱甲烷塔；2—回流罐；3~6—气液分离器；7—冷箱

步冷却冷凝后，进入气液分离器，分离的液体送脱甲烷塔，富氢气返回冷箱回收冷量，经交叉换热后送氢气提纯工序。

脱甲烷塔顶馏出的富甲烷馏分，经多步交叉换热回收冷量后，送出作燃料；塔釜馏出的 C_2 及 C_3 馏分需进一步分离。

前冷分离工艺特点：a. 裂解气进脱甲烷塔前预分离，减轻了脱甲烷塔的负荷；b. 利用冷箱由高温到低温，逐级、依次冷凝重组分和轻组分，节省低温级别的冷剂；c. 可获得纯度较高的富氢；d. 可提高乙烯收率。

② 后冷工艺流程 主要包括尾气中乙烯的回收和富氢的提取，如图 7-20 所示。

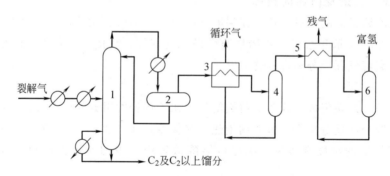

图 7-20 脱甲烷后冷分离工艺流程
1—脱甲烷塔；2—回流分离器；3—冷箱一级换热器；4—冷箱
一级分离器；5—冷箱二级换热器；6—冷箱二级分离器

裂解气经过几步预冷后，进入脱甲烷塔，脱甲烷塔的塔釜馏出 C_2 及 C_2 以上馏分；塔顶馏出物主要是甲烷和氢气，冷凝后进入回流分离器，凝液作为回流返回脱甲烷塔，未冷凝气含有少量乙烯的甲烷和氢气，进入冷箱一级换热器，降温后大部分的乙烯冷凝为液相，进入冷箱一级分离器回收乙烯，经冷箱一级换热器节流膨胀回收冷量后送裂解气压缩机；冷箱一级分离器分出的甲烷和氢气，送入冷箱二级换热器，降温后甲烷冷凝，进入冷箱二级分离器回收氢气，液相经冷箱换热器节流膨胀、交叉换热回收冷量后，得到富含甲烷的残气，送出作燃料。

(3) 乙烯精馏

乙烯精馏塔是裂解气分离装置中的关键塔，其任务是分离乙烷和乙烯。一般情况下，C_2 馏分中都含有少量甲烷，甲烷几乎全部由精馏塔顶馏出。如果甲烷的含量较高，物料在进乙烯精馏塔之前，需要第二脱甲烷塔（裂解气顺序分离流程中有体现）脱甲烷，若 C_2 馏分中甲烷含量很小，可在乙烯精馏塔的侧线采出乙烯，塔顶引出甲烷和少量氢气，少量乙烯返回压缩系统。乙烯精馏塔侧线采出乙烯，使乙烯精馏塔兼有第二脱甲烷塔和乙烯精馏塔的作用，既节约能量，也减少了设备投资。侧线出料的乙烯精馏塔流程如图 7-21 所示。

(4) 丙烯精馏

分离丙烷和丙烯，丙烯精馏塔顶得到丙烯产品，塔釜得到丙烷。丙烯精馏流程如图 7-22 所示。

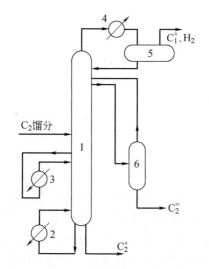

图 7-21　带有中间再沸器和侧线采出的乙烯精馏流程
1—精馏塔；2—塔釜再沸器；3—中间再沸器；
4—塔顶冷凝器；5—塔顶回流罐；6—分离器

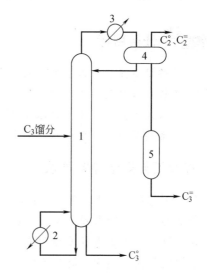

图 7-22　丙烯精馏流程
1—精馏塔；2—塔釜再沸器；3—塔顶冷凝器；
4—塔顶回流罐；5—丙烯贮槽

目标自测

判断题

1. 裂解气是组成复杂的气体混合物，为获取纯度单一的烯烃及其他馏分，必须对裂解气进行分离和提纯。（　　）

2. 裂解气的深冷分离是裂解气分离的主要方法，其技术指标先进，产品质量好，收率高。（　　）

3. 裂解气净化工艺中酸性气体的脱除，一般采用吸收法，常用吸收剂有 Na_2CO_3 和乙醇胺。（　　）

4. 裂解气分离流程中常见的是顺序分离流程、前脱乙烷流程、前脱丙烷流程。（　　）

5. 脱甲烷过程由脱甲烷塔和冷箱组成，任务是将裂解气中比甲烷轻的组分分离出去。（　　）

填空题

1. 裂解气的净化工艺包括_____、_____、_____、_____等。

2. 裂解气的深冷分离流程包括：_____、_____、_____等部分。
3. 裂解气深冷分离包括_____、_____、_____三种典型流程。
4. 乙烯的回收和富氢的提取与提纯过程中，根据冷箱所处位置，分为_____流程和_____流程。
5. _____是裂解气分离装置中的关键塔，其任务是分离乙烷和乙烯。

叙述题

识读教材裂解气顺序分离工艺流程图，叙述其工艺流程。

任务四　烃类热裂解生产的安全控制

任务目标

1. 了解烃类热裂解工艺安全控制方式；
2. 理解烃类热裂解工序安全生产要点；
3. 了解烃类热裂解生产的防护与紧急处置；
4. 树立规范操作、安全防护的意识。

一、裂解工艺安全控制要求

裂解工艺具有以下危险特点：①在高温下进行，反应装置内的物料温度一般超过其自燃点，若泄漏，会立即引起火灾。②如果内壁结焦，会使流体阻力增加，影响传热，当焦层达到一定厚度时，因炉管壁温度过高而不能继续运行下去，则必须进行清焦，否则会烧穿炉管，裂解气外泄，引起裂解炉爆炸。③如果由于断电或引风机机械故障，而使引风机突然停转，则炉膛内很快变成正压，会从窥视孔或烧嘴等处向外喷火，严重时会引起炉膛爆炸。④如果燃料系统大幅度波动，燃料气压过低，则可能造成裂解炉烧嘴回火，使烧嘴烧坏，甚至会引起爆炸。⑤有些裂解工艺产生的单体会自聚或爆炸，需要向生产的单体中加阻聚剂和稀释剂等。

裂解工艺的重点监控工艺参数包括：裂解炉进料流量；裂解炉温度；引风机电流；燃料油进料流量；稀释蒸汽比及压力；燃料油压力；滑阀差压超驰控制、主风流量控制、外取热器控制、机组控制、锅炉控制等。

裂解工艺安全控制的基本要求：裂解炉进料压力、流量控制报警与联锁；紧急裂解炉温度报警和联锁；紧急冷却系统；紧急切断系统；反应压力与压缩机转速及入口放火炬控制；滑阀差压与料位；温度的超驰控制；再生压力的分程控制；再生温度与外取热器负荷控制；外取热器汽包和锅炉汽包液位的三冲量控制；锅炉的熄火保护；机组相关控制；可燃与有毒气体检测报警装置等。

裂解工艺宜采用的控制方式：①将引风机电流与裂解炉进料阀、燃料油进料阀、稀释蒸汽阀之间形成联锁关系，一旦引风机故障停车，则裂解炉自动停止进料并切断燃料供应，但应继续供应稀释蒸汽，以带走炉膛内的余热。②将燃料油压力与燃料油进料阀、裂解炉进料阀之间形成联锁关系，燃料油压力降低，则切断燃料油进料阀，同时切断裂解炉进料阀。③分离塔应安装安全阀和放空管，低压系统与高压系统之间应有逆止阀并配备固定的氮气装置、蒸汽灭火装置。④将裂解炉电流与锅炉给水流量、稀释蒸汽流量之间形成联锁关系；一旦水、电、蒸汽等公用工程出现故障，裂解炉能自动紧急停车。⑤反应压力正常情况下由压缩机转速控制，开工及非正常工况下由压缩机入口放火炬控制。⑥再生压力由烟机入口蝶阀和旁路滑阀（或蝶阀）分程控制。再生、待生滑阀正常情况下分别由反应温度信号和反应器料位信号控制，一旦滑阀差压出现低限，则转由滑阀差压控制。⑦再生温度由外取热器催化剂循环量或流化介质流量控制。⑧外取热汽包和锅炉汽包液位采用液位、补水量和蒸发量三冲量控制。⑨大型机组设置相关的轴温、轴震动、轴位移、油压、油温、防喘振等系统控制。⑩带明火的锅炉设置熄火保护控制，在装置存在可燃气体、有毒气体泄漏的部位设置可燃气体报警仪和有毒气体报警仪。

二、裂解工序安全生产要点

为了得到较高的操作效率和较长的运转周期，必须定期对各操作参数及设备运转情况进行调整。

在正常生产操作中，要保持裂解炉出口温度平稳，控制在最大偏差范围内。燃烧量由主炉管控制，其余炉管温度由进料来平衡。如出现辐射段出口裂解气温度过低，应减少烃进料，反之则增加。但炉出口温度热偶常因高温氧化等原因偏离真实值，因此必须认真观察进料量、横跨温度、废热锅炉出口温度来确认显示是否准确。

炉管是裂解炉最主要的部分，在正常操作中要不断检查其能否自由伸缩，还要注意平衡锤有无大的上升或下降，如果炉管不能自由伸缩，将严重影响炉管寿命甚至损坏。用红外线高温计每班测量一次炉管表面温度，检查有无过热点或局部过热，不能使炉管表面温度超过1100℃，否则将严重影响炉管寿命。若炉管表面温度超过1100℃，应分析原因，若是由于结焦引起的，则应停炉烧焦，若是由于烧嘴火焰加热不均匀而引起的，则应调整火嘴的燃烧状况。

裂解炉的操作压力取决于压缩机一段吸入口的压力和管路的压降，当系统压力增大至一定值后，则应停炉清焦；若是风门开度过大，应立即调整风门至合适开度；是对流段积灰引起，则进行吹灰操作；若是引风机故障，应立即停炉。

烟气的氧含量应控制在3%左右，偏低会使燃烧不完全，偏高说明空气过剩太多，降低了炉子的热效率，浪费燃料。同时，氧含量偏高还会在对流段引起二次燃烧，损坏炉管。通过调节烧嘴的风门来维持烟气的氧含量在安全范围内。

三、烃类热裂解生产的防护与紧急处置

烃裂解装置长周期运转，结垢问题会愈发严重，操作难度增大，设备超温超压风险增大。减小操作安全风险的有效措施是强化培训，严格执行岗位操作技术规程，并加强反事故演练，具备应急处置知识。

泄漏是乙烯装置长周期运行最大的风险。随着运转时间增加，管道、设备冲刷腐蚀减薄，密封材料老化，发生泄漏的概率增大。生产企业要加强设备管理，制定维修计划，定期检测、测厚，现场的低点导淋和弯头处要给予格外关注。

当装置发生烃类泄漏时，应立即消除所有点火源。根据气体的影响区域划定警戒区，无关人员从侧风、上向撤离至安全区。应急处理人员戴正压自给式空气呼吸器，穿防静电服，作业时使用的所有设备应接地。尽可能切断泄漏源。接触液体时，防止冻伤。禁止用水直接冲击泄漏物或泄漏源。

如果发生了皮肤冻伤：将患部浸泡于保持在38～42℃的温水中复温，不要涂擦。不慎吸入，应迅速脱离现场至空气新鲜处，保持呼吸道通畅。如呼吸困难，给氧；如呼吸停止，立即进行人工呼吸，就医。

目标自测

判断题

1. 当裂解炉炉管焦层达到一定厚度时，会造成炉管壁温度过高，则必须进行清焦。（　　）
2. 裂解炉出口温度热偶常因高温氧化等原因偏离真实值，因此经常确认其显示是否准确。（　　）
3. 当皮肤被乙烯冻伤，应将患部浸泡于保持在38～42℃的温水中复温，并反复涂擦。（　　）
4. 若是引风机故障引起的炉膛压力正压，应立即停炉，必须采取紧急停车。（　　）
5. 减小操作安全风险的有效措施是强化培训，严格执行岗位操作技术规程。（　　）

填空题

1. 带明火的热裂解炉应设置_____保护控制，在装置存在可燃气体、有毒气体泄漏的部位设置_____和_____。
2. 裂解生产中通过调节烧嘴的_____来维持烟气的氧含量在安全范围内。
3. 随着运转时间增加，_____是乙烯装置长周期运行最大的风险。
4. 当装置发生烃类泄漏时，应急处理人员戴_____呼吸器。

思考题与习题

7-1　烃类热裂解可能发生哪些化学反应？何谓一次反应？
7-2　热裂解中的生碳、生焦反应有何危害？采用何种措施可避免生碳、生焦？
7-3　烃类的热裂解为什么需要高温、短停留时间和较低的烃分压等条件？
7-4　原料烃的组成对裂解的结果有何影响？
7-5　比较鲁姆斯、凯洛格和三菱倒梯台式裂解炉的共同点。
7-6　裂解气分离的目的和任务是什么？
7-7　裂解气分离前包括哪些预处理操作？其目的是什么？
7-8　深冷分离法主要包括哪些操作过程？
7-9　裂解气分离的主要流程有哪几种？各有何特点？
7-10　裂解气一出辐射段炉管立即进入急冷锅炉进行急冷，其意义何在？
7-11　在鲁姆斯、凯洛格、三菱倒梯台流程中，裂解气的急冷均采用先间接、后直接的急冷，是否可以采用先直接、后间接的急冷方法？
7-12　乙烯精馏塔侧线采出的操作有何特点与要求？
7-13　二次反应对烃热裂解有何影响和危害？
7-14　以水蒸气为裂解的稀释剂有何优点？
7-15　裂解气中主要有哪些物质？
7-16　裂解气分离，为何要先进行分段压缩？
7-17　什么是冷箱？其在裂解气分离中的作用如何？

7-18 管式炉裂解工艺过程是由哪些部分组成的？
7-19 试说明压力对裂解反应的影响。
7-20 原料组成对裂解结果有何影响？
7-21 以下是裂解气分离序列的两种方案，请比较何种方案较为合理？为什么？

方案一

方案二

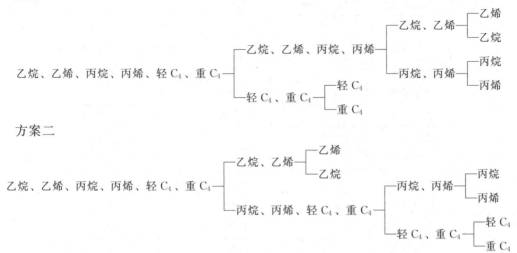

能力拓展

1. 查找国内外烃类裂解制造烯烃的生产现状，并分析烃类裂解工艺的发展趋势，写一篇有关国内外"烃类裂解制造烯烃现状及发展趋势"的小论文。

2. 结合某一企业裂解气分离操作规程为例，讨论分析精馏操作中的操作要点。

阅读园地

乙烯与乙烯工业

乙烯是最简单、最重要的烯烃，其化学性质活泼，可与许多物质发生化学反应，合成一系列重要的化工产品，如聚乙烯、环氧乙烷、乙醇、乙醛、乙酸、醋酸乙烯酯等，是十分重要的基本有机化工原料。在低级烯烃生产中，乙烯的用途最广，产量最大。

乙烯生产是最基本、最重要的化工生产过程，在化学工业中占有重要地位。乙烯工业的发展，直接关系着其他化工行业的发展。世界上常以乙烯的产量作为衡量一个国家化学工业发展水平的标志。随着经济的全球化，市场对乙烯的需求不断扩大，乙烯生产规模和装置也日趋大型化。20世纪60年代以来，乙烯生产规模的变化见下表。

年代	60	70	80	90
乙烯装置/(kt/a)	200	300	450	600

进入21世纪，乙烯生产装置已出现800~900kt/a，甚至1000kt/a以上的规模。

我国乙烯工业始于20世纪60年代，40多年来，特别是改革开放以来，乙烯工业无论是生产规模，还是裂解和分离技术都有较大的发展。

我国已建成一定规模的乙烯生产装置58套，其中年产30万吨以上27套，2019年我国乙烯产量达到2052.29万吨。我国自行开发的CBL裂解技术，其主要技术经济指标达到同期、同类世界裂解炉先进水平。2018~2020年中国乙烯新建项目，见下表。

公司名称	产能/(万吨/年)	原料	地点	建成年份
中国海油	120	石脑油	惠州	2018年
延长石油	45	煤	陕西	2018年
华亭煤业	15	煤	—	2018年
神华宁煤	45	煤炭	宁夏	2018年
浙江石油	140	石脑油	舟山	2019年
辽宁宝来	100	—	—	2019年
新浦化学	65	—	轻烃	2019年
中国石化	80	石脑油	湛江	2020年
恒力石化	110	石脑油	大连	2020年
烟台万华	100	轻烃	烟台	2020年
卫星石化	125	轻烃	连云港	2020年
中国石化	120	石脑油	古雷	2020年
中化集团	100	石脑油	泉州	2020年

项目八　醋酸的生产

> **学习导言**

醋酸是最重要的有机酸产品之一，工业上有多种生产方法。本项目重点介绍乙醛氧化法和甲醇羰基合成法合成醋酸。

> **学习目标**

知识目标：了解醋酸性质、用途和工业生产方法；熟悉乙醛氧化生产醋酸的原理、工艺条件、鼓泡塔反应器及工艺流程；甲醇低压羰基化生产醋酸的原理、工艺条件、搅拌釜反应器及工艺流程。

能力目标：能分析选择生产工艺条件；能识读乙醛氧化生产醋酸、甲醇低压羰基化生产醋酸工艺流程图；具有流程分析组织的初步能力；能读懂醋酸生产操作规程；具有查阅文献以及信息归纳的能力。

素质目标：具有踏实勤奋、爱岗敬业的精神；具有规范操作、安全生产、节能减排的意识。

任务一　醋酸生产的概貌

> **任务目标**

1. 了解醋酸的性质及用途；
2. 了解醋酸的生产方法，能分析各生产方法优缺点；
3. 了解醋酸生产的原料。

一、醋酸的性质及用途

醋酸的分子式为 CH_3COOH，结构式为 $CH_3-\overset{\overset{O}{\|}}{C}-OH$，乙酸是其化学名称。很早以前，我国就已用粮食酿造食醋。食醋含有 3%~5% 的乙酸，故乙酸俗称醋酸。

醋酸是无色透明液体，沸点为 118℃，冰点为 16.58℃。纯醋酸在气温较低时，可凝固成冰似的固体，所以又称冰醋酸。醋酸与水可以任意比例互溶，醋酸水溶液的冰点随其含水量的增加而降低，见表 8-1。

表 8-1　醋酸水溶液冰点与含水量的关系

醋酸含量/%	100	99.5	99	98.5	98	97
冰点/℃	16.6	15.65	14.8	14.0	13.5	11.95

醋酸可与乙醇、乙醚、甘油、苯等有机溶剂以任意比例互溶。醋酸是多种有机化合物的良好溶剂，可溶解硫、磷、卤代烃、油、树脂等。纯醋酸或浓醋酸具有腐蚀性，其蒸气易燃，醋酸蒸气与空气混合可形成爆炸性混合物，爆炸极限为 4.0%～17.0%（体积分数）。醋酸具有特殊刺激性气味，其蒸气对人体，尤其对眼睛、呼吸道黏膜等有强烈刺激，其卫生允许最高浓度为 0.005mg/L。

醋酸天然存在于动植物组织中，是食品的正常成分。食醋几乎是人类最早的食品添加剂——酸味调节剂。醋酸主要用于合成醋酸乙烯酯，生产醋酸纤维、醋酸酯、金属醋酸盐以及氯代醋酸等，在制药、染料、农药、食品和化妆品等方面有着广泛的用途，是重要的基本有机化工原料。

二、醋酸的生产方法

醋酸生产有乙醛氧化法、甲醇羰基合成法、淀粉发酵法、水果及其下脚料发酵法以及木材干馏法等，工业化生产方法主要有以下几种。

1. 乙醛氧化法

乙醛氧化生产醋酸，不改变原料的碳链骨架，最早实现工业化。20 世纪 50 年代以前，乙醛氧化法以乙炔为基本原料，乙炔水合先合成乙醛，然后氧化生成醋酸，这条路线的基础原料是煤和天然气，原料成本相对较高。20 世纪 60 年代以来，以乙烯为基本原料，乙烯氧化为乙醛，乙醛氧化生成醋酸，此路线以石油为基础原料，原料成本较低，技术成熟，目前，我国在醋酸生产中，此法仍占相当比例。

2. 甲醇羰基合成法

甲醇羰基合成法是在催化作用下，甲醇与一氧化碳直接合成醋酸的方法。甲醇碳基合成醋酸，有高压法和低压法两种工艺技术。高压法由德国巴斯夫（BASF）公司开发，此法催化剂是羰基钴-碘，反应条件为 70MPa、250℃，以甲醇计的收率为 90%，以一氧化碳计的收率为 70%。低压法由美国孟山都（Monsanto）公司开发，此法催化剂为羰基铑-碘，反应条件为 3MPa、180℃，收率以甲醇计达 99%、以一氧化碳计为 90%。

甲醇低压碳基合成醋酸，催化效率高，选择性高达 99%，产品纯度高，基本无副产物，生产条件温和，原料来源广泛，甲醇和一氧化碳的原料主要是煤、天然气或是重质油。与乙烯乙醛法、乙醇乙醛法相比，该工艺技术先进，具有显著的经济优势，20 世纪 70 年代后的醋酸生产装置，大多采用甲醇低压羰基化技术。在我国，醋酸总产量的 60% 以上是以甲醇羰基合成法生产的。甲醇低压羰基合成醋酸，已成为醋酸生产的主流方法。

3. 长链碳架氧化降解法

利用 C_4～C_8 裂解原料烃，采用氧化降解法生产醋酸。此法以裂解产物轻汽油为基本原料，基础原料也是石油，原料成本虽然较低，但因原料组成复杂，氧化反应复杂，副产物较多，分离过程复杂，能耗较大。

4. 粮食发酵法

粮食发酵法源于食醋发酵，是以淀粉为原料采用醋酸菌发酵生产醋酸的方法。由于该法以可再生资源——粮食为原料，通过生物发酵的方法生产醋酸，符合绿色化学要求，因而受到广泛重视。随着现代生物化工技术的发展，粮食发酵生产醋酸的成本不断降低，由粮食生产醋酸成为可能。

三、醋酸生产原料

生产制造醋酸的原料有多种，基本原料有乙醛、甲醇、一氧化碳、裂解轻汽油以及农副产品等。乙醛是生产醋酸的主要原料之一。

乙醛在室温下，为无色液体或气体，具有强烈的刺激性气味；沸点为20.8℃，着火点为43℃，自燃点185℃，在空气中的爆炸极限为3.8%~57%，在氧气中的爆炸极限为2.8%~91%；可与水、乙醇、乙醚等混溶；乙醛有毒，刺激呼吸道黏膜，在空气中的允许浓度为0.1mg/L，乙醛的浓度超过0.5mg/L，可引起呼吸困难、咳嗽、头痛等不适。乙醛易氧化，可自动氧化为醋酸，长久放置可发生聚合反应，生成三聚乙醛。

乙醛生产主要有乙烯氧化法、乙炔水合法以及乙醇氧化法。其中，乙烯氧化法是乙烯与氧气在以氯化钯、氯化铜的盐酸水溶液为催化剂的作用下，氧化生成醋酸，反应式如下：

乙烯氧化法生产乙醛的工艺流程如图8-1所示。经乙醛吸收塔吸收，得到的是10%的乙醛水溶液，经精馏得到99.7%的成品乙醛，用于生产醋酸。

氧气 → 氧化反应器 → 冷凝器 → 乙醛吸收塔 → 乙醛
乙烯 ↗

图8-1 乙烯氧化法生产乙醛的工艺流程

 **目标自测**

判断题

1. 醋酸与水可以任何比例互溶，醋酸水溶液的冰点随其含水量的增加而增加。（ ）
2. 以石油为基础原料的乙醛氧化制醋酸工艺，原料成本较低，技术成熟。（ ）
3. 甲醇低压羰基合成醋酸工艺以煤、天然气或是重质油为基础原料，其技术具有显著的经济优势。（ ）

填空题

1. 常温下醋酸是无色透明液体，因纯醋酸在气温较低时，可凝固成_____，所以又称_____。
2. 醋酸工业化生产方法有_____、_____、_____、粮食发酵法等。
3. 目前醋酸生产的主流方法是_____；但在我国醋酸生产中_____法仍占相当比重。

任务二　乙醛氧化生产醋酸

任务目标

1. 掌握乙醛氧化生产醋酸的原理，能分析选择乙醛氧化生产醋酸的工艺条件；

2. 了解鼓泡塔反应器的结构；
3. 能识读乙醛氧化生产醋酸的工艺流程图，具有流程分析组织的初步能力。

一、反应原理与工艺条件

1. 反应原理

乙醛氧化生产醋酸的主反应为

$$CH_3CHO + \frac{1}{2}O_2 \longrightarrow CH_3COOH + Q$$

主要副反应有

$$2CH_3COOH \longrightarrow CH_3COCH_3 + CO_2 + H_2O$$

$$CH_3COOOH \longrightarrow CH_3OH + CO_2$$

$$CH_3COOH + CH_3OH \longrightarrow CH_3COOCH_3 + H_2O$$

$$CH_3OH + \frac{1}{2}O_2 \longrightarrow HCHO + H_2O$$

$$HCHO + \frac{1}{2}O_2 \longrightarrow HCOOH$$

$$3CH_3CHO + O_2 \longrightarrow CH_3CH(OCOCH_3)_2 + H_2O$$

$$2CH_3CHO + 5O_2 \longrightarrow 4CO_2 + 4H_2O$$

乙醛氧化生成醋酸，是自由基连锁反应。乙醛吸收氧生成过氧醋酸，然后过氧醋酸分解生成醋酸。过氧醋酸不稳定，其浓度积累到一定程度，会发生突发性分解，引起爆炸。为防止过氧醋酸的积累，可采用催化剂加快过氧醋酸分解，使过氧醋酸的分解速率大于其生成速率。乙醛氧化生产醋酸的催化剂有钴盐、锰盐、铁盐等，常以醋酸锰为催化剂。

2. 工艺条件

乙醛氧化生产醋酸，有气相法和液相法。气相法反应热移出困难，容易引起局部过热，导致乙醛深度氧化；而且，乙醛与空气可在较大的浓度范围内形成爆炸性混合物，不利于安全生产。工业上多采用液相氧化法，将氧气通入乙醛和催化剂的溶液中，乙醛吸收氧生成过氧醋酸，然后在催化剂作用下迅速分解转化为醋酸。

乙醛氧化生产醋酸，必须解决过氧醋酸的积累、乙醛与空气混合形成爆炸性混合物等工艺问题。因此，氧气的扩散与吸收、催化剂的用量、反应的温度与压力、原料组成和配比等，是十分重要的工艺因素。

（1）氧的扩散与吸收

氧的扩散与吸收对反应过程有很大影响。氧的扩散与吸收主要与通入氧的速率、气体分布板的孔径和液柱高度有关。

① 通入氧的速率　在一定操作范围内，通氧速率快，气液相接触充分，氧吸收率大；通氧速率不可无限制地增加，当超过一定速率后，气液相接触时间减小，氧的吸收率降低，若通氧速率过大，还将带出大量反应液，从而影响氧化的正常操作，降低反应效果。

② 气体分布板的孔径　分布板孔径与氧的吸收率成反比。气体流量一定时，孔径增大，通入气体的表面积减小，气液接触不良；孔径越小，通入气体表面积越大，气体分布越均匀，气液接触越良好。孔径过小，流体阻力增加，进而影响通氧速率。

③ 液柱高度　通氧速率一定时，氧吸收率与通过的液柱高度成正比，增加液柱高度，

可延长气液相接触时间,增加氧吸收率,液柱越高,其静压头越高,有利于氧的吸收。当液柱达到一定高度,氧的吸收率足够高时,再增加液柱高度,吸收率无明显变化。实际生产中,液柱高度一般为 4m 左右。

(2) 催化剂用量

将适量醋酸锰溶解于醋酸,制成醋酸锰的醋酸溶液,再将此催化剂溶液加入反应器,一般用量为 0.08%~0.1%。催化剂用量对过氧醋酸的分解速率、氧吸收率影响很大,用量越大,过氧醋酸的含量越低,氧的吸收率越高;用量过多,不利于反应液的分离。

(3) 反应温度

温度是乙醛氧化的重要因素之一。温度升高,有利于过氧醋酸的生成及其分解,特别是有利于过氧醋酸的分解。但是,温度不宜过高,过高则使副反应加剧,乙醛蒸气分压增大,氧的吸收率降低,氧化反应器顶部乙醛和氧的浓度升高,爆炸危险性增大。实际生产中,温度一般控制在 65~80℃。

(4) 反应压力

乙醛氧化是一个气液相反应过程。因此,增加压力,有利于提高氧的吸收率,进而提高反应速率;增加压力可提高乙醛的泡点温度,抑制乙醛的气化,降低爆炸的危险性,减少乙醛损失。但是,随着压力的增加,设备费用也相应增加。实际生产中,操作压力一般控制在 0.1~0.2MPa(表压)。

(5) 原料配比

由化学反应式可见,乙醛与氧气的理论配比为 1:0.5(物质的量比);为提高醋酸的收率,实际生产以乙醛为过量反应物,乙醛与氧气的配比为 (3.5~4):1(物质的量比)。

(6) 原料的组成

水可与催化剂生成过氧化锰的水合物而使催化剂失活,因此,原料中的水分必须严格控制。实际生产中,要求原料中水的含量在 3% 以下。

氧化反应液的主要成分为醋酸、醋酸锰、乙醛、氧以及原料带入的少量杂质和副产物。氧化液中醋酸含量高,气相中乙醛浓度低,爆炸的危险和乙醛损失小,因此要严格控制醋酸含量。生产中醋酸的浓度,一般控制在 82%~95%。

二、鼓泡塔反应器

乙醛氧化反应设备为鼓泡反应塔,又称氧化塔。生产要求:①气液相均匀接触;②有效移出反应热;③安全生产防爆。

氧化塔有内冷却型和外循环冷却型。内冷却型氧化塔如图 8-2 所示。该类氧化塔由多节筒体、封头和封底组成,每节装有冷却盘管,可通入冷却水移出反应热,用于控制反应温度,每节筒体底部设有多孔气体分配管,氧气通过小孔吹入塔内,塔体各节筒体间装有花板,使气体再分布均匀,乙醛及催化剂溶液进口位于塔底,尾气出口位于塔顶,塔上部为扩大段,可降低气流速率,减少雾沫夹带。为保证生产安全,氧化塔顶还设有氮气通入口和防爆膜板。

外循环冷却型氧化塔如图 8-3 所示。该类氧化塔结构简单,乙醛及催化剂溶液入口位于塔的上部,氧气由塔下部进入,反应液用循环泵从塔底抽出,经冷却器冷却后返回氧化塔。氧化产物液从接近塔顶处采出,也可从循环泵抽出口采出,氧化尾气由塔顶排出。塔顶也设有防爆膜板和氮气管,生产中通入氮气,降低气相中乙醛和氧气的浓度。

比较两种类型的氧化塔,内冷却型采用分节通氧,内置花板,可保证氧气在液相中分布

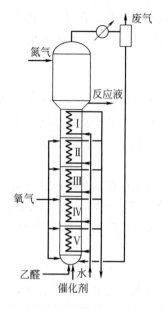

图 8-2 内冷却型氧化塔

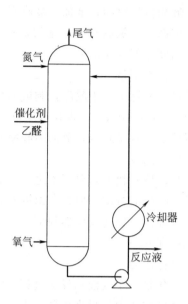

图 8-3 外循环冷却型氧化塔

均匀；但是结构复杂，检修较为困难，设备制造成本较高。外循环冷却型氧化塔，反应液的外循环不仅增加塔内液体的流动性，而且有利于传热，保持液相温度均匀，提高氧气的吸收率；其结构简单，制造成本较低，检修很方便。生产中多采用外循环冷却型氧化塔。

三、工艺流程

乙醛氧化生产醋酸的工艺流程如图 8-4 所示。

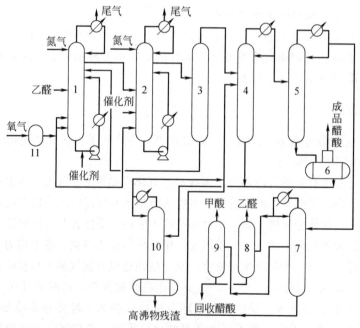

图 8-4 乙醛氧化生产醋酸的工艺流程

1—第一氧化塔；2—第二氧化塔；3—催化剂回收塔；4—脱高沸物塔；5—脱低沸物塔；6—醋酸蒸发器；7—脱水塔；8—乙醛回收塔；9—甲酸回收塔；10—高沸物残渣塔；11—氧气缓冲罐

从乙醛装置来的99.7%乙醛连续送入第一氧化塔,从空气分离器来的氧气压力(表压)为0.6~0.8MPa,经氧气缓冲罐稳压在0.6MPa(表压)后,与乙醛按一定比例,分两路进入第一氧化塔,在第一氧化塔内氧气和乙醛反应。醋酸锰由催化剂贮槽定期补入,或从催化剂回收塔底部由催化剂循环泵连续送入。反应温度控制在65~78℃,反应热由循环冷却器移走,氧化液由塔上部溢出进入第二氧化塔;根据氧化液中乙醛浓度,向第二氧化塔通入过量4%的氧气与未反应的乙醛反应。第一、二氧化塔顶均通入氮气,控制尾气中氧含量小于5%,第一氧化塔塔压控制在0.2MPa,第二氧化塔塔压控制在0.1MPa、温度控制在70~80℃,反应热由循环冷却器移走,氧化液送入中间贮槽,或直接送往蒸馏岗位。

自第二氧化塔来的氧化反应液,进入催化剂回收塔,通过再沸器用间接蒸汽加热蒸馏,塔釜浓缩的催化剂溶液返回第一氧化塔,塔顶的醋酸蒸气直接进入脱高沸物塔精馏。脱高沸物塔顶蒸出醋酸、水、甲酸、醋酸甲酯等低沸物,经冷凝器冷凝,凝液部分作为回流,部分进入脱低沸物塔;塔釜液经高沸物贮槽进入高沸物残渣塔。脱高沸物塔顶馏出液进入脱低沸物塔进行蒸馏,塔顶蒸出的甲酸、醋酸甲酯、水、乙醛等,经冷凝器冷凝,凝液部分作为回流,部分进入脱水塔;脱低沸物塔釜液为99.5%的醋酸,通过液位控制进入醋酸蒸发器蒸发,醋酸蒸气经冷凝、冷却至40℃,经中间贮槽送至醋酸成品罐。

低沸物进入脱水塔后,由塔釜再沸器间接加热蒸馏,塔顶蒸出的水、醋酸甲酯、乙醛、少量醋酸和甲酸,经冷凝器冷凝,凝液部分作为回流,部分去乙醛塔回收乙醛;脱水塔中部富集的甲酸采出后,经冷却送入甲酸回收塔回收甲酸;脱水塔塔釜得到的二级品醋酸(含量为98%),送入脱高沸物塔进一步精馏。

脱高沸物塔的釜液及醋酸蒸发器残液,经高沸物贮槽,连续送入高沸物残渣塔精馏,塔顶蒸气经冷凝器冷凝,得到含量为98%左右的醋酸,部分回流,部分送入脱高沸物塔精馏;高沸物残渣塔釜的残渣,是含有醋酸55%的高沸物。

目标自测

判断题

1. 乙醛氧化生成醋酸的反应过程是首先乙醛吸收氧生成过氧醋酸,然后过氧醋酸分解生成醋酸。(　　)
2. 工业上乙醛氧化生产醋酸多采用气相氧化法。(　　)
3. 过氧醋酸不稳定,其浓度积累到一定程度,会发生突发性分解,引起爆炸。(　　)
4. 乙醛氧化反应设备为鼓泡反应塔,又称氧化塔,有内冷却和外循环冷却型。(　　)
5. 生产中氧化反应液的主要成分为醋酸、醋酸锰、乙醛、氧以及原料带入的少量杂质和副产物。(　　)

填空题

1. 乙醛氧化生成醋酸主反应是_____,常以_____为催化剂。
2. 乙醛氧化生产醋酸工艺中氧的扩散与吸收主要与_____、_____和_____有关。
3. 影响乙醛氧化生成醋酸工艺条件有_____、_____、_____、_____等。
4. 乙醛氧化生成醋酸中,乙醛与氧气的理论配比为_____(摩尔),为提高醋酸的收率,实际生产以_____为过量反应物。

5. 生产上对氧化塔的要求主要有：＿＿＿＿＿＿＿＿＿＿＿＿＿；＿＿＿＿＿＿＿＿＿＿＿＿＿；＿＿＿＿＿＿＿＿＿＿＿＿＿。

叙述题

识读教材乙醛氧化生产醋酸的工艺流程图，叙述其工艺流程。

任务三　甲醇低压羰基化生产醋酸

任务目标

1. 掌握甲醇低压羰基化生产醋酸的原理；
2. 能分析选择甲醇低压羰基化生产醋酸的工艺条件；
3. 能识读甲醇低压羰基化生产醋酸的工艺流程图，具有流程分析组织的初步能力。

甲醇低压羰基合成醋酸，采用以铑的羰基配合物为主催化剂、碘甲烷和碘化氢为助催化剂组成的催化体系，催化剂效率高，反应选择性高，产品纯度高，副产物少，反应条件温和，操作安全，技术经济先进。

一、基本原理

1. 催化剂

甲醇羰基化合成醋酸属配位催化反应，催化剂以配位化合物的形式与反应物分子配位使其活化，反应物分子在配位化合物体内进行反应形成产物，产物自配体中解配，催化剂得到还原。甲醇羰基化合成醋酸的催化剂是可溶性的铑化合物和碘化物构成的醋酸或甲醇溶液，即由 Rh_2O_3 和 $RhCl_3$ 等铑化合物与 CO、碘化物（HI 或 I_2）作用，形成以铑原子为中心，以一氧化碳、卤素为配体的配合物。研究证实，铑配位化合物 $[Rh^+(CO)_2I_2]^-$ 负离子具有催化活性。反应液中铑的浓度为 $10^{-4} \sim 10^{-2}$ mol/L，正常操作条件下，吨产品醋酸铑的消耗量为 170mg 以下。

甲醇低压羰基化制醋酸的各类催化剂见表 8-2。

表 8-2　甲醇制醋酸各类催化剂所用的铑化合物、助催化剂和溶剂

铑化合物	$RhCl_3 \cdot 3H_2O$　$[(C_6H_5)_4As][Rh(CO)_2I_2]$ $Rh_2O_3 \cdot 5H_2O$　$Rh[P(C_6H_5)_3]_2(CO)Cl$ $[Rh(CO)_2Cl]_2$　$Rh[As(C_6H_5)_3]_2(CO)Cl$ $[(C_6H_5)_4As] \cdot [Rh(CO)_2Cl]$ $Rh[P\text{-}n\text{-}(C_4H_9)_3]_2(CO)Cl$	
助催化剂	HI 水溶液　　$CaI_2 \cdot 3H_2O$ CH_3I　　　　I_2	
溶剂	水　　　　苯 醋酸　　　硝基苯 甲醇　　　醋酸甲酯	

三碘化铑在碘甲烷的醋酸水溶液中，于 80～150℃、0.2～1MPa 下，与一氧化碳反应，逐

步转化为二碘二羰基铑配位化合物而溶解，二碘二羰基铑配位化合物以 $[Rh^+(CO)_2I_2]^-$ 形式存在于溶液中。氧、光照或过热等均能促使其分解沉淀析出。故此，催化剂循环系统必须维持一定的一氧化碳分压和适宜的温度，以避免铑的损失。

金属铑资源稀少，价格极为昂贵，因此，减少催化剂损耗、降低生产成本十分重要。目前，作为替代铑的钴、镍、铱过渡金属催化剂的研究，正在积极进行之中。

2. 甲醇羰基化反应

在铑-碘配位催化剂作用下，甲醇羰基化合成醋酸的反应如下：

主反应 $\qquad CH_3OH + CO \longrightarrow CH_3COOH \quad \Delta H_R = -138.6 kJ/mol \qquad$ (8-1)

副反应

$$CH_3COOH + CH_3OH \rightleftharpoons CH_3COOCH_3 + H_2O \qquad (8-2)$$

$$2CH_3OH \rightleftharpoons CH_3OCH_3 + H_2O \qquad (8-3)$$

$$CO + H_2O \longrightarrow CO_2 + H_2 \qquad (8-4)$$

$$CO + 3H_2 \longrightarrow CH_4 + H_2 \qquad (8-5)$$

此外，还有生成甲酸、丙酸的副反应等。

反应(8-2)、(8-3)是可逆的，醋酸甲酯、二甲醚可返回羰基化反应器，在反应条件下羰基化生成醋酸，故以甲醇为基准，醋酸选择性可达99%，副产物很少。当羰基化反应温度较高、催化剂活性较高及甲醇浓度较低时，反应(8-4)容易发生，故以一氧化碳计的选择性为90%。

应该注意，反应系统的醋酸、碘化物以及氢气等物料对设备的腐蚀很严重，因此生产中设备的防腐和避免氢脆十分重要。

二、工艺影响因素

甲醇羰基化生产醋酸的主要工艺影响因素是温度、压力、反应液组成等。

(1) 反应温度

提高反应温度，有利于提高反应速率，增加反应器生产能力。但温度过高，则降低主反应的选择性，副产物甲烷和二氧化碳明显增加。动力学研究表明，在150～200℃时，铑-碘催化剂均有较好的催化作用。由于反应介质腐蚀性的限制，反应温度不宜超过190℃，考虑到催化活性较高，反应温度一般为130～180℃，最佳温度可控制在175℃左右。

(2) 反应压力

增加反应压力，有利于提高一氧化碳的溶解度，提高甲醇的转化率和选择性，避免因甲醇浓度低而引起的副反应。反应温度为130～180℃时，反应压力控制在3.0MPa，一氧化碳的分压为1～1.5MPa。

(3) 反应液组成

主要是指醋酸和甲醇的浓度，反应以醋酸为介质，既可调整反应液的极性，又可抑制甲醇脱水生成二甲醚的副反应。醋酸与甲醇物质的量（mol）比为1.44:1，如醋酸与甲醇物质的量（mol）比小于1，则二甲醚生成量大幅度增加，醋酸收率降低。

反应液组成中适量的水分，可抑制醋酸甲酯的生成；但水含量过多，将导致一氧化碳变换副反应发生；水量过少，则影响催化剂的活性，使反应速率下降。一般原料液中水含量为10%～13%，甲醇含量为8%～20%（均为质量分数）。由于副反应消耗水，故生产中应适当补充水。

三、工艺流程

甲醇低压法羰基合成醋酸的工艺过程，由反应、精制、轻组分回收、催化剂制备与再生等四部分组成，其工艺流程如图 8-5 所示。

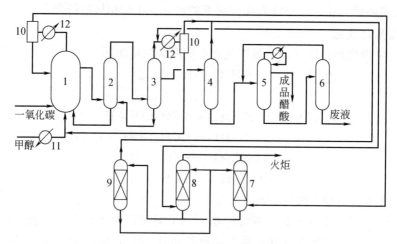

图 8-5　甲醇低压羰基化合成醋酸的工艺流程
1—反应釜；2—闪蒸塔；3—轻组分塔；4—脱水塔；5—重组分塔；6—废酸汽提塔；
7—高压吸收塔；8—低压吸收塔；9—解吸塔；10—气液分离器；
11—预热器；12—冷凝器

经预热器预热的甲醇与从压缩机来的一氧化碳，分别由反应器底部进入反应釜，由闪蒸塔分离出的催化剂母液、轻组分塔分离得到的冷凝液都返回反应釜。甲醇和一氧化碳在反应釜中进行羰基合成醋酸的反应，反应温度控制在 175～190℃、压力为 3.0MPa，反应液从反应器上部侧线采出，进入闪蒸塔，在闪蒸塔闪蒸至 200kPa 左右，使反应产物与催化剂母液分离，催化剂母液由闪蒸塔底返回反应釜，闪蒸塔顶气相物料作为轻组分塔的进料；反应釜顶部排出的气体含有一氧化碳、碘甲烷、氢气、二氧化碳、甲烷等，进入冷凝器冷凝，冷凝液返回反应釜，未冷凝气体送至高压吸收塔回收处理。

由闪蒸塔来的醋酸、水、碘化氢、碘甲烷、甲醇等气相混合物，进入轻组分塔分离，塔顶碘甲烷等轻组分经冷凝器冷凝返回反应釜，未冷凝气体去低压吸收塔处理；塔底采出碘化氢、水、醋酸以及高沸物、铑催化剂等返回闪蒸塔；轻组分塔侧线采出醋酸、水混合物进入脱水塔。

在脱水塔，塔顶蒸出的水含有碘甲烷、轻组分和少量醋酸，送至低压吸收塔处理；塔釜采出的无水粗醋酸、重组分送至重组分塔。

为使成品中的碘含量合格，在脱水塔中加入少量的甲醇，使碘化氢转化为碘甲烷。

重组分釜液进入废酸汽提塔，回收其中的醋酸。重组分塔上部侧线采出成品醋酸，醋酸的规格为：丙酸含量小于 $50mg/m^3$，水含量小于 $1500mg/m^3$，总碘含量小于 $40mg/m^3$。在重组分塔进料口加入少量的氢氧化钾，使碘离子以碘化钾的形式由塔釜采出，得到含碘为 $(5\sim40)\times10^{-9}$ 的纯醋酸。

废酸汽提塔顶蒸出的醋酸返回重组分塔，塔底排出的废酸为产量的 0.2%，可回收或焚烧处理。

反应釜来的不凝气进入高压吸收塔,轻组分塔顶不凝气进入低压吸收塔,高、低压吸收塔均以醋酸为吸收剂,回收其中的碘甲烷,吸收尾气均由火炬焚烧处理。高压吸收塔在2.74MPa下操作。

高压、低压吸收塔产生的吸收液,经解吸塔解吸后,碘甲烷蒸气送轻组分塔顶冷凝器,凝液与轻组分塔顶凝液汇合后返回反应釜。解吸后的醋酸返回高压、低压吸收塔,循环使用。

由于原材料、设备和管路带来的金属离子、副反应产生高聚物的积累,均会使催化剂活性降低。因此,催化剂使用一年后需要再生。催化剂再生,可用离子交换树脂除去其他金属离子,或使铑配合物受热分解沉淀析出而回收铑。

助催化剂碘甲烷是由甲醇与碘化氢反应而制备的。将碘溶于碘化氢水溶液中,在一定压力和温度下,通入一氧化碳使碘还原为碘化氢,然后在常温、常压下使其与甲醇作用得到碘甲烷。

目标自测

判断题

1. 甲醇低压羰基合成醋酸的催化剂,是由以铑为主催化剂、碘甲烷和碘化氢为助催化剂组成的催化体系。(　　)
2. 反应系统的醋酸、碘化物以及氢气等物料对设备的腐蚀很严重,因此生产中设备的防腐和避免氢脆十分重要。(　　)
3. 增加压力,有利于反应向产物方向进行,有利于提高一氧化碳的吸收率。(　　)
4. 甲醇羰基化合成醋酸是气液相催化反应过程,主反应是放热反应。(　　)
5. 反应液组成主要是指醋酸和甲醇浓度。(　　)

填空题

1. 甲醇低压羰基化生产醋酸主反应是_____,此外还有生成甲酸、丙酸的副反应等。
2. 甲醇羰基化生产醋酸,主要工艺条件有_____、_____、_____等。
3. 在150~200℃时,铑-碘催化剂均有较好的催化作用,由于反应介质腐蚀性的限制,最佳温度可控制在_____℃左右。
4. 甲醇低压法羰基合成醋酸的工艺过程,由_____、_____、_____、催化剂制备与再生等四部分组成。

叙述题

识读教材甲醇低压羰基化合成醋酸的工艺流程图,叙述其工艺流程。

任务四　醋酸生产的安全控制

任务目标

1. 了解乙醛氧化生产醋酸的安全控制方式;
2. 理解氧化工序异常工况及处理;

3. 了解醋酸生产的防护与紧急处置；

4. 树立规范操作、安全防护的意识。

一、乙醛氧化生产醋酸工艺安全控制要求

乙醛氧化生产醋酸具有以下工艺危险特点：①反应物料及产品具有燃爆危险性。②反应气相组成容易达到爆炸极限，具有闪爆危险。③产物中生成的过氧醋酸化学稳定性差，易分解、燃烧或爆炸。

乙醛氧化生产醋酸工艺的重点监控工艺参数包括：氧化反应器内温度和压力；氧化剂流量；反应物的配比；气相氧含量；过氧化物含量等。

乙醛氧化生产醋酸工艺安全控制的基本要求：反应器温度和压力的报警和连锁；反应物料的比例控制和联锁，以及紧急切断动力系统；紧急断料系统；紧急冷却系统；紧急送入惰性气体的系统；气相氧含量监测、报警和连锁；安全泄放系统；可燃和有毒气体检测报警装置等。

乙醛氧化生产醋酸工艺宜采用的控制方式：①将氧化反应器内温度和压力与反应物的配比和流量、氧化反应器冷却水进水阀、紧急冷却系统形成联锁关系。②在氧化反应器处设立紧急停车系统，当氧化反应器内温度超标时，自动停止加料并紧急停车。③配备安全阀、爆破片等安全设施。

二、氧化工序异常工况及处理

企业应加强生产现场安全管理和生产过程控制管理，操作人员进入生产现场应穿戴好相应的劳动保护用品，并严格执行操作规程，使工艺参数运行指标控制在安全上下限值范围内。乙醛氧化生产醋酸氧化工序的常见异常工况、原因及处理方法，主要有以下几种情况。

1. 氧化液中醋酸含量低

事故原因：①氧醛配比数值设置不合理；②原料氧气纯度低；③原料乙醛纯度低；④催化剂活性下降，影响了氧化反应质量；⑤氧化塔内工作状况不佳。

处理方法：①按生产实际情况，调节氧醛配比。②与生产科调度室联系，请求协调解决氧气纯度。③与乙醛车间联系，请求其提高乙醛浓度，若纯度过低，应进行返料操作；若是原料乙醛在贮罐内存放时间过长，形成聚醛，导致成分偏低，则改善存贮情况，不宜长期存放；若是回收乙醛纯度低，则控制回收系统操作，提高回收系统乙醛的含量。④提高循环锰加入量或通过补加新锰等操作，调整催化剂锰的含量；当催化剂活性较低，需重新更换催化剂，将蒸发器内的醋酸锰渣排入备用蒸发器或事故槽。⑤检查氧化塔内冷却蛇管工作状况是否出现漏水；若是因氧化塔各节氧气量分配不当，导致副反应增多，则重新调整氧气加入量，改善氧化反应质量。

2. 氧化液中甲酸含量高

事故原因：①氧醛配比不合理；②乙醛加料不稳；③氧化温度较高；④循环锰加入量低；⑤氧化塔内工作状况不佳。

处理方法：①按生产实际情况，调节氧醛配比。②手动调节乙醛加料量，与生产科调度室联系，提高控制乙醛储罐压力的氮气稳定性。③检查工业水调节阀是否损坏，并及时维修；检查工业水压力是否合格，及时加大工业水压力，提高冷却效果。④适当提高循环锰出口流量阀，提高循环锰的加入量；检查循环锰流程管线及阀门，查找是否堵塞，如出现堵塞，应及时疏通；若是催化剂锰含量低引起，则更换催化剂。⑤调整氧化塔的操作参数，提高氧化质量。

3. 氧化塔压力上升

事故原因：①工业冷却水不足或突然停水；②乙醛成分不合格；③氧气成分不合格。

处理方法：①氧化岗位应立即进行减量操作或进行紧急停车，并尽快查找原因，若是工业水供应原因，应联系生产科调度室解决；②与乙醛车间联系，请求其提高乙醛浓度，若纯度过低，应进行返料操作；③应联系生产科调度室，请求其帮助协调，提高氧气成分。

4. 氧化塔温度低于 60℃

事故原因：①冷却水量大；②乙醛原料不合格；③氧化塔冷却水上水阀坏。

处理方法：①减少氧化塔各节冷却水上水调节阀开度，进而减少冷却水量；②与乙醛车间联系，请求其提高乙醛浓度，若纯度过低，应进行返料操作；③适当调整氧醛比，并进行维修。

三、醋酸生产的防护与紧急处置

企业从业人员应掌握乙醛、氧气、过氧乙酸、醋酸甲酯等化学品的物性数据、活性数据、热和化学稳定性数据、腐蚀性数据、毒性信息、职业接触限值、急救和消防措施等。

严格遵守操作规程，特别是氧化塔的操作。因为在反应中生成的过氧醋酸，在温度＞90℃时能突然发生分解爆炸，在低温时也会因为过多的积聚而引起爆炸。所以生产过程中严格控制工艺参数，并定时分析氧化液组成，以确保安全生产。

生产中用到的乙醛易燃并具有刺激性和致敏性；醋酸易燃并具有强刺激性，可致人体灼伤。必要时需带耐酸碱手套和防护目镜。当不小心接触到眼睛时，立即用流动清水或生理盐水冲洗 15min 以上。不慎吸入，应迅速脱离现场至空气新鲜处，保持呼吸道通畅。

乙醛加料罐区要求设置高压水枪，要有足够的水压、水量和喷射距离。发生小量泄漏时，可用大量水冲洗，洗水稀释后可排入废水系统。

目标自测

判断题

1. 乙醛氧化生产醋酸中生成的过氧醋酸化学稳定性差，易分解、易燃、易爆炸。（   ）

2. 如果控制乙醛储罐压力的氮气不稳定，不会对乙醛加料量造成影响。（   ）

3. 工业冷却水突然停水，氧化岗位应立即进行减量操作或进行紧急停车。（   ）

4. 当醋酸不小心接触到眼睛时，立即用流动清水或生理盐水冲洗 15min 以上。（   ）

填空题

1. 乙醛氧化生产醋酸防止发生爆炸，要严格监测系统气相中_____的含量，并配有报警和连锁装置等。

2. 乙醛氧化生产醋酸过程中氧化液醋酸含量低的原因，可能是_____配比不合理、原料乙醛或氧的纯度低、_____下降等造成的。

3. 因冷却水量大造成氧化塔温度低于 60℃，则应_____氧化塔各节冷却水上水调节阀开度。

4. 乙醛加料罐区要设置_____，并有足够的水压、水量和喷射距离。

思考题与习题

8-1 比较几种醋酸生产方法的优、缺点。

8-2 乙醛氧化生产醋酸存在哪些安全问题？工业上有哪些安全措施？

8-3　比较内冷却型和外循环冷却型氧化塔。

8-4　在乙醛氧化生产醋酸时，为什么要控制尾气中氧气的含量？

8-5　乙醛氧化生产醋酸，催化剂回收的原理是什么？

8-6　甲醇羰基化过程中，催化剂回收的原理是什么？

8-7　由乙醛的催化氧化反应过程，总结催化氧化反应过程的共同特点。

8-8　由乙醛催化氧化的安全措施与技术，总结氧化操作的安全技术。

能力拓展

1. 查找我国醋酸生产工业的生产现状、生产方法、生产设备、工艺流程、生产事故、市场行情、发展趋势等信息资料，写一篇有关我国"醋酸生产"的小论文。

2. 结合某一企业醋酸生产操作规程，讨论分析醋酸生产中的操作要点。

阅读园地

醋酸下游衍生物

醋酸是重要的基本有机原料，2018年国内醋酸产量为616.42万吨。行业咨询报告中显示，2018年醋酸酯消费量约占醋酸总消费量的30.7%，对苯二甲酸的消费量约占28.1%，醋酸乙烯的消费量约占26.1%，醋酸酐的消费量约占6.2%，氯乙酸的消费量约占5.8%，其他方面的消费量约占3.1%。

醋酸酯类是应用最广泛的脂肪酸酯之一，目前，我国消费量较大的醋酸酯类产品是醋酸乙酯和醋酸丁酯。醋酸乙酯具有优良的溶解性能，为快干型溶剂。主要用作涂料、油墨和黏合剂方面，也用于制药和有机合成的工艺溶剂。

对苯二甲酸（PTA）是生产聚酯和聚酯塑料制品的重要原料。我国是世界最大聚酯生产国，聚酯作为最重要的化工合成材料之一，其在纤维、包装、工程塑料、医用材料等领域得到广泛的应用。

醋酸乙烯（PVAc）是我国醋酸较大的下游用户，其主要用途是合成聚醋酸乙烯，继而醇解得到聚乙烯醇。聚醋酸乙烯乳液和树脂主要用于胶黏剂、涂料、纸张涂层、纺织品加工、树脂胶等。除自聚外，醋酸乙烯还可与其他单体进行二元或三元共聚，生产具有特殊性能的高分子材料，如乙烯-醋酸乙烯共聚物。

醋酐也是较重要的醋酸衍生物之一，性质活泼。醋酐是重要的乙酰化剂和脱水剂，能使醇、酚、氨和胺等分别形成乙酸酯和乙酰胺类化合物。国内醋酐主要用于醋酸纤维素、医药、农药、染料等行业。

氯乙酸是一种重要的有机化工中间体，是合成农药、医药、染料、香料、油田化学品、造纸化学品、纺织助剂、表面活性剂等的重要原料。

尽管我国醋酸行业下游产业链基本形成，但产业的集中度低，醋酸下游产业链开发深度不够，消费仍主要集中在醋酸乙烯、醋酸酯、PTA等传统领域。乙烯-醋酸乙烯共聚物、高端聚乙烯醇、纺织用醋纤长丝、高档三醋酸纤维素（TAC）等高附加值产品还产不足需，主要依靠进口。因此，今后应该通过不断开发醋酸下游精细化工产品，延长产业链，降低醋酸单一产品的市场风险；积极开拓醋酸新用途，如醋酸和甲醛一步法生产丙烯酸（酯）、醋酸制乙醇等，来拓展醋酸产品的出路，为醋酸行业发展提供新的支撑点。

项目九　苯酚和丙酮的生产

学习导言

苯酚和丙酮是生产塑料、染料、医药、农药、油漆、炸药等化学品的重要原料。本项目在介绍苯酚和丙酮的性质、用途及生产方法的基础上，重点学习苯酚和丙酮的生产原理、工艺条件和工艺流程。

学习目标

知识目标：了解苯酚和丙酮的性质及用途；了解苯酚和丙酮的生产方法及生产原料；理解异丙苯法生产苯酚、丙酮的原理和特点；理解异丙苯法生产反应特点、主要设备、工艺流程以及工艺条件。

能力目标：能分析选择苯酚和丙酮生产工艺条件；能描述苯酚和丙酮生产方法优缺点；能识读异丙苯法生产工艺流程图；具有流程分析组织的初步能力；具有查阅文献以及信息归纳的能力。

素质目标：培养分析实际问题的能力；具有踏实勤奋、爱岗敬业的精神；具有规范操作、安全生产、节能减排的意识。

任务一　苯酚及丙酮生产的概貌

任务目标

1. 了解苯酚及丙酮的性质及用途；
2. 了解苯酚和丙酮的生产方法，具有分析各生产方法优缺点的能力；
3. 了解苯酚和丙酮的生产原料。

苯酚和丙酮是重要的基本有机化工原料，异丙苯法是生产苯酚和丙酮最重要的方法。

一、苯酚和丙酮的性质及用途

1. 苯酚的性质及用途

苯酚，俗名石炭酸，无色针状或白色块状晶体，具有特殊气味，相对密度（25℃/4℃）为 1.071。在光照下或暴露在空气中，苯酚逐渐转为红色，若有碱性物质存在，会加速这一转化过程。苯酚的沸点为 182℃，熔点为 42～43℃，可溶解于乙醇、乙醚、氯仿、甘油、二硫化碳等溶剂中，常温下稍溶于水，在 65℃ 以上时能与水混溶。苯酚有毒，对皮肤和黏膜有强烈的腐蚀作用，工作环境中，苯酚的最高允许浓度为 5mg/L。

苯酚主要用于制造酚醛树脂、双酚 A、己内酰胺、烷基酚和水杨酸等；还用作溶剂、试剂和消毒剂；在合成纤维、合成橡胶、塑料、医药、农药、香料、染料、涂料等方面也有应用。随着电子通信、汽车工业和建筑业的迅猛发展，对酚醛树脂、双酚 A 等的需求增加，苯酚的需求量不断增长。2003 年，世界苯酚年生产能力为 805.3 万吨，年消费量为 735 万吨。苯酚的工业用途见图 9-1。

```
         ┌─酚醛树脂──→油漆、黏合剂、模塑材料、泡沫塑料
         │ 环己酮──→ε-己内酰胺──→聚内酰胺 6、赖氨酸
         │ 双酚 A ──→合成树脂和热塑性塑料,如环氧树脂、聚碳酸酯、聚砜树脂
 苯酚──→ │ 烷基酚──→润湿剂、乳化剂、洗涤剂等
         │ 邻甲苯酚──→除草剂、杀虫剂
         │ 苯胺──→增塑剂、防老剂
         │ 2,6-二甲酚
         └────→聚苯醚──→热塑性塑料
```

图 9-1 苯酚的工业用途

2. 丙酮的性质及用途

丙酮是无色、透明、易燃、易挥发的液体，具有特殊的刺激性气味，味略甜；沸点为 56.2℃，熔点为 −95.35℃；可与水、乙醇、二甲基甲酰胺、氯仿、乙醚等多种有机物互溶，其蒸气可与空气形成爆炸性混合物，爆炸极限为 2.5%～13%，空气中允许浓度为 0.4mg/L。

丙酮是重要的有机溶剂，用于醋酸纤维、乙酰丁酸纤维、丙烯酸树脂和醇酸树脂的溶剂；也是生产制造医药、有机玻璃、环氧树脂、表面活性剂等的原料。

二、苯酚和丙酮的生产方法

1. 苯酚的生产方法

苯酚最早是从煤焦油中回收提取的。后来，发展了以苯为原料的磺化碱熔法、氯苯法、甲苯氧化法、异丙苯法等。

① 磺化碱熔法　是生产苯酚的古典方法，苯磺化生成苯磺酸，经中和、碱熔和酸化得到苯酚。由于该法副产大量的硫酸盐，生产成本较高且对环境的污染较大，因而被淘汰。

② 氯苯法　以苯为原料经氯化或氧氯化生成氯苯，氯苯再经液相碱性水解或气相酸性水解制得苯酚。此法转化率较低，对设备的腐蚀性较强。

③ 甲苯氧化法　以甲苯为原料氧化生成苯甲酸，苯甲酸氧化脱羧制得苯酚。此法催化剂寿命较短，而且产生焦油。

④ 环己烷氧化-脱氢法　以环己烷为原料经氧化生成环己酮、环己醇，而后催化脱氢生成苯酚。此法的生产成本费用较高。

⑤ 异丙苯法　是以苯、丙烯为原料烷基化生成异丙苯，异丙苯经氧化、分解生成苯酚并联产丙酮。此法原料来源广、易得，操作简单，便于实现连续化和自动化，在获得苯酚的同时联产丙酮，是目前苯酚生产的首选方法。全世界 91% 的苯酚是采用异丙苯法生产的。

近来，孟山都公司和俄罗斯催化剂研究院合作开发以苯和一氧化氮为原料，通过沸石催化剂直接生成苯酚，产率可达 99%，高于异丙苯法的 93%。此法的一氧化氮来自己二酸生产，无副产物丙酮。

2. 丙酮的生产方法

丙酮的生产有丙烯直接氧化法、异丙醇脱氢法、淀粉发酵法和异丙苯法等。

丙烯直接氧化法是丙烯在催化剂溶液作用下与空气（或氧气）氧化生成丙酮。该法生产条件温和，反应选择性高，原料成本低且易得。但是，由于异丙苯法每生产1t苯酚，同时获得0.62t丙酮。因此，丙烯直接氧化法生产丙酮受到冷落。

三、苯酚和丙酮的生产原料

1. 苯酚的生产原料

苯是生产苯酚的主要原料，是重要的芳香烃，为无色透明易挥发、易燃液体，沸点为80.1℃，熔点为5.5℃，相对密度（20℃/4℃）为0.879，不溶于水，溶于乙醇、乙醚等有机溶剂。苯具有芳香气味，有毒，其蒸气与空气混合可形成爆炸性混合物，爆炸极限为1.5%～8.0%。苯的主要工业用途见图9-2。

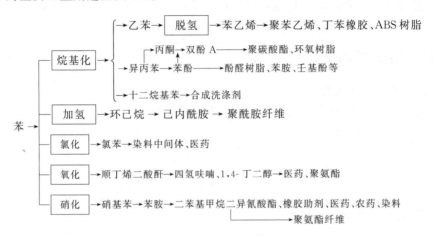

图9-2 苯的主要工业用途

2. 丙酮的生产原料

丙酮的生产原料主要有丙烯、淀粉、异丙醇等。

丙烯由石油烃裂解或石油裂化气分离获得。丙烯为无色气体，略带甜味，气体相对密度（空气为1）为1.46，液体相对密度为0.5139（20℃时），沸点为－47.7℃，熔点为－185.2℃，临界温度为91.4～92.3℃，临界压力为4.5～4.56MPa。丙烯的化学性质活泼，与空气可形成爆炸性混合物，爆炸极限为2.0%～11.0%，主要用于生产异丙醇、丙酮、甘油、合成树脂、合成橡胶、塑料、合成纤维等。

目标自测

判断题

1. 苯酚，俗名石炭酸，无色针状或白色块状晶体，具有特殊气味，无毒。（　　）
2. 丙酮的蒸气可与空气形成爆炸性混合物，爆炸极限为2.5%～13%。（　　）
3. 全世界91%的苯酚是采用异丙苯法生产的。（　　）

填空题

1. 苯酚的生产方法包括_____、_____、_____、_____、_____等。
2. 丙酮生产方法包括_____、_____、_____和_____。
3. 异丙苯法是以_____、_____为原料，最终制得苯酚并联产丙酮。

任务二　异丙苯法生产苯酚与丙酮

任务目标

1. 理解异丙苯法生产苯酚与丙酮的工艺原理及工艺条件；
2. 能分析选择异丙苯法生产苯酚与丙酮的工艺条件；
3. 了解异丙苯法生产苯酚与丙酮的反应设备；
4. 能识读异丙苯法生产苯酚与丙酮的工艺流程图，具有流程分析组织的初步能力。

异丙苯法生产苯酚和丙酮，包括：①苯烷基化生成异丙苯；②异丙苯氧化生成过氧化氢异丙苯；③过氧化氢异丙苯分解生成苯酚联产丙酮。

一、苯烷基化生产异丙苯

1. 工艺原理及工艺条件

在催化剂作用下，苯和丙烯发生烷基化反应生成异丙苯。

$$\text{C}_6\text{H}_6 + \text{CH}_3\text{—CH}=\text{CH}_2 \longrightarrow \text{C}_6\text{H}_5\text{—CH}(\text{CH}_3)_2$$

工业上有以下三种烷基化方法。

① 三氯化铝为催化剂的液相烷基化，副产物是二异丙苯及多异丙苯，多异丙苯脱烷基转化为异丙苯；

② 磷酸-硅藻土为催化剂的气相烷基化；

③ 硫酸为催化剂的液相烷基化，主要副产物为二烷基苯和多烷基苯。

三种方法相比，三氯化铝法的催化剂活性较高，但其液相（溶于芳烃并加入盐酸）呈强酸性，对设备、管道的腐蚀性很强；硫酸法也具有很强的腐蚀性；磷酸-硅藻土为催化剂的气相烷基化法，因其腐蚀性小，无毒，而且使用廉价的碳三馏分（丙烷-丙烯）而被广泛采用。

磷酸-硅藻土为催化剂的气相烷基化法，生产异丙苯的主要工艺条件：反应温度为 200～300℃；反应压力为 1.8～2.8MPa；苯和丙烯的物质的量比为 1∶(0.3～0.5)；对原料纯度的要求是，为提高催化剂活性，原料中有适量水分，由于噻吩影响催化剂的使用寿命，因此要求其含量不超过 0.15%。

该法主要副反应为丙烯聚合。

2. 异丙苯法的反应设备

磷酸-硅藻土气相法采用列管式固定床催化反应器，如图 9-3 所示。列管式固定床反应器属对外换热式，列管内充填催化剂颗粒，管间通热载体；原料

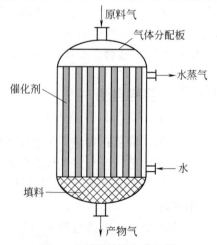

图 9-3　列管式固定床催化反应器结构

气体自上而下通过催化剂床层进行反应，反应放出的热量，由床层通过管壁传递给管外的热载体。为使气体均匀分布给每根催化剂管，在原料气入口处设有气体分配板。为防止催化剂漏出，在列管花板下口填充填料。

3. 异丙苯生产工艺流程

磷酸-硅藻土为催化剂的气相法生产异丙苯的工艺流程如图9-4所示。

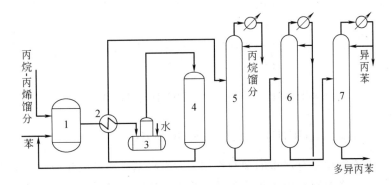

图9-4 异丙苯生产工艺流程
1—混合器；2—预热器；3—蒸发器；4—反应器；5—脱丙烷塔；
6—脱苯塔；7—异丙苯塔

按照丙烯和苯物质的量比为（0.3~0.5）:1的比例，丙烷-丙烯馏分和原料苯分别进入混合器混合，混合后进入预热器预热，即与反应后的产物气进行热交换回收热量，预热后进入蒸发器蒸发，并加入少量的水蒸气。经蒸发器蒸发的混合气体，进入固定床反应器进行反应；反应后产物气体经冷却器冷却，送入分离系统。

经冷却的产物混合气体进入脱丙烷塔精馏，脱丙烷塔在加压条件下操作，丙烷及未反应的丙烯从塔顶蒸出；异丙苯、多异丙苯及未反应的苯从塔釜采出。

从脱丙烷塔釜采出的液体混合物，经节流阀减压后送入脱苯塔。脱苯塔在常压下操作，塔顶蒸出的苯冷凝后，部分回流，部分返回混合器；塔釜采出液送入异丙苯塔。

异丙苯塔在常压下操作，塔顶产品为异丙苯；塔釜采出的多异丙苯，需分离回收利用。

二、异丙苯氧化生产过氧化氢异丙苯

1. 异丙苯氧化的原理和工艺条件

（1）异丙苯氧化的原理

异丙苯氧化，生成过氧化氢异丙苯：

$$\text{C}_6\text{H}_5\text{CH}(\text{CH}_3)_2 + \text{O}_2 \longrightarrow \text{C}_6\text{H}_5\text{C}(\text{CH}_3)_2\text{OOH} + Q$$

异丙苯氧化是一个液相非催化自动氧化过程，属于自由基连锁反应。过氧化氢异丙苯的热稳定性较差，受热自动分解，在氧化条件下，存在许多副反应，主要副反应有

$$\text{C}_6\text{H}_5\text{CH}(\text{CH}_3)_2 + \text{O}_2 \longrightarrow \text{C}_6\text{H}_5\text{C}(\text{CH}_3)_2\text{OH} + \frac{1}{2}\text{O}_2$$

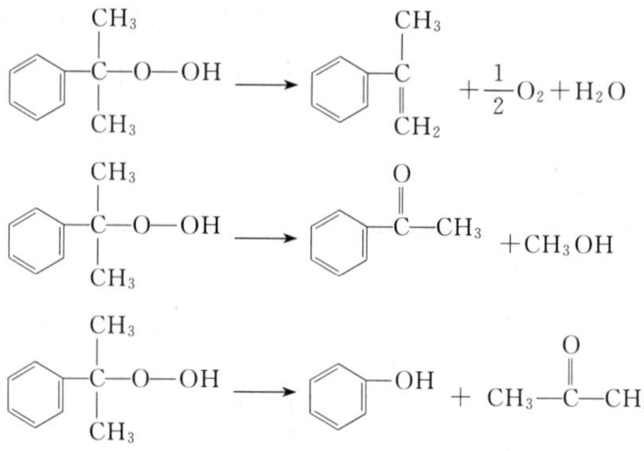

$$\text{PhC(CH}_3)_2\text{OOH} \longrightarrow \text{PhC(CH}_3)\text{=CH}_2 + \frac{1}{2}\text{O}_2 + \text{H}_2\text{O}$$

$$\text{PhC(CH}_3)_2\text{OOH} \longrightarrow \text{PhCOCH}_3 + \text{CH}_3\text{OH}$$

$$\text{PhC(CH}_3)_2\text{OOH} \longrightarrow \text{PhOH} + \text{CH}_3\text{COCH}_3$$

$$\text{CH}_3\text{OH} + \frac{1}{2}\text{O}_2 \longrightarrow \text{HCHO} + \text{H}_2\text{O}$$

$$\text{HCHO} + \frac{1}{2}\text{O}_2 \longrightarrow \text{HCOOH}$$

其中酚对异丙苯氧化具有严重的抑制作用；含有羟基、羧基的化合物对氧化反应也有阻滞作用。因此，应严格控制异丙苯氧化条件，将副反应降至最低限度。为防止过氧化氢异丙苯的分解，生产中有两种方法：一是加入碳酸钠（Na_2CO_3）溶液，稳定过氧化氢异丙苯；二是采用铜、锰或钴的盐类作催化剂。

（2）异丙苯氧化的工艺条件

① 反应温度　温度对氧化反应的影响很大，由于是放热反应，温度不宜过高。综合考虑温度对氧化反应速率和氧化产物分解速率的影响，生产中采用的温度是 100～120℃。

② 反应压力　对于分子数减小的反应，增加压力，有利于反应向产物方向进行；对于气液相反应，增加压力，有利于提高氧的吸收率，生产中采用的压力是 0.4～0.5MPa。

③ 氧化液组成　在异丙苯氧化过程中，主要副反应是过氧化氢异丙苯的分解，过氧化氢异丙苯的浓度越高，分解反应越多，过氧化氢异丙苯收率则越低，在较高温度下，高浓度的过氧化氢异丙苯剧烈分解，有爆炸的危险。因此，过氧化氢异丙苯浓度一般控制在25%～30%。

④ 氧化液 pH 值　氧化液 pH 值是影响氧化反应的重要因素，加入少量的氢氧化钠和碳酸钠，中和副反应生成的有机酸，可减少过氧化氢异丙苯分解。生产中，氧化液 pH 值一般控制在 3.5～5。

⑤ 原料配比　原料空气用量，主要通过尾气中氧含量控制。生产中，尾气中氧含量一般控制在 5%左右。

2. 异丙苯氧化反应器和蒸发器

异丙苯的氧化为气液相放热反应，受温度的影响，氧化产物易分解。为及时移出反应热，维持一定的反应温度，生产上采用多段内冷却型鼓泡床反应器，并根据氧化器内不同位置的氧化深度不同，对温度分段控制。

蒸发是提高溶液浓度的主要方法，异丙苯氧化产物的分离，采用蒸发操作提浓过氧化氢异丙苯。蒸发设备有升膜蒸发器和降膜蒸发器。

3. 异丙苯过氧化的工艺流程

异丙苯过氧化的工艺流程如图 9-5 所示。

新鲜异丙苯和循环异丙苯，按 1∶3 左右的比例混合后与氧化液换热，经加热器加热至

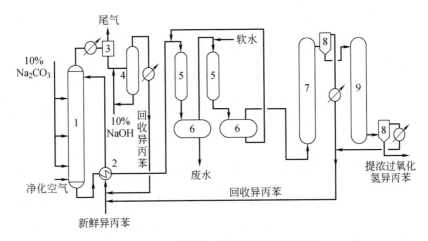

图 9-5　异丙苯过氧化反应工艺流程
1—氧化塔；2—交叉换热器；3—气液分离器；4—尾气凝液回收塔；
5—水洗塔；6—沉降槽；7—升膜蒸发器；8—气液分离器；9—降膜蒸发器

100℃左右，进入氧化塔顶部；空气净化后由氧化塔底部通入；在塔内空气与异丙苯逆流接触，发生氧化反应。塔顶几节的温度控制稍低些，塔底几节的温度控制稍高些。反应塔顶尾气经冷凝分离，气体放空，液体（异丙苯）经碱洗，进入尾气凝液回收塔蒸出未反应的异丙苯，冷凝后回收利用；氧化液由氧化塔底采出，经换热冷却后送去分离。

25%～30%过氧化氢异丙苯的氧化液，进入水洗塔经软水二级水洗，脱除钠离子和酸性物，再经沉降槽（油水分离器）沉降分离，送至提浓系统。

来自沉降分离的氧化液，经升膜蒸发器和降膜蒸发器蒸发提浓，过氧化氢异丙苯含量可达80%～85%。过氧化氢异丙苯的热稳定较差，高浓度过氧化氢异丙苯容易发生剧烈分解，导致爆炸。为此，蒸发提浓采用减压操作，由蒸发器蒸出的异丙苯，冷凝分离净化后，循环使用。

三、过氧化氢异丙苯分解生产苯酚和丙酮

1. 反应原理与工艺条件

（1）分解反应原理

在酸性催化剂的作用下，过氧化氢异丙苯分解为苯酚和丙酮。

$$\text{C}_6\text{H}_5\text{C}(\text{CH}_3)_2\text{-O-OH} \xrightarrow{\text{H}^+} \text{C}_6\text{H}_5\text{OH} + \text{CH}_3\text{-CO-CH}_3 + Q$$

分解过程中主要副反应有

$$\text{C}_6\text{H}_5\text{C}(\text{CH}_3)_2\text{-O-OH} \longrightarrow \text{C}_6\text{H}_5\text{C}(\text{CH}_3)_2\text{-OH} + \frac{1}{2}\text{O}_2$$

$$\text{C}_6\text{H}_5\text{C}(\text{CH}_3)_2\text{-O-OH} \longrightarrow \text{C}_6\text{H}_5\text{-CO-CH}_3 + \text{CH}_3\text{OH}$$

$$\underset{\underset{CH_3}{|}}{\overset{\overset{CH_3}{|}}{C_6H_5-C-OH}} \longrightarrow C_6H_5-\underset{\underset{CH_3}{|}}{C}=CH_2 + H_2O$$

$$2\,C_6H_5-\underset{\underset{CH_3}{|}}{C}=CH_2 \longrightarrow C_6H_5-\underset{\underset{CH_3}{|}}{\overset{\overset{CH_3}{|}}{C}}-\underset{\underset{}{}}{CH}=\underset{\underset{CH_3}{|}}{C}-C_6H_5$$

$$2\,CH_3-\overset{O}{\overset{\|}{C}}-CH_3 \longrightarrow CH_3-\overset{O}{\overset{\|}{C}}-\underset{\underset{CH_3}{|}}{CH}=\overset{O}{\overset{\|}{C}}-CH_3 + H_2O$$

副反应的发生，不仅降低了苯酚和丙酮的收率，而且增加了产品分离难度，影响产品纯度。

(2) 分解的工艺条件

影响分解的因素主要有催化剂及用量、反应温度和原料组成等。

① 催化剂及用量 催化剂有硫酸、二氧化硫以及磺酸型阳离子交换树脂等。硫酸价廉易得，其用量越大，分解反应速率越快，副反应速率也加快。硫酸用量为过氧化氢异丙苯的0.07%~0.1%时，苯酚的收率最高。

硫酸对设备腐蚀严重，产生的硫酸盐容易堵塞管道。以强酸性磺酸阳离子交换树脂作为催化剂，不仅可以避免腐蚀和堵塞管道的问题，而且减少了副反应的发生，提高了苯酚和丙酮的收率，催化剂和分解液的分离也很容易。实际生产中，树脂催化剂已逐步取代了硫酸催化剂。

② 反应温度 温度对分解的影响也很大。反应温度过高，会加速副反应。一般来说，采用硫酸作催化剂，适宜温度为60~90℃；以树脂为催化剂，适宜温度在80℃左右。

③ 原料组成 过氧化氢异丙苯的分解是强放热反应，反应速率很快，为防止过氧化氢异丙苯浓度过高，避免剧烈放热而发生事故，可在原料中加入分解液稀释过氧化氢异丙苯，过氧化氢异丙苯和分解液的配比为1:4。

④ 反应压力 过氧化氢异丙苯分解在常压下进行。

2. 分解反应器

过氧化氢异丙苯分解，采用三个釜式反应器（简称分解釜）串联操作。分解釜分为上下两段，为及时排出反应热，分解釜设有夹套和盘管，还装有循环冷却器和搅拌器，原料液从釜下部加入，由釜上部溢出。

3. 过氧化氢异丙苯分解的工艺流程

过氧化氢异丙苯分解的工艺流程如图9-6所示。

提浓氧化液与稀释用的分解液，依次进入分解釜1、2、3，在催化剂作用下，发生分解反应；分解液从分解釜3上部流入沉降槽，分解液与树脂催化剂在沉降槽中分离，分离后的树脂催化剂返回分解釜1循环利用，分解液冷却后送入贮槽。

来自贮槽的分解液，进入粗丙酮塔蒸出粗丙酮，再进入丙酮塔，经碱洗后，蒸出成品丙酮。粗丙酮塔釜馏出液送入割焦塔，重组分酚焦油从塔底除去；割焦塔塔顶蒸出的馏分，经第一、第二脱烃塔，将轻组分异丙苯和α-甲基苯乙烯分离。脱烃塔的釜出液进入苯酚精馏塔，苯酚精馏塔的塔顶蒸出成品苯酚。

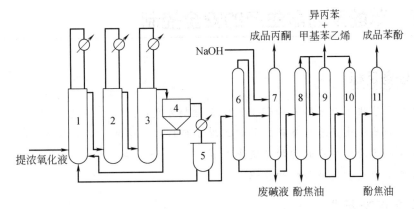

图 9-6 过氧化氢异丙苯分解工艺流程
1~3—分解釜；4—沉降槽；5—贮槽；6—粗丙酮塔；7—丙酮塔；
8—割焦塔；9—第一脱烃塔；10—第二脱烃塔；11—苯酚精馏塔

目标自测

判断题

1. 磷酸-硅藻土气相法生产异丙苯，采用列管式固定床催化反应器。（ ）
2. 异丙苯的氧化为气液相放热反应，为及时移出反应热，生产上采用多段内冷却型鼓泡床反应器。（ ）
3. 异丙苯氧化产物的分离，采用蒸发操作提浓过氧化氢异丙苯。（ ）
4. 过氧化氢异丙苯分解实际生产中，硫酸催化剂已逐步取代了强酸性磺酸阳离子交换树脂催化剂。（ ）
5. 过氧化氢异丙苯的分解是强放热且反应速率快，在原料中加入分解液为防止过氧化氢异丙苯浓度过高，避免发生事故。（ ）

填空题

1. 异丙苯法生产苯酚、丙酮，包括_____、_____、_____三个过程，其反应方程式分别为_____、_____、_____。
2. 异丙苯氧化工段为防止过氧化氢异丙苯的分解，生产中有两种方法：一是加入_____，二是_____。
3. 异丙苯氧化的工艺条件主要控制_____、_____、_____、_____、原料配比。
4. 过氧化氢异丙苯分解为苯酚与丙酮，影响分解的因素主要有_____、_____、_____等。
5. 过氧化氢异丙苯分解，采用三个_____串联操作，为及时排出反应热，分解釜设有夹套和_____。

叙述题

1. 识读教材异丙苯生产工艺流程图，叙述其流程。
2. 识读教材异丙苯过氧化反应工艺流程图，叙述其流程。
3. 识读教材过氧化氢异丙苯分解工艺流程图，叙述其流程。

任务三　苯酚及丙酮生产的安全控制

任务目标

1. 了解异丙苯法生产苯酚及丙酮工艺安全控制方式；
2. 理解异丙苯法生产苯酚及丙酮异常工况及处理；
3. 了解苯酚及丙酮生产的防护与紧急处置；
4. 树立规范操作、安全防护的意识。

一、工艺安全控制要求

1. 异丙苯烷基化工艺安全控制要求

异丙苯烷基化工艺具有以下工艺危险特点：①反应介质具有燃爆危险性。②烷基化催化剂具有自然危险性，遇水剧烈反应，放出大量热量，容易引起火灾，甚至爆炸。③烷基化反应都是在加热条件下进行，原料、催化剂、烷基化剂等加料次序颠倒，加料速度过快或者搅拌中断、停止等异常现象，容易引起局部剧烈反应，造成跑料，引发火灾或爆炸事故。

异丙苯烷基化工艺的重点监控工艺参数包括：烷基化反应器内温度和压力；烷基化反应器内反应物料的流量及配比等。

异丙苯烷基化工艺安全控制的基本要求：反应物料的紧急切断系统；紧急冷却系统；安全泄放系统；可燃和有毒气体检测报警装置等。

异丙苯烷基化工艺宜采用的控制方式：①将烷基化反应器内温度和压力与烷基化物料流量、烷基化反应器冷却水进水阀形成连锁关系。②当烷基化反应器内温度超标时，自动停止加料并紧急停车。③安全设施包括安全阀、爆破片、紧急放空阀、单向阀及紧急切断装置等。

2. 异丙苯氧化工艺安全控制要求

异丙苯氧化工艺具有以下工艺危险特点：①反应物料及产品具有燃爆危险性。②反应气相组成容易达到爆炸极限，具有闪爆危险。③产物中生成的过氧化氢异丙苯化学稳定性差，易分解、燃烧或爆炸。

异丙苯氧化工艺的重点监控工艺参数包括：氧化反应器内温度和压力；氧化剂流量；反应物的配比；气相氧含量；过氧化物含量等。

异丙苯氧化工艺安全控制的基本要求：反应器温度和压力的报警和连锁；反应物料的比例控制和联锁，以及紧急切断动力系统；紧急断料系统；紧急冷却系统；紧急送入惰性气体的系统；气相氧含量监测、报警和连锁；安全泄放系统；可燃和有毒气体检测报警装置等。

异丙苯氧化工艺宜采用的控制方式：①将氧化反应器内温度和压力与反应物的配比和流量、氧化反应器冷却水进水阀、紧急冷却系统形成联锁关系。②在氧化反应器处设立紧急停车系统，当氧化反应器内温度超标时，自动停止加料并紧急停车。③配备安全阀、爆破片等安全设施。

二、异常工况及处理

企业应加强生产现场安全管理和生产过程控制管理，严格执行操作规程，使工艺参数运行指标控制在安全上下限值范围内。

(一) 异丙苯烷基化岗位异常工况及处理

烃化进料含水必须小于 $50×10^{-6}$ 并严格控制反应温度，定期对设备、管线和阀门的腐蚀情况进行检查，测定壁厚，特别是丙烯蒸发系统要加强监视，防止丙烯泄漏引起火灾。常见异常工况、原因及处理方法，主要有以下几种。

1. 苯进料含水量高

后果：短时间进料含水高，会导致催化剂活性下降；长时间则会造成催化剂损坏。

事故原因：①循环塔系统设备漏；②反应系统设备漏。

处理方法：①查找循环塔系统设备漏点；②查找反应系统设备漏点。

2. 反应器温度超高

后果：反应温度高如得不到及时调整，将会造成催化剂损坏，甚至导致系统压力大幅度上升，造成大面积泄漏，甚至着火爆炸。

事故原因：①预热温度高；②外循环温度高；③丙烯加入量过大；④苯加入量过小；⑤反应压力高；⑥循环量小。

处理方法：①降低预热温度；②降低外循环温度；③减少丙烯加入量；④增加苯的加入量；⑤调小反应器压力；⑥适当增加循环量。

(二) 异丙苯氧化岗位异常工况及处理

氧化岗位要严格控制氧化塔的温度、压力，以及过氧化氢异丙苯的浓度，防止氧化塔超温、超压。常见异常工况、原因及处理方法，如下所示。

1. 氧化反应器压力升高

后果：会导致系统低负荷运行或停车处理。

事故原因：①氧化反应器压力调节阀失灵；②后系统堵塞。

处理方法：①联系维修人员检查修理调节阀；②检查后系统发现堵塞点，立即采取措施进行处理。

2. 氧化反应器尾气氧含量高

后果：尾气氧含量升高，易形成爆炸性气体。

事故原因：①空气加入量大；②反应温度低；③液位过低；④系统内有机酸含量高，造成反应速度慢。

处理方法：①降低空气加入量；②适当提高反应温度；③提高液位；④向系统加入适量水，脱出有机酸。

(三) 过氧化氢异丙苯分解岗位异常工况及处理

过氧化氢异丙苯分解岗位要严格控制硫酸的加入量，控制分解温度，确保安全联锁系统正常投入使用，防止激烈反应造成危险。常见循环线温差大的后果、原因及处理方法如下所述。

后果：循环线温差大说明反应温度低，会造成过氧化氢异丙苯分解速率慢，从而残留浓度高,若在管线内剧烈分解,严重时可引爆着火。

事故原因:①硫酸加入量少;②反应温度低。

处理方法:①适当提高硫酸加入量;②适当降低循环丙酮量,适当提高反应温度。

三、苯酚及丙酮生产的防护与紧急处置

企业应加强对作业人员上岗和定期的职业安全卫生知识培训,苯酚及丙酮生产中使用到的原料均具有易燃易爆的危险特性,生产中要防泄漏,防火灾爆炸事故的发生。

苯酚的凝固点在 40.5℃,苯的凝固点为 5℃,生产中应经常检查苯酚、苯物料的设备、管线、阀门保温及伴热情况,确保良好,以免凝固堵塞造成事故。

苯酚毒性、腐蚀性较大,操作时注意防止中毒和烧伤事故的发生,注意穿戴好相应的劳保护具。大面积皮肤被苯酚污染后,立即脱去污染的衣着,用大量流动清水冲洗至少 20min,小面积皮肤可先用 50%酒精擦拭创面后,立即用大量流动清水冲洗。不慎进入眼睛,用生理盐水或清水至少冲洗 10min。

目标自测

判断题

1. 异丙苯烷基化生产中加料速度过快,可引起局部剧烈反应,造成跑料,从而引发火灾或爆炸事故。(   )

2. 氧化工序中生成的过氧化氢异丙苯化学稳定性好,不易分解,不会引发燃烧或爆炸。(   )

3. 生产中由于苯酚和苯的凝固点高,应经常检查设备、管线、阀门保温及伴热情况。(   )

4. 苯酚毒性、腐蚀性较大,操作时注意防止中毒和烧伤事故的发生。(   )

填空题

1. 烷基化生产中原料苯的水含量偏高,会造成_____。

2. 氧化岗位要严格控制氧化塔的温度、压力,以及_____的浓度,并设有反应器_____、反应物料的比例报警和连锁,防止氧化塔超温、超压。

3. 要严格控制氧化反应器尾气中的_____含量,防止发生爆炸。

4. 过氧化氢异丙苯分解岗位要严格控制_____的加入量,控制分解温度,防止激烈反应造成危险。

5. 小面积皮肤被苯酚污染,可先用_____擦拭创面后,立即用大量流动清水冲洗。

思考题与习题

9-1 苯酚和丙酮的生产方法有哪些?为什么说异丙苯法是生产苯酚的最好方法?

9-2 异丙苯的生产工业上有几种方法?试比较它们的特点。

9-3 异丙苯法生产苯酚与丙酮有哪些化学反应?

9-4 在异丙苯氧化过程中,为什么要控制氧化液中过氧化氢异丙苯的浓度?

9-5 过氧化氢异丙苯的分解,为什么要控制原料液的比例?

9-6 过氧化氢异丙苯的浓缩为什么要采用真空提浓技术?

能力拓展

1. 查找我国苯酚、丙酮生产工业的生产现状、生产方法、生产设备、工艺流程、生产事故、市场行情、发展趋势等信息资料，写一篇有关"苯酚或丙酮生产工业"的小论文。
2. 结合某一企业异丙苯法生产苯酚与丙酮的操作规程，讨论分析某一工段的操作要点。

阅读园地

反应-分离耦合技术

反应-分离耦合技术是将化学反应与物理分离过程一体化，使反应与分离操作在同一设备中完成，如反应-蒸馏、反应-萃取、反应-吸收、反应-膜分离等。

反应-分离耦合技术可降低设备投资、简化工艺流程，具有多种优点。如催化-蒸馏可显著提高化学反应的选择性，减少副反应；对于可逆反应，可显著改变化学反应的平衡，提高反应的收率；对于放热反应，可有效利用反应热，减少热能消耗。催化-蒸馏操作可通过改变操作压力，控制反应温度，改变气相物料的蒸气分压，调节液相反应物浓度，从而改变反应速率和产品分布。

催化-蒸馏的应用如酯化、烷基化、水合、醚化及脱水醚化等过程，主要产品有醋酸甲酯、乙酯和丁酯，甲基叔丁基醚，乙苯和异丙苯等，常用的催化剂有ZSM-5、HY沸石、酸性阳离子交换树脂、酸性沸石催化剂等。

苯与丙烯烷基化生产异丙苯，以酸性沸石或酸性离子交换树脂为催化剂，采用催化反应-蒸馏技术，其工艺条件为50～300℃，0.05～2MPa，苯与丙烯的物质的量比为(2～10):1，丙烯的转化率可达98%，异丙苯的选择性可达90%。

北京化工大学研究和开发了利用催化反应-蒸馏技术，将苯和丙烯的烷基化、多异丙苯烷基转移反应合在同一设备中进行，降低了设备投资，简化了工艺流程。该过程既可采用固定床催化精馏塔，也可采用悬浮床催化精馏塔。

项目十　邻苯二甲酸二辛酯的生产

学习导言

增塑剂属于精细化学品，是塑料加工的重要助剂之一。邻苯二甲酸二辛酯是增塑剂的主要品种，其合成是典型酯化反应，具有一般酯化反应的规律和特点，本项目重点介绍了邻苯二甲酸二辛酯的生产过程。

学习目标

知识目标：了解精细化学品的概念；了解增塑剂的作用、对增塑剂的要求及分类；了解邻苯二甲酸二辛酯的性质及用途；了解苯酐和 2-乙基己醇的性能与工业来源；理解酯化反应原理、工艺流程；掌握液相可逆平衡反应技术；了解邻苯二甲酸二辛酯产品的净化工艺。

能力目标：能分析选择邻苯二甲酸二辛酯的生产工艺条件；能识读酯化反应工艺流程图；具有流程分析组织的初步能力；能读懂邻苯二甲酸二辛酯的生产操作规程；具有查阅文献以及信息归纳的能力。

素质目标：培养诚实守信、敬业爱岗的良好职业道德素养；具有规范操作、安全生产、节能减排的意识；培养团队合作能力与交流沟通能力。

任务一　增塑剂及邻苯二甲酸二辛酯的概貌

任务目标

1. 了解增塑剂的相关知识；
2. 了解邻苯二甲酸二辛酯的性质及用途。

增塑剂是能改善高聚物柔软性及加工性能的精细化学品。增塑剂的发展与聚氯乙烯的发展密切相关，约 80% 的增塑剂用于聚氯乙烯生产和加工，平均每 100 份聚氯乙烯树脂，大约加入 45 份增塑剂。增塑剂的产量和消费量居塑料加工助剂首位。

一、增塑剂的作用与分类

1. 增塑剂的作用

增塑剂是一种高沸点、低挥发性的物质，其分子结构具有极性部分和非极性部分。增塑剂分子可插入高聚物分子链之间，削弱分子间作用力，增大高聚物分子链之间的距离和活动空间，增加高聚物的塑性，降低高聚物的加工温度。

以聚氯乙烯塑化为例。由于聚氯乙烯分子链上氯原子的极性，使其分子间的作用力很强，加工温度较高，容易发生降解。在聚氯乙烯中添加增塑剂并进行加热，增塑剂分子可插入聚氯乙烯分子链之间，增塑剂极性部分与聚氯乙烯极性部分作用，冷却后，增塑剂分子留在插入位置上，而增塑剂非极性部分发挥隔离作用，削弱聚氯乙烯分子间的作用力，达到改善聚氯乙烯塑性和柔韧性、降低聚氯乙烯加工温度的目的。

增塑剂分子的极性部分主要是酯基、环氧基、醚键、氰基、氯基等极性基团；非极性部分主要是亚甲基链和烷基链。

在高聚物中添加的增塑剂称为外增塑剂；在聚合物形成中加入的共聚单体称为内增塑剂，如氯乙烯与醋酸乙烯酯共聚，醋酸乙烯酯为内增塑剂。

增塑剂的作用：①降低熔体的黏度；②增加高聚物的柔韧性；③增加高聚物的断裂伸长率；④降低高聚物的成型加工温度；⑤改善高聚物的成型加工特性；⑥改善高聚物的冲击性能；⑦改善高聚物的低温柔曲性；⑧降低高聚物的表面硬度。

2. 对增塑剂的要求

① 与高聚物有良好的相容性　是指增塑剂与高聚物在一定条件下相互掺混的性能。在适当温度下，邻苯二甲酸二辛酯与聚氯乙烯混合后，可软化熔融成均匀的体系。

② 塑化效率高　是指使树脂达到某一柔软程度的用量。在保证树脂韧度的前提下，增塑剂加入量越少，其塑化效率越高。

③ 低温柔韧性好　增塑剂分子中具有环状结构时，低温柔韧性差；以直链亚甲基为主体的脂肪族类低温柔韧性好，而且烷基链越长，其耐低温性能越好。

④ 耐老化性好　耐老化性是指对光、热、氧、辐射等的耐受力。具有直链烷基的增塑剂，一般较稳定，烷基支链多的耐热性差。环氧类化合物具有良好的耐候性，可防止制品加工时着色，具有稳定剂的作用。

⑤ 耐水、油和有机溶剂的抽出　是指增塑剂的耐损失能力，增塑剂易向相容性好的物质迁移。如增塑剂向被包装的食品中迁移而使食品带有增塑剂的气味，大多数增塑剂耐水性强，耐油性差。增塑剂的分子量越小，越易挥发，因此要求增塑剂分子量大于350。

⑥ 电绝缘性能好　通常极性较低的增塑剂电绝缘性能差；分子内支链多的电绝缘性能较好；增塑剂的纯度低，其电绝缘性差。

⑦ 耐燃性好　聚合物材料广泛用于工农业生产与日常生活中，要求其制品具有难燃性能。氯化脂肪酸酯和磷酸酯类增塑剂耐燃性较好。

⑧ 无色、无味、无毒或低毒　塑料和橡胶制品，尤其是食品、药品的贮存和包装，要求无毒或低毒。此外，增塑剂的添加量要严格控制。

⑨ 耐霉菌性强　电缆、农用薄膜、土建器材等塑料制品易受微生物侵害而老化。其中的增塑剂易受微生物的侵害，而长链的脂肪酸酯类最易受侵害，邻苯二甲酸酯类和磷酸酯类增塑剂抗微生物侵害性较强。

⑩ 低挥发性　是指增塑剂的耐久性。通常，在聚合物加热成型和使用时，增塑剂会逐渐挥发而散失，从而使制品性能恶化。因此，增塑剂挥发性越低越好，尤其是电线等制品用增塑剂。

⑪ 价格低、来源广　完全满足上述要求，是困难的。根据实际需要，选择适当品种单独或混合使用。例如，聚氯乙烯加工薄膜用的增塑剂，一般为邻苯二甲酸二辛酯；作为食品包装材料时，可选择无毒和耐久性好的聚酯、环氧大豆油、柠檬酸三丁酯等。

3. 增塑剂的分类

增塑剂的种类繁多，分类方法各异。

① 按化学结构分为邻苯（对苯）二甲酸酯类、脂肪族二元酸酯类、磷酸酯类、环氧酯

类、苯多酸酯类、酰胺类等。

② 按其分子量大小分为单体型和聚合型。多数增塑剂都是单体型的，如邻苯二甲酸二辛酯；聚合型的如由二元酸和二元醇缩聚而得的聚酯。

③ 按溶解性强弱分为溶剂型和非溶剂型。

④ 按其卫生指标分为有毒、低毒和无毒三类。

⑤ 按相容性大小可分为主增塑剂、辅增塑剂和增量剂。主增塑剂与高聚物相容性良好的，可单独使用；辅增塑剂与高聚物相容性较差，一般不能单独使用，常与主增塑剂混用；增量剂与高聚物相容性很差，主要用来降低成本或改变性能。

⑥ 按其物理状态分为液体增塑剂和固体增塑剂。

⑦ 按应用性能可分为耐寒、耐热、耐候、耐燃性以及防霉性和抗静电性等增塑剂。

4. 常用增塑剂品种

常用增塑剂的性能与用途见表 10-1。常用增塑剂主要有邻苯二甲酸酯类、脂肪族二元酸酯类、磷酸酯类、环氧化合物类、聚酯类、氯化石蜡、氯化脂肪酸酯等类，还有苯多酸酯类、柠檬酸酯类、多元醇酯类、环烷酸等类。

表 10-1 常用增塑剂的性能与用途

增塑剂名称	缩写代号	分子量	沸点/℃（压力/kPa）	凝固点/℃	25℃黏度/10^{-3}Pa·s（温度/℃）	优点	缺点	主要用途
邻苯二甲酸酯类								
二甲酯	DMP	194	282	5.5	13.14	①	②	醋酸纤维素
二乙酯	DEP	222	296	−4	10.1	①	②	醋酸丁酯纤维素
二(2-乙基)己酯	DOP	391	231(0.67)	−55	77.4(20)	全面性能	—	通用型
二环己酯	DCHP	330	212~218(0.67)	58~65	223(60)	⑥⑮	④⑰	包装材料
二异癸酯	DIDP	447	218(0.67)	−37	110(20)	②⑬		高级人造革,电线
二烯丙酯	DAP	246	158(0.67)	−70	8.4(30)	⑯		涂料,唱片,增塑糊
对苯二甲酸二(2-乙基)己酯	DOTP	391			6.4	②④	原料来源有限	汽车内制品,家具
间苯二甲酸二(2-乙基)己酯	DOIP	391	241		6.3	②⑥	耐水、耐油抽出	日用品,家具
脂肪族二元酸酯类								
己二酸二(2-乙基)己酯	DOA	370	214(0.67)	<−60	12	④	②⑲	耐寒性辅助增塑剂
己二酸二异癸酯	DIDA	426	242(0.67)	<−60	21	②④⑲	①⑭	耐寒性辅助增塑剂
癸二酸二(2-乙基)己酯	DOS	426		<−60	18	②④	①⑫⑭	耐寒性辅助增塑剂
磷酸酯类								
磷酸三甲苯酯	TCP	368	265~285(1.33)	−35	120(20)	①⑦⑩⑲	④⑧	电线,清漆,纤维素
磷酸三苯酯	TPP	326	220(0.67)	48.5	8.3(60)	①⑦	④⑧	电线,合成橡胶,纤维素
环氧化合物类								
环氧化大豆油	ESO					②⑮	表面渗出	耐热性辅助增塑剂
环氧油酸丁酯	EBSt					④⑮	①	耐候耐寒性辅助增塑剂
环氧硬脂酸辛酯	EOSt					④⑮	①	耐候耐寒性辅助增塑剂
聚酯类								
聚己二酸丙二醇酯	Paraplex G-50					②⑥	①⑬	耐久性制品

续表

增塑剂名称	缩写代号	分子量	沸点/℃（压力/kPa）	凝固点/℃	25℃黏度/10^{-3}Pa·s（温度/℃）	优点	缺点	主要用途
聚癸二酸丙二醇酯	ParaplexG-25					②⑥	③	耐久性制品
脂肪酸酯类								
油酸丁酯	BO	339	190～230（0.87）	－15	7.7	④⑳	①⑨⑪	耐寒性辅助增塑剂
柠檬酸三丁酯	TBC	360	225(0.27)	－85	31	④⑧⑩⑮	⑫	食品包装
多元醇酯类								
甘油三醋酸酯		218	259～262	－37		⑧	②㉑	纤维素
一缩二乙二醇二苯甲酸酯	DEDB	314	240(0.67)	16		⑥⑱	④	地板料,床板
含氯增塑剂								
氯化石蜡(含氯42%)		约530			2500	⑦⑫⑬	⑮	辅助增塑剂,电线,板材
氯化石蜡(含氯52%)		约400			900～1900	⑦⑫⑬	③⑮	辅助增塑剂,电线,板材
其他								
偏苯三酸三(2-乙基)己酯	TOTM	546	260(0.13)		210	⑤⑥⑬	④	耐热电线
烷基磺酸苯酯	T-50		200～220		80～120		①④	通用型辅助增塑剂
樟脑	M-50	152	204		—	①	②㉑	硝酸纤维素

①相容性；②挥发性；③塑化效率；④耐寒性；⑤耐热性；⑥耐久性；⑦阻燃性；⑧毒性；⑨耐候性；⑩耐菌性；⑪加工性能；⑫价格经济；⑬电绝缘性；⑭耐油性；⑮耐光热稳定性；⑯增塑糊黏度稳定；⑰柔软性；⑱耐污染；⑲耐水性；⑳润滑性；㉑耐药品性，可燃性。

二、邻苯二甲酸二辛酯的性质及用途

1. 邻苯二甲酸二辛酯的性质

邻苯二甲酸二辛酯的缩写名称为DOP，是具有特殊气味的无色油状液体，相对密度为0.986（20℃），折射率为1.485（20℃），沸点为389.6℃（100kPa），熔点为－55℃，闪点为219℃，着火点为241℃，黏度为81.4×10^{-3}Pa·s，比热容为0.57J/(kg·K)（50～150℃），表面张力为33×10^{-5}N/cm(20℃)，线膨胀系数为7.4×$10^{-4}$$K^{-1}$(10～40℃)；水中溶解度＜0.01%(25℃)；水在其中溶解度为0.2%（25℃）；溶于大多数有机溶剂中。

邻苯二甲酸二辛酯具有一般酯类的化学性质，在酸或碱作用下，水解生成苯甲酸或其钠盐、辛醇；在高温下分解成苯酐和烯烃。

2. 邻苯二甲酸二辛酯的用途

邻苯二甲酸二辛酯与树脂相容性良好，增塑效率高，挥发性低，低温柔软性好，耐水性好，电绝缘性优良，耐热、耐候性良好，是性能全面的主增塑剂，主要用于聚氯乙烯。硬质聚氯乙烯制品，其添加量为10%以下；半硬质的聚氯乙烯制品，添加量为10%～30%；软质聚氯乙烯制品，添加量为30%以上。

塑料成型是在其熔融温度以上，通过熔融流动来实现的。熔融温度低的，易流动。聚氯乙烯的熔融温度约210℃，而聚氯乙烯本身在100℃时即开始分解，放出氯化氢，高于150℃时，分解加快。显然，降低聚氯乙烯熔融温度十分重要。邻苯二甲酸二辛酯可使聚氯乙烯熔融温度降至160℃以下。

聚氯乙烯制品中添加邻苯二甲酸二辛酯，还可提高产品的耐寒性，加工制成的塑料薄

膜，在-30℃以下仍保持柔软状态；添加至炸药中，可降低炸药的机械敏感度，提高操作的安全性；添加到涂料中，可增加涂膜的柔韧性，提高附着力，提高产品性能。

目标自测

判断题

1. 增塑剂的发展与聚氯乙烯发展密切相关，约90%的增塑剂用于聚氯乙烯生产和加工。（　　）
2. 在高聚物中添加的增塑剂称为内增塑剂；在聚合物形成中加入的共聚单体称为外增塑剂。（　　）
3. 增塑剂按溶解性强弱分为溶剂型和非溶剂型。（　　）
4. 邻苯二甲酸二辛酯的缩写名称为DOP，是具有特殊气味的无色气体。（　　）

填空题

1. 增塑剂是_____的精细化学品。
2. 增塑剂分子可插入高聚物分子链之间，_____分子间作用力，_____高聚物分子链之间的距离和活动空间，_____高聚物的塑性，_____高聚物的加工温度。
3. 按化学结构分增塑剂主要类别：_____、_____、_____、_____等。
4. 邻苯二甲酸二辛酯是性能全面的主增塑剂，主要用于_____的生产。

任务二　邻苯二甲酸二辛酯的生产

任务目标

1. 了解苯酐和2-乙基己醇的性能与工业来源；
2. 理解酯化反应原理、反应装置；
3. 能分析邻苯二甲酸二辛酯工艺条件及工艺流程。

一、邻苯二甲酸二辛酯的生产原料

邻苯二甲酸二辛酯的主要生产原料是邻苯二甲酸酐和$C_6 \sim C_{13}$的高级醇（常用2-乙基己醇）。大约60%的苯酐用于增塑剂，高级醇几乎全部用于增塑剂的生产。苯酐与不同醇酯化，可合成各种邻苯二甲酸酯，如邻苯二甲酸二甲酯、二丁酯、二乙酯、二异癸酯等。

1. 邻苯二甲酸酐

邻苯二甲酸酐（简称苯酐）为白色鳞片结晶，熔点为130.2℃，沸点为284.5℃，在沸点以下可升华，具有特殊气味；几乎不溶于水，溶于乙醇，微溶于乙醚和热水；毒性中等，对皮肤有刺激作用，空气中最大允许浓度为2mg/L。

苯酐还可以生产醇酸树脂、聚酯树脂、聚酯纤维、染料、颜料、医药以及杀虫剂等。苯酐是由萘或邻二甲苯催化氧化而制得的。

萘催化氧化制苯酐的反应式为

$$\text{萘} + 4.5O_2 \longrightarrow \text{邻苯二甲酸酐} + 2H_2O + 2CO_2 \quad \Delta H_R^\ominus = -1792 \text{kJ/mol}$$

邻二甲苯催化氧化制苯酐的反应式为

$$\text{邻二甲苯} + 3O_2 \longrightarrow \text{邻苯二甲酸酐} + 3H_2O \quad \Delta H_R^\ominus = -1109 \text{kJ/mol}$$

工业上制苯酐的方法，有固定床气相催化氧化法和流化床气相催化氧化法两种。目前多采用邻二甲苯固定床催化氧化法。

萘或邻二甲苯氧化需要催化剂，萘氧化所用催化剂的主要成分为 V_2O_5 和 K_2SO_4；邻二甲苯氧化所用催化剂的主要成分为 V_2O_5 和 TiO_2 及少量微量元素（P、K等）。

2. 2-乙基己醇

2-乙基己醇为无色透明液体，具有特殊气味，沸点为 $181\sim183℃$，溶于水和乙醇、乙醚等有机溶剂中。2-乙基己醇除用于合成增塑剂外，还用于合成润滑剂、消毒剂、油漆等。

工业上可以乙炔、乙烯或丙烯以及粮食为原料生产 2-乙基己醇。

丙烯氢甲酰化法生产 2-乙基己醇，是以丙烯为原料加入水煤气催化氧化得正丁醛，正丁醛在碱性条件下缩合得辛烯醛，辛烯醛催化加氢得 2-乙基己醇。反应式如下：

$$CH_3CH=CH_2 + CO + H_2 \longrightarrow CH_3CH_2CH_2CHO$$

$$2CH_3CH_2CH_2CHO \xrightarrow{OH^-} CH_3CH_2CH_2CH=C(C_2H_5)CHO$$

$$CH_3CH_2CH_2CH=C(C_2H_5)CHO + H_2 \xrightarrow{\text{镍催化剂}} CH_3CH_2CH_2CH_2CH(C_2H_5)CH_2OH$$

以上关键是丙烯氢甲酰化合成丁醛，该反应属于羰基合成，有高压法、中压法和低压法三种。目前，主要采用铑-膦配位催化剂催化低压羰基合成法。丙烯氢甲酰化法原料价格便宜，合成路线短，是 2-乙基己醇的主要生产方法。

二、酯化反应原理

苯酐酯化一般分为两步。第一步，苯酐与辛醇生成单酯，反应速率很快，当苯酐完全溶于辛醇时，单酯化即基本完成。

$$\text{苯酐} + CH_3CH_2CH_2CH_2CH(C_2H_5)CH_2OH \longrightarrow \text{邻苯二甲酸单辛酯}\begin{matrix}COOCH_2(C_2H_5)CHC_4H_9\\COOH\end{matrix}$$

第二步，邻苯二甲酸单酯与辛醇进一步酯化生成双酯，这一步反应速率较慢，一般需要使用催化剂、提高温度以加快反应速率。

$$\begin{matrix}COOCH_2(C_2H_5)CHC_4H_9\\COOH\end{matrix} + C_4H_9CH(C_2H_5)CH_2OH \xrightleftharpoons{H^+} \begin{matrix}COOCH_2(C_2H_5)CHC_4H_9\\COOCH_2(C_2H_5)CHC_4H_9\end{matrix} + H_2O$$

总反应式为

$$\text{苯酐} + 2C_4H_9CH(C_2H_5)CH_2OH \xrightleftharpoons{H^+} \begin{matrix}COOCH_2(C_2H_5)CHC_4H_9\\COOCH_2(C_2H_5)CHC_4H_9\end{matrix} + H_2O$$

采用硫酸作催化剂时，易发生以下副反应：

$$C_8H_{17}OH + H_2SO_4 \longrightarrow C_8H_{17}HSO_4 + H_2O$$

$$C_8H_{17}OH \xrightarrow{H_2SO_4} C_8H_{16} + H_2O$$

$$2C_8H_{17}OH \longrightarrow C_8H_{17}OC_8H_{17} + H_2O$$

三、酯化工艺条件与技术

1. 酯化工艺条件

（1）催化剂

包括酸性催化剂和非酸性催化剂。催化剂可加快反应速率，其种类和用量不同，催化作用也不同。

酸性催化剂常用的是硫酸、对甲苯磺酸、磺酸型离子交换树脂等。硫酸作催化剂容易发生醇脱水生成醚和烯烃等副反应，产生的有色物质影响产品质量；对甲苯磺酸代替硫酸可消除这类缺点；以磺酸型离子交换树脂为催化剂，可简化后处理工艺。

非酸性催化剂主要有：①铝的化合物，如氧化铝、铝酸钠、含水 $Al_2O_3 + NaOH$ 等；②ⅣB族元素的化合物，如氧化钛、钛酸四丁酯、氧化锆、氧化亚锡和硅的化合物等；③碱土金属氧化物，如氧化锌、氧化镁等；④ⅤA族元素的化合物，如氧化锑、羧酸铋等。

最重要的是铝、钛和锡的化合物，可单独使用，也可相互搭配使用。非酸性催化剂可缩短酯化时间，产品色泽优良，回收醇只需简单处理，即可循环使用；主要缺点是酯化温度较高，一般为 180~250℃，否则活性较低。

（2）原料配比

酯化是可逆反应，为提高转化率，可使任一反应物过量或移出生成物，均可促使反应平衡向右移动。辛醇价格较低并能与水形成共沸混合物，过量辛醇可将水带出反应系统，故一般以辛醇作为过量反应物。辛醇与苯酐的配料比（物质的量比）为 (2.2~2.5):1，若辛醇过量太多，其分离回收的负荷以及能量消耗增大。

（3）反应温度

酯化温度即为辛醇与水的共沸温度，通过共沸物的汽化带走反应热及水分，反应易控制。反应温度过高，副反应增加，产品色泽加深而影响产品质量。

2. 酯化技术

酯化是典型的可逆反应，酯化反应通式可表示为

$$\begin{matrix}CO\\CO\end{matrix}\!\!>\!\!O + 2C_4H_9CH(C_2H_5)CH_2OH \rightleftharpoons \begin{matrix}COOCH_2(C_2H_5)CHC_4H_9\\COOCH_2(C_2H_5)CHC_4H_9\end{matrix} + H_2O$$

当反应达到平衡时，有

$$K = \frac{[邻苯二甲酸二辛酯][水]}{[苯酐][辛醇]}$$

式中，K 为平衡常数，K 值大小与温度有关。温度一定时，改变浓度可改变原有的平衡。增加原料的浓度，移走生成的产物，均可促使平衡向生成物方向移动。

除去反应生成水的措施，可以是加入共沸剂使其与水形成共沸混合物，将生成的水移出反应体系，常用共沸剂有苯、甲苯、环己烷等。若醇或酸可与水形成共沸物，则可使醇或酸为恒沸剂，如以辛醇作为共沸剂。

提高反应温度和使用催化剂，可缩短到达平衡的时间。苯酐的单酯化不需要催化剂，单酯进一步酯化生成双酯则需要催化剂。

四、酯化反应装置

酯化有间歇操作和连续操作两种方式。当生产规模不大时，多采用间歇操作方式。间歇

操作比较简单，反应装置是带有搅拌及换热器的反应釜，内衬搪瓷以防腐和保证产物纯度，设备通用性强，釜内的物料组成、温度、反应速率随时间变化。大规模生产，采用多釜串联连续操作连续化生产，釜内物料的组成和温度不随时间变化。图10-1是不同类型的液相酯化反应装置。

图10-1(a)、(b)、(c)三种装置均采用外夹套或内蛇管加热，反应容积较大，反应器内物料呈沸腾状态，反应物料连续进入反应器，共沸物从反应体系中蒸出，经冷凝分层，上层的有机物返回反应器，下层的水分出。图10-1(a)反应器带有回流冷凝器，水可直接由冷凝器底部分出，不溶于水的物料回流至反应器；图10-1(b)反应器上部带有蒸馏柱，可较好分离出生成的水，提高分离效果；图10-1(c)中将反应器与分馏塔底部相连接，分离塔带有再沸器，可显著提高分离效果。这三种酯化装置适用于共沸点高、中、低三种不同的情况。

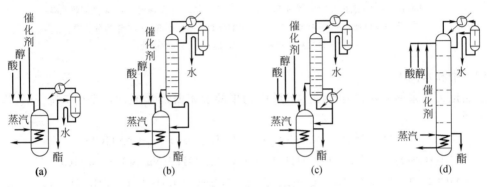

图10-1 不同类型的液相酯化装置

图10-1(d)为塔盘式反应装置，塔盘可视为酯化反应单元，催化剂及高沸点物料由塔顶进入，另一种物料严格按物料的挥发度在尽可能高的塔盘上引入，气液相逆向流动进行传质、传热及化学反应。此装置适合于反应速率较低、蒸出物与塔底物料间相对挥发度差别不大的体系。

邻苯二甲酸二辛酯生产多采用第一种酯化装置。

五、邻苯二甲酸二辛酯生产工艺流程

1. 间歇法生产工艺流程

间歇法生产邻苯二甲酸酯采用装有搅拌器的酯化釜，由单酯化、酯化、中和、脱醇、过滤等工序组成，其通用生产工艺流程如图10-2所示。

(1) 单酯化工序

辛醇按规定数量的一半抽入单酯化釜中，开动搅拌，升温至105~115℃，保持30min后停止搅拌，加入余下的另一半辛醇。

开车前检查水、电、汽管线及仪表、动力设备、物料管线、真空系统等是否符合要求，原料也要经检查合格后方可使用，待各项准备工作就绪后方可开车，其他工序开工也如此。

(2) 酯化工序

将酯化釜抽真空达到最大值后，抽入单酯化物料及硫酸，并加入总物料量0.1%~0.3%的活性炭，在负压下升温（负压有利于共沸分水）至135℃，检测反应物料的酸值，酸值合格后即可结束反应，冷却至80℃以下转入下一工序；酯化分出的水抽至醇水静置罐。

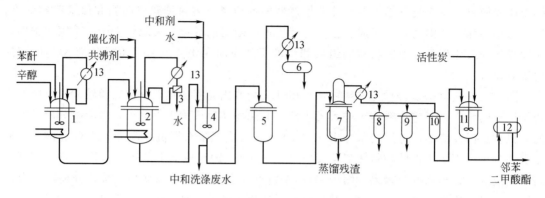

图 10-2 间歇式邻苯二甲酸二辛酯的通用生产工艺流程
1—单酯化釜；2—酯化釜；3—分水器；4—中和洗涤器；5—蒸馏器；6—溶剂回收贮罐；
7—真空蒸馏器；8—回收醇贮槽；9—初馏分和后馏分贮槽；10—正馏分贮槽；
11—活性炭脱色罐；12—过滤器；13—冷凝器

(3) 中和水洗工序

因酯化工序来的粗酯含有硫酸、未反应的单酯及苯酐而呈酸性，需用 3%～4% 碳酸钠溶液中和：

$$C_8H_{17}HSO_4 + Na_2CO_3 \longrightarrow C_8H_{17}OSO_3Na + NaHCO_3$$

$$C_8H_{17}OSO_3Na + Na_2CO_3 + H_2O \longrightarrow C_8H_{17}OH + Na_2SO_4 + NaHCO_3$$

$$\text{COOCH}_2(C_2H_5)\text{CHC}_4H_9\text{-COOH} + Na_2CO_3 \longrightarrow \text{COOCH}_2(C_2H_5)\text{CHC}_4H_9\text{-COONa} + NaHCO_3$$

碱浓度太低，中和不完全，增加醇的损失和废水量；如果碱液浓度太高，则促使酯分解，发生皂化。

碱与单酯中和生成单酯钠盐，单酯钠盐具有乳化作用。在低温、搅拌剧烈条件下，或与碱液密度相近时更易乳化。采用加热、静置或加盐破乳等措施，可避免乳化。

粗酯中和后，需进行水洗以除去夹带的碱液、钠盐等杂质。为减少其中的金属离子杂质，提高成品的电阻率，一般采用去离子水，水洗两次。若不使用催化剂或使用非酸性催化剂，可免去中和与水洗工序。

中和水洗工序的操作，温度控制在 (75±5)℃，搅拌混合 10min，静置 60min，分出废水，加入 80～85℃ 的热水搅拌、洗涤 5min，静置 60min，将废水分出。

(4) 脱醇工序

回收未反应的辛醇。辛醇与水可形成共沸物，蒸醇时也将粗酯中的水蒸出，故可采用水蒸气蒸馏。将中和水洗后的粗酯加入蒸馏釜，通入水蒸气，温度控制在 130～150℃，加入适量活性炭进行减压脱醇，物料中未反应的辛醇被水蒸气带出，经冷凝器冷凝后，进入醇水静置罐，静置分层分离后，循环使用；水层送入贮槽集中处理。

回收辛醇中的酯含量越低，产品质量越好，否则产品色泽加深。

(5) 真空蒸馏工序

将脱醇后的粗酯抽入真空蒸馏器，分馏出残留的辛醇、低沸物及高沸物，中间馏分为合格产品，后馏分积累到一定数量后集中处理。

真空蒸馏温度低，可保持反应物的热稳定性，产品质量高，几乎 100% 达到绝缘级质量要求。若产品质量要求允许，可省略该工序，直接进入下一工序。

(6) 脱色工序

在物料中加入定量的活性炭，加热搅拌60min，抽样检验合格后，进入下一工序。该工序也可与脱醇工序同步进行。

(7) 过滤工序

一般采用板框过滤机过滤，废渣送入沉降池，成品检验合格后即可装桶。

(8) "三废"处理

废水来源：酯化反应生成水、中和废碱液、粗酯洗涤水、脱醇汽提的冷凝水。通常，废水放入地槽，静置，定期抽出上层液回收和净化。

废气是难以回收的低沸点组分，可采用填料式废气洗涤器，用水洗涤除去臭味后排放。

废渣主要是吸附用的废活性炭，常采用焚烧的方法处理。

2. 连续法生产工艺流程

连续法生产邻苯二甲酸二辛酯采用非酸性催化剂，单酯转化率高，副反应少，简化了中和水洗工序，废水量减少，产品质量稳定，原料及能量消耗低，劳动生产率高。

连续法生产采用四釜串联酯化，其工艺流程如图10-3所示。

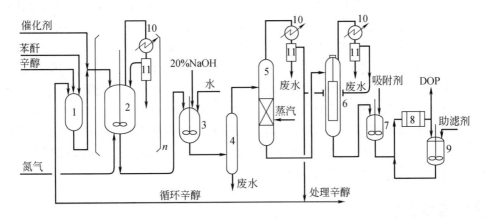

图 10-3 邻苯二甲酸二辛酯连续法生产工艺流程

1—单酯化釜；2—阶梯式串联酯化釜；3—中和器；4,11—分离器；5—脱醇塔；6—干燥器（薄膜蒸发器）；
7—吸附剂槽；8—叶片式过滤器；9—助滤剂槽；10—冷凝器

熔融的苯酐、辛醇按配比加入单酯化釜，在130～150℃下生成单酯，经预热后进入第一酯化釜，同时加入非酸性催化剂进行酯化，第一酯化釜温度不低于180℃，然后逐级连续进入第二、第三及第四酯化釜，第四酯化釜温度控制在220～230℃。酯化采用3.9MPa蒸汽加热，单酯转化为双酯的转化率为99.8%～99.9%。为避免物料在高温下长期停留而着色、强化酯化过程，可在各级酯化釜底部通入高纯度的氮气。

酯化后的物料进入中和器，加入20%的氢氧化钠溶液，搅拌中和，再加入去离子水，碱液浓度为0.3%。中和后的物料进入分离器，分离废水后，将物料打入脱醇塔，通入水蒸气蒸馏，蒸出的醇部分循环，大部分进一步处理后使用。

经中和、脱醇的物料送入干燥器，干燥器为薄膜蒸发器。经干燥器脱除残余水分，蒸发出的水带有少量的酯，经冷凝分层分离后回收。

干燥后的酯进入吸附剂槽，加吸附剂脱色。常用吸附剂有二氧化硅、三氧化二铝、三氧化二铁、氧化镁等。

吸附脱色后的物料进入助滤剂槽，加助滤剂（硅藻土）过滤，过滤后即得邻苯二甲酸二辛酯成品，助滤剂分离后可重新使用。

六、邻苯二甲酸二辛酯生产技术的发展趋势

邻苯二甲酸二辛酯（DOP）由苯酐和辛醇经酯化反应制得，其工艺的核心是酯化反应，而酯化的关键是酯化催化体系，催化剂的选择直接影响到生产工艺、原料消耗、产品质量、污染排放率、能源消耗等方面。目前国内外邻苯二甲酸二辛酯的主要生产工艺路线分为酸性催化和非酸性催化两种。酸性催化剂主要有硫酸、杂多酸、分子筛等。

硫酸是合成 DOP 的传统催化剂，它催化活性很高，同时价格低廉，热源容易解决。但硫酸具有强氧化性和脱水性，易发生有机物的炭化和脱水等副反应，使产品色泽变深，内在质量下降，不能适应高档 PVC 制品的要求。同时传统的液相硫酸催化法存在工艺流程长、设备易腐蚀以及环境污染大等问题。因此，目前邻苯二甲酸二辛酯行业不主张再选择硫酸作催化剂。杂多酸（HPA）为具有确定组成的含氧桥的多核配合物，其杂多阳离子间有一定空隙，能吸收极性分子进入固体内形成假液相，采用杂多酸催化可以简化生产工艺，降低生产成本，提高产品质量，减少腐蚀性和环境污染。分子筛被认为是比较有前途的酯化固体酸催化剂之一，其分子结构与杂多酸极其相似，但目前使用分子筛作催化剂合成邻苯二甲酸二辛酯，还处于实验室研究阶段，进行工业生产的经济性较低。

20 世纪 80 年代德国 BASF 公司和日本 CHISSO 公司先后开发成功了非酸性催化剂工艺。目前，国内外普遍采用的非酸性催化剂有铝酸盐、氧化亚锡、钛酸酯等，其中铝酸钠最受青睐。非酸性催化技术克服了酸性催化技术存在的腐蚀性强、副反应多等问题，使产品精制工艺简化，提高了产品收率和质量，而且能够适用于各种规模的增塑剂装置。但非酸合成法反应温度较高，催化剂制备技术较复杂，工艺与设备仍在不断改进。但非酸催化连续化生产是邻苯二甲酸二辛酯行业的发展方向。

目标自测

判断题

1. 生产邻苯二甲酸二辛酯常用的主要原料是苯甲酸酐和 2-乙基己醇。（　　）
2. 酯化是典型的可逆反应，提高反应温度和使用催化剂，可缩短到达平衡的时间。（　　）
3. 连续法生产邻苯二甲酸二辛酯采用非酸性催化剂，单酯转化率低，副反应多。（　　）
4. 邻苯二甲酸二辛酯生产中辛醇与苯酐的配料比，一般为（2.0～2.5）:1（摩尔比）。（　　）
5. 邻苯二甲酸二辛酯生产中产生的废气是难以回收的低沸点组分，可采用填料式废气洗涤器，用水洗涤除去臭味后排放。（　　）
6. 非酸催化连续化生产是邻苯二甲酸二辛酯行业的发展方向。（　　）

填空题

1. 邻苯二甲酸二辛酯的合成一般分为两步，包括_____、_____。
2. 酯化有_____和_____两种操作方式，采用的反应器是_____。
3. 酯化反应的工艺条件：_____、_____、_____。

4. 酯化催化剂包括酸性和非酸性催化剂，酸性催化剂常用的有_____、_____等，非酸性催化剂常用的有_____、_____等。

5. 邻苯二甲酸二辛酯间歇法工艺流程由_____、_____、_____、_____、真空蒸馏工序、脱色工序、过滤等工序组成。

叙述题

识读教材邻苯二甲酸二辛酯连续法生产工艺流程图，叙述其流程。

思考题与习题

10-1 简述增塑剂的作用及其基本性能要求。

10-2 合成邻苯二甲酸二辛酯的反应特点有哪些？

10-3 如何提高邻苯二甲酸二辛酯的产量？

10-4 邻苯二甲酸二辛酯生产过程的组成工序有哪些？

10-5 硫酸作为合成邻苯二甲酸二辛酯的催化剂，有何不利因素？

10-6 合成邻苯二甲酸二辛酯，为何采用苯酐而不使用邻苯二甲酸？

10-7 下列增塑剂中，哪种适合室内塑料制品？

（1）邻苯二甲酸二辛酯；（2）磷酸三辛酯；（3）癸二酸二辛酯；（4）聚己二酸乙二酯

10-8 中和为何采用稀碱液？若碱液浓度增大，有何影响？

10-9 邻苯二甲酸二辛酯的间歇法和连续法生产工艺各有何特点？

10-10 为何增塑剂多是高沸点低挥发性的物质？

10-11 增塑剂的主要品种有哪些？

10-12 工业上有哪些措施可移出酯化反应中生成的水？

10-13 酯化反应物辛醇过量的意义是什么？

能力拓展

1. 查找国内外邻苯二甲酸二辛酯工业的生产现状、生产方法、生产设备、工艺流程、生产事故、发展趋势等信息资料，写一篇有关邻苯二甲酸二辛酯的调研报告。

2. 结合某一企业邻苯二甲酸二辛酯的生产操作规程，分析讨论生产操作要点。

阅读园地

精细化学品与精细化工

精细化工是生产精细化学品的产业。精细化工具有多品种、小批量、大量采用新技术、技术保密性等特点。

精细化学品是一类精细化、功能化、多样化、技术密集度高和附加值高的化工产品，产品更新换代快、市场竞争和专利垄断性强。

功能化是指具有专门用途，按其功能销售的产品，如医药、农药、感光材料、调和香料等。产品多是复方配合物，不同厂家产品差别较大。

精细化是指可用化学式表示产品的成分，产品多为单一化合物，用途较为广泛，一般按其化学成分销售，如染料、颜料、医药和农药的原药。不同厂家的产品基本上没有差别，市场寿命较长。

多样化是指产品种类繁多,应用领域广泛,几乎涉及一切生产和生活领域。例如,化妆品、黏合剂、涂料、农药;印染用的柔软剂、匀染剂、分散剂、抗静电剂等;塑料和橡胶加工用的增塑剂、稳定剂、发泡剂、阻燃剂、促进剂、防老剂等;皮革行业用鞣剂、加脂剂、涂饰剂和光亮剂等;水处理剂、表面活性剂、家用洗涤剂;油田用破乳剂、钻井防塌剂、防蜡降黏剂等;混凝土用的各种添加剂,机械和冶金用的防锈剂、清洗剂、电镀助剂、焊接助剂、机动车辆防冻剂等;汽油的抗爆震剂;纸张用的增白剂、防水剂、填充剂等;香精和香料、精细陶瓷、医药制剂、酶制剂等,不胜枚举。

　　精细化工是化学工业发展的重点。精细化工的发展重点是高分子功能材料、有机电材料、信息转换与信息记录材料、生物医药、生物农药、酶制剂等;运用纳米技术、超临界技术等高新技术,追求产品的高效性和专一性,使产品向精细化、功能化、高纯化、绿色化发展。

项目十一　聚氯乙烯的生产

学习导言

塑料、橡胶、合成纤维是以合成聚合物为基础的三大合成材料。聚氯乙烯是五大通用塑料之一，由单体氯乙烯经聚合而得的高分子材料，其性能优良，具有极好的耐化学腐蚀性，广泛用于建材、农业、轻工及日常生活等方面。本项目重点介绍高聚物基础知识、聚氯乙烯的生产及改性技术。

学习目标

知识目标：了解高聚物的概念及形成反应；了解聚氯乙烯的性质和用途；理解聚氯乙烯的生产方法；了解聚氯乙烯生产技术的发展，理解聚氯乙烯生产的原理、工艺条件、主要设备及工艺流程；了解聚氯乙烯改性技术。

能力目标：能识读聚氯乙烯生产工艺流程图，能分析选择生产工艺条件；能分析聚氯乙烯生产方法的异同及优缺点；具有流程分析组织的初步能力；能读懂聚氯乙烯生产操作规程；具有查阅文献以及信息归纳的能力。

素质目标：培养诚实守信的良好职业道德素养；具有规范操作、安全生产、节能减排的意识；培养团队合作能力与交流沟通能力。

任务一　高聚物及聚氯乙烯生产的概貌

任务目标

1. 了解高聚物及形成反应及实施方法；
2. 了解聚氯乙烯的性质和用途；
3. 理解聚氯乙烯的生产方法。

一、高聚物及其形成反应

1. 高聚物

高聚物也称聚合物，是高分子化合物的简称。高聚物分为天然高聚物和合成高聚物，天然高聚物如棉、毛、麻、皮、天然橡胶等；合成高聚物是通过化学方法，由不饱和或多官能团的低分子量化合物合成的。高聚物是由众多高分子链组成的化合物。高分子链是由成千上万个原子通过共价键连接而成的长链大分子，其分子量一般都高于1万。衡量高聚物的主要指标是分子量，如聚氯乙烯的分子量需在5万~10万范围内才有使用价值，低于或高于此范围均无使用价值。

合成高聚物的原料，一般称为单体。单体是低分子化合物。如在一定条件下，醋酸乙烯酯通过聚合反应生成聚醋酸乙烯酯大分子，反应式如下：

$$n\mathrm{CH_2{=}CH\underset{|}{\ }} \longrightarrow \mathrm{{\leftarrow}CH_2{-}CH\underset{|}{\ }{\rightarrow}_n}$$
$$\qquad\ \ \mathrm{OCOCH_3} \qquad\qquad \mathrm{OCOCH_3}$$

聚醋酸乙烯酯中 —CH$_2$—CH— 称为结构单元，也称链节。结构单元重复的数目称为聚合
　　　　　　　　　　　 |
　　　　　　　　　　OCOCH$_3$

度（以 DP 表示），表示一个大分子链连接有多少个单体分子，链节分子量与链节数目的乘积，为其平均分子量。由一种单体形成的高聚物，称为均聚物；由两种或多种单体共同形成的高聚物，称为共聚物。如醋酸乙烯酯与氯乙烯共聚，反应式为

$$nx\mathrm{CH_2{=}CH\underset{|}{\ }} + n\mathrm{CH_2{=}CH\underset{|}{\ }} \longrightarrow \mathrm{{\leftarrow}(CH_2{-}CH\underset{|}{\ })_x{-}CH_2{-}CH\underset{|}{\ }{\rightarrow}_n}$$
$$\quad\mathrm{Cl} \qquad\quad \mathrm{OCOCH_3} \qquad\qquad\quad \mathrm{Cl} \qquad\qquad \mathrm{OCOCH_3}$$

上式为高聚物的大致结构，大部分共聚物的结构单元排列往往是无规律的。

均聚物或共聚物是分子量不等的同系物的混合物，即高聚物的分子量具有多分散性，通常所说的高聚物的分子量是指其平均分子量。

高分子链的几何形状，通常分为线型、支链型和交联型三类。线型高分子为线状长链结构，呈卷曲状，形状如同杂乱的线团；支链型高分子是主链上带有支链的高分子，形状类似于梳子；交联型高分子是线型或支链型高分子以化学键连接成的网状高分子，形状类似于筛网。

由于高分子的链很长，分子量大，分子间具有较强的凝聚力，所以，高分子的凝聚态多为固态，当将其加热到适当温度时，可转变成黏稠的液态。高聚物的凝聚态，分为结晶态与非结晶态。易于有序排列的为结晶态，具有线型结构的高聚物多为结晶态；不能有序排列的为非结晶态，具有支链结构的高聚物和有交联结构的高聚物多为非结晶态。

高聚物按其性能和用途分类，可分为塑料、橡胶、纤维、黏合剂、油漆、涂料、离子交换树脂等；若按高分子的链结构分，可分为碳链高聚物（主链完全由碳原子组成）、杂链高聚物（主链中除碳原子外还有氧、氮、硫等杂原子）和元素有机高聚物（主链没有碳原子，主要由硅、硼、铝、氧、氮、硫等原子组成，侧基由有机基团组成）。

2. 高聚物的形成反应

高聚物的形成反应分为连锁聚合反应和逐步聚合反应两类。

（1）连锁聚合反应

单体为不饱和烯烃，在引发剂作用下单体中的 π 键断裂，相互作用生成新的共价键，从而形成长链大分子。单体一经引发形成活性中心，瞬间即与许多单体连锁反应生成高聚物。聚合过程由链引发、链增长、链终止、链转移等步骤构成。

对单个活性中心而言，连锁聚合瞬间可连接上许多个单体生成一个大分子，产物的分子量随时间增长变化不大；由于单体活性中心数量有限，大量的单体不能同时参与反应，单体的转化率随聚合时间增加而逐渐增加；由于链增长极快，因而没有中间产物；连锁聚合是不可逆的。如乙烯的聚合，当第一个单体被引发成为单体活性中心后，再引发第二个单体，通过共价键连成活性二聚体，逐次发展下去，生成聚乙烯大分子。

根据活性中心的不同，连锁聚合反应分为自由基聚合、离子聚合及配位聚合。

（2）逐步聚合反应

是指单体先生成二聚体、三聚体，逐步生成高聚物的聚合反应。根据单体的不同，分为逐步缩合、逐步开环、逐步加成聚合反应。

逐步聚合具有以下特点：①聚合物分子量逐渐增大（如两个二聚体通过共价键连接即变成四聚体）；②反应初期单体转化率较大（如具有不同官能团的两种单体，在反应条件下一旦混合，在较短时间内缩合生成二聚体以上的物质），随时间延长其变化不大；③中间产物可单独存在和分离出来；④大多为可逆平衡反应，如乙二酸和乙二醇的缩聚。

二、聚合反应的实施方法

1. 高聚物生产的基本工艺过程

高聚物生产的基本工艺过程如图11-1所示。

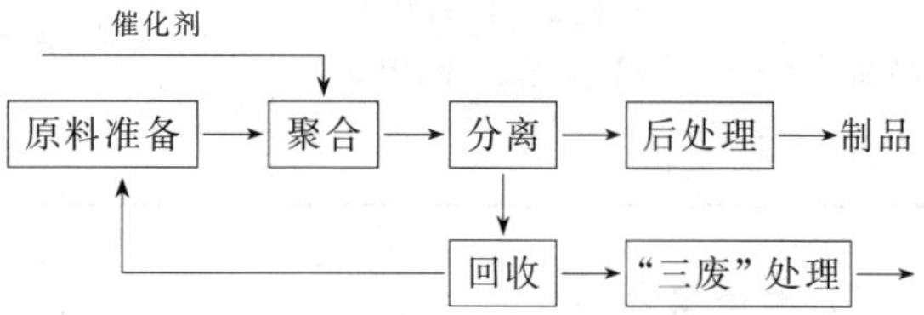

图 11-1 高聚物生产的基本工艺过程

① 准备过程　是指聚合前原料与引发剂的处理准备，包括单体、溶剂、去离子水等的贮存、洗涤、精制、干燥、调整浓度等；引发剂和助剂的制备、溶解、贮存、调整浓度等。

② 聚合过程　包括以聚合装置为中心，附设有冷却、加热和物料输送等。

③ 分离过程　包括未反应的单体、溶剂、残余引发剂和低聚物的脱除等。

④ 回收过程　包括未反应单体与溶剂的回收、精制。

⑤ 后处理过程　包括高聚物的输送、干燥、造粒、均匀化、贮存、包装。

⑥ 辅助过程　包括"三废"处理和供电、供气、供水等。

2. 聚合的实施方法

聚合反应按物料聚集状态分，分为气相聚合、液相聚合和固相聚合；按反应介质和条件不同，分为本体聚合、溶液聚合、悬浮聚合、乳液聚合4种。聚合方法的选择，取决于单体的性质和聚合物的用途，其聚合方法的比较和工艺特征见表11-1。

表 11-1　4 种聚合方法的比较和工艺特征

聚合方法	本体聚合	溶液聚合	悬浮聚合	乳液聚合
引发剂种类	油溶性	油溶性	油溶性	水溶性
配方主要成分	单体、引发剂	单体、引发剂、溶剂	单体、引发剂、水、分散剂	单体、水溶性引发剂、水、乳化剂
聚合场所	本体内	溶液内	液滴内	胶束和乳胶粒内
聚合机理	遵循自由基聚合一般机理,提高聚合速率的因素,可降低分子量	伴有向溶剂的链转移反应,一般分子量较低,反应速率也较低	与本体聚合相同	可同时提高分子量和聚合速率
温度控制	难	易,溶剂为载热体	易,水为载热体	易,水为载热体
反应速率	快,初期需低温,再逐渐升温	慢	快	很快
生产特征	不易散热,间歇生产（也可连续生产）,设备简单,易于生产透明浅色制品,分子量分布宽	易于散热,可连续生产,不易制成干燥粉状或粒状树脂	易于散热,间歇生产,需有分离、洗涤、干燥等工序	易于散热,可连续生产。制成固体树脂时,需经凝聚、洗涤、干燥等工序
产品纯度与形态	纯度高,块状、颗粒状或粉粒状	纯度低,溶液或颗粒状	比较纯净,可含有分散剂,粉粒状或珠粒状	含有少量乳化剂和其他助剂,乳液、胶粒或粉状

续表

聚合方法	本体聚合	溶液聚合	悬浮聚合	乳液聚合
"三废"	很少	溶剂废水	废水	胶乳废水
产品品种	有机玻璃、高压聚乙烯、聚苯乙烯、聚氯乙烯等	聚丙烯腈、聚醋酸乙烯酯等	聚氯乙烯、聚苯乙烯等	聚氯乙烯、丁苯橡胶、丁腈橡胶、氯丁橡胶、聚醋酸乙烯乳液等

(1) 本体聚合

单体及少量引发剂在热、光或辐射能作用下聚合的方法。自由基聚合、离子聚合、配位聚合及缩聚均可采用此法。例如，有机玻璃的合成是自由基型本体聚合；丁基橡胶的合成是离子聚合；丙烯聚合方法之一也是配位型本体聚合；聚酯、聚酰胺是本体缩合聚合。

本体聚合，工业上有间歇法和连续法两种。由于反应体系无介质，随着反应的进行体系黏度不断增大，反应热难以排散，容易出现局部过热现象，甚至引起爆聚。因此，生产的关键是移出聚合反应热。解决的办法是分段聚合：第一阶段为预聚合，在聚合釜中进行，控制较低的转化率，使聚合体系黏度较低，在搅拌条件下反应热由夹套（或蛇管）中的冷却水带走；第二阶段聚合在薄形设备（如板、槽、管）中进行，薄形设备的散热面积较大，可通过控制聚合温度、反应速率来避免急剧放热。

本体聚合产物纯净，聚合与成型可同时进行，后处理工艺简单，适合生产板材、型材、透明制品，如有机玻璃的制备。但是，本体聚合反应热难以传散，其应用受到限制。

(2) 溶液聚合

指单体在溶剂中进行聚合的反应，按高聚物在溶剂中的溶解情况，溶液聚合分为均相溶液聚合和非均相溶液聚合。均相溶液聚合指高聚物可溶于溶剂，所得产物为高聚物溶液，可直接作为油漆、涂料、黏合剂等，此溶液倒入高聚物的非溶剂中，高聚物可沉析出来，经过滤、洗涤、干燥即得产品；非均相溶液聚合是指高聚物不溶于溶剂，生成的高聚物呈细小的悬浮体从溶液中析出，经过滤、洗涤、干燥即得产品。均相溶液聚合适合于产物直接使用的场合；非均相溶液聚合适合于产物易分离、分子量相对较大的聚合。

溶液聚合常用的溶剂有芳香烃、脂肪烃等有机溶剂和水。溶剂的性质及用量直接影响产品质量，因此，要求溶剂有一定的惰性，不直接参与反应。溶剂可促进引发剂的分解，活性链能向溶剂发生转移而使聚合产物分子量下降。实际反应中，利用溶剂的转移特性，作为聚合分子量的调节剂，调节溶剂用量或使用特殊溶剂，可调节聚合产物的分子量。

均相溶液聚合，选择高聚物的优良溶剂，可防止局部发生剧烈反应；非均相溶液聚合，选择高聚物的非溶剂，形成沉淀聚合，产物易于分离。

毒性小、安全性高和低成本是溶剂选择的首要条件。水无毒、价廉易得、链转移系数为零，如条件允许，最好以水为溶剂。

溶液聚合体系黏度低，易于散热，反应易控制，可连续化生产。但溶剂用量大，单体浓度低，聚合速率慢，产物分子量低，转化率不高，生产能力小，溶剂回收费用高。

(3) 悬浮聚合

指借助机械搅拌将单体分散成液滴悬浮于介质中进行聚合的方法。该法适合单体及生成的高聚物不溶于水，所用引发剂易溶于单体而不溶于水的场合。单体在机械搅拌作用下分散成液滴，大液滴受搅拌的切应力作用先被拉成长条形，然后被击散成小液滴，小液滴受搅拌影响互相碰撞而成大液滴，搅拌保持小液滴和大液滴间的分散和聚集的动态平衡。单体液滴形成模型如图 11-2 所示。反应生成的高聚物使液滴的黏度增加，液滴间互相碰撞黏结成大块而使聚合热难以导出，容易积累发生事故，为防止已分散的液滴重新聚集，需要加入悬浮剂。

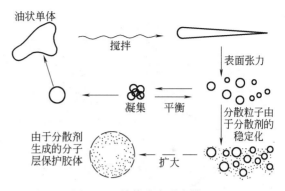

图 11-2　单体液滴形成模型

悬浮剂有两类：一类是聚乙烯醇、明胶、淀粉等水溶性高聚物，其作用是在液滴表面形成保护膜，阻碍液滴相互黏结；另一类是不溶于水的无机物粉末，如碳酸镁、碳酸钙等，其作用是吸附在液滴表面，阻碍、隔离液滴间的相互黏结。加入助悬浮剂，可协助悬浮剂改善液滴在水相介质中的分散状态，增大单体在水相中的稳定性，降低表面张力，改善液滴结构形态。常用表面活性剂如十二烷基苯磺酸钠，可作为助悬浮剂。搅拌及悬浮剂是悬浮聚合的关键，二者缺一不可。

悬浮聚合反应是在液滴内进行的，液滴相当于本体聚合釜，生成的高聚物与单体互溶时，产品为透明的小圆珠，若不溶于单体，产品为不透明粒子。悬浮聚合的产物粒子形成过程大致分为三个阶段，如图 11-3 所示。

图 11-3　均相粒子形成过程

第一阶段单体液滴中的引发剂分解，生成自由基引发单体聚合，此阶段黏度较小；第二阶段为快速增长期，聚合速率加快，黏度增大，液滴体积开始减小；第三阶段单体量显著减少，液滴体积收缩，大分子互相间缠绕形成坚实的粒子。

单体液滴有聚集成较大液滴的趋向，尤其随着聚合程度的增加，液滴黏度增大，液滴间相互黏结的趋向更强，有可能黏结成为大块。当聚合程度较深时，液滴转变成固体粒子，则无结块的危险。

水作为悬浮聚合的分散剂，黏稠度小，反应热易于分散移出，聚合反应较易于控制，产物分子量分布均匀，产物为细小的固体珠粒，易于分离。缺点是聚合过程中粒子间有黏结的可能，生产能力低。

(4) 乳液聚合

一般指采用水溶性引发剂，单体在乳化剂及机械搅拌作用下，在水中分散成乳状液经引发剂引发进行聚合的方法。乳化剂是既含有亲油基团，又含有亲水基团的物质，如硬脂酸钠（亲油端为烃基，亲水端为极性基团），其作用是将单体分散于水中，形成乳状液。乳化剂加入水相介质后，乳化剂分子聚集在一起形成胶束，当加入油溶性单体后，单体分子与乳化剂

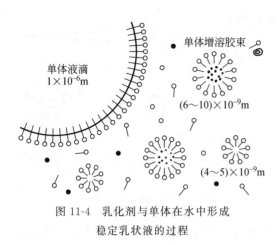

图 11-4 乳化剂与单体在水中形成稳定乳状液的过程

分子中的亲油基团作用,形成增溶胶束分散在水中,其过程如图 11-4 所示。乳液聚合时,反应发生在乳化剂分子形成的胶束内,聚合反应速率高,产物分子量大(每个胶束内只有一个自由基,分子链只能增长,难以终止)。该法适用于产物直接使用的场合,产物对环境污染小,后处理工序简单,工艺流程简单,如醋酸乙烯酯乳液聚合。

乳液聚合以水为反应介质,黏度小,易于搅拌,易于散热,聚合可在低温下进行,产物分子量高,便于连续操作,产物适合直接使用的场合;当制备粉状固体时,后处理复杂,成本较高,产品中残留的乳化剂有损于产品的电性能。

三、聚氯乙烯的性质与用途

1. 聚氯乙烯的性质

聚氯乙烯是由氯乙烯单体经自由基聚合而成的聚合物,简称 PVC。聚氯乙烯为白色或浅黄色粉末,无毒、无臭,相对密度为 1.35～1.45,含氯量为 56%～58%。

聚氯乙烯具有良好的力学性能,而且随分子量的增大而提高。调节聚氯乙烯制品中增塑剂的用量,可以制成软质聚氯乙烯和硬质聚氯乙烯。硬质聚氯乙烯的弹性模量可达 1500～3000MPa;软质聚氯乙烯的弹性模量较低,但其断裂伸长率高达 200%～450%。聚氯乙烯的介电性能优良,但绝缘性不如聚乙烯和聚丙烯,一般用于中低压和低频绝缘材料。

聚氯乙烯具有优良的耐化学腐蚀性,除发烟硫酸和浓硝酸外,耐大多数无机酸和碱、多数有机溶剂和无机盐的腐蚀,适合用作化工防腐材料。

聚氯乙烯热稳定性很差,纯聚氯乙烯树脂 140℃ 开始分解,180℃ 迅速分解,其黏流温度为 160℃,故难以采用热塑性方法加工。聚氯乙烯耐光性能较差,在使用过程中,因光、氧、热的长期作用,容易降解,引起制品颜色的变化,出现脆性。聚氯乙烯的线膨胀系数较小。聚氯乙烯树脂难燃,其氧化指数达 45 以上。

聚氯乙烯具有良好的混溶性,可与多种添加剂,如增塑剂、稳定剂、润滑剂以及某些聚合物混溶,其产品种类多样化,为其他塑料品种所不及,是仅次于聚乙烯的第二大通用树脂。

聚氯乙烯树脂根据其分子量大小,分为通用型和高聚合度两类。通用型聚氯乙烯树脂的平均聚合度为 500～1500;高聚合度聚氯乙烯树脂的平均聚合度大于 1700。常用的是通用型聚氯乙烯树脂。聚氯乙烯按其形态划分,分为粉状和糊状两种。粉状聚氯乙烯树脂常用于压延和挤出制品;糊状聚氯乙烯树脂常用于人造革、壁纸、儿童玩具及乳胶手套等。若按树脂的结构分类,聚氯乙烯可分为紧密型和疏松型两种。疏松型呈棉花团状,可大量吸收增塑剂,常用于软制品的生产;紧密型呈乒乓球状,吸收增塑剂的能力低,主要用于聚氯乙烯硬制品的生产。

聚氯乙烯树脂的牌号可以用特性黏度和平均聚合度大小表示,见表 11-2。

项目十一 聚氯乙烯的生产

表 11-2 聚氯乙烯树脂的牌号

新牌号	旧牌号	K 值	特性黏度/(mL/g)	平均聚合度	用途
SG-1	—	77～75	154～144	1800～1650	高级绝缘材料
SG-2	XS(J)-1	75～73	143～136	1650～1500	绝缘材料、软制品
SG-3	XS(J)-2	73～71	135～127	1500～1350	绝缘材料、膜、鞋
SG-4	XS(J)-3	71～69	126～118	1350～1200	膜、软管、人造革
SG-5	XS(J)-4	68～66	117～107	1150～1000	硬管、型材
SG-6	XS(J)-5	65～63	106～96	950～850	硬管、纤维、透明片
SG-7	XS(J)-6	62～60	95～85	850～750	吹塑瓶、透明片、注塑

2. 聚氯乙烯的用途

聚氯乙烯的塑料制品广泛用于工业、农业和建材行业,见图 11-5。

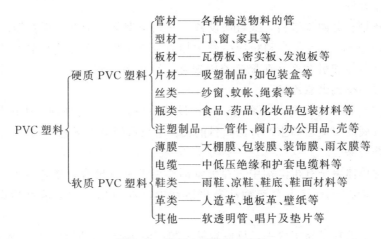

图 11-5 聚氯乙烯塑料的用途

硬质聚氯乙烯主要用于管材、板材、型材、瓶类及注塑制品。管材如上水管、下水管、输液管、输气管等;板材如用于天花板、百叶窗、化工防腐槽的瓦楞板和发泡板等;型材如装饰板、木线、楼梯扶手等。

软质聚氯乙烯主要用于薄膜、电缆、鞋类、革类等。薄膜如农用大棚薄膜、包装膜、雨衣膜等;电缆如中低压绝缘和护套电缆料;鞋类如雨鞋、凉鞋等;革类如人造革、地板革及唱片等。

四、聚氯乙烯的生产方法

1. 氯乙烯的聚合方法

聚氯乙烯的制造方法主要有悬浮聚合法、乳液聚合法、本体聚合法和溶液聚合法四种,80%～85%的聚氯乙烯树脂是通过悬浮聚合法生产的。

(1) 悬浮聚合法

在机械搅拌和分散剂作用下,氯乙烯、油溶性引发剂呈珠状分散悬浮在介质水中,进行聚合反应。反应完毕,停止搅拌,聚氯乙烯从介质中沉淀析出。在单体回收罐或汽提塔内回收单体后，再经水洗、离心脱水、干燥制得。

悬浮聚合法产品质量好，聚氯乙烯的孔隙率高，单体残留量低（0.0005％以下），操作简单，生产成本低，经济效益好，适用于大规模工业生产，其产量占聚氯乙烯总量的80％以上，是聚氯乙烯的主要生产方法。

(2) 乳液聚合法

乳液聚合法包括微悬浮聚合，聚合工艺有间歇式和连续式两种。乳液聚合的基本组分是单体氯乙烯、水、水溶性引发剂和乳化剂。在乳化剂的作用下，液态单体氯乙烯分散在水中成为乳状液，在引发剂作用下进行聚合，形成聚氯乙烯乳液，聚氯乙烯乳液经喷雾干燥、分离得聚氯乙烯粉末。

乳液聚合法产品颗粒细，分子量高，产生的热量易除去，聚合温度易于控制，聚合体系稳定，易于实现连续化生产。但工艺流程长，后处理复杂，所用助剂多，生产成本高，树脂纯度低，产品热稳定性和颜色不及悬浮聚合法，应用领域受到限制。乳液聚合法适用于生产糊状聚氯乙烯。

(3) 本体聚合法

氯乙烯本体聚合分两步进行，聚合法设备是立式预聚釜、带框式搅拌器的卧式聚合釜。预聚合将单体总量的1/3～1/2和相应引发剂加入预聚釜中，预聚合的转化率8％～12％；第二步加入其余单体和引发剂，在聚合釜中聚合，转化率达到75％～90％，排出残余单体后，经粉碎、过筛得到聚氯乙烯。

本体聚合法产品纯度较高，收率高，生产设备简单，无需后处理，生产周期短，成本低，是近年来发展的聚氯乙烯生产方法，目前其产量只占聚氯乙烯总量的10％。

(4) 溶液聚合法

先将氯乙烯单体溶于有机溶剂中，在引发剂作用下进行聚合，聚合温度控制在40℃左右。随着聚合反应的进行，聚合产物从有机溶剂中沉淀析出，除去溶剂后即得聚氯乙烯产品。

溶液聚合产生的热量易于除去，反应容易控制；但溶剂需要回收，生产成本高，聚氯乙烯分子量和表观密度较低，主要用于聚氯乙烯共聚物的生产。

2. 聚氯乙烯生产技术的发展

聚氯乙烯自20世纪30年代实现工业化以来，其生产技术和应用领域均有很大发展。聚氯乙烯工业发展的转折点是氯乙烯-醋酸乙烯酯共聚物、增塑聚氯乙烯的出现，此后聚氯乙烯才真正作为高分子材料大量生产。

聚氯乙烯生产技术的发展，主要体现在单体原料路线的转换、聚合方法的改进等方面。

在聚氯乙烯生产初期，氯乙烯单体均采用电石乙炔法生产，成本较高。后采用石油为原料的乙烯，经氧氯化法生产单体氯乙烯，使成本下降了26％左右，而且氯乙烯纯度高，从而使聚氯乙烯工业进入新的历史阶段。

20世纪40年代以来，悬浮聚合法逐步替代了乳液聚合和溶液聚合，成为聚氯乙烯生产的主流方法，特别是后处理方法的改进，简化了工艺，提高了产品质量。乳液聚合法得到进一步发展，微悬浮聚合法的成功开发，促进了糊状聚氯乙烯生产技术的提高。近年来本体聚合的开发，显著提高了聚氯乙烯的纯度及性价比，扩大了聚氯乙烯的应用领域。

在聚氯乙烯树脂生产中，围绕聚合及其设备、产品质量与控制等方面的技术革新与改造，始终没有停止。改善搅拌和挡板、改进聚合设备的结构、强化传热能力、聚合釜大型化、清釜技术、残留单体的回收、计算机数控联机质量控制等，使产品质量更加稳定，减少了开釜次数，降低了单体消耗，聚氯乙烯树脂生产技术得到不断发展。

目标自测

判断题

1. 高聚物是由众多高分子链组成的化合物，衡量高聚物的主要指标是分子量。（　　）
2. 通常高分子的凝聚态多为固态，当将其加热到适当温度时，可转变成黏稠的液态。（　　）
3. 根据活性中心的不同，连锁聚合反应分为自由基聚合、分子聚合及配位聚合。（　　）
4. 单体及少量引发剂在热、光或辐射能作用下聚合的方法是乳液聚合。（　　）
5. 聚氯乙烯具有优良的耐化学腐蚀性和热稳定性。（　　）

填空题

1. 合成高聚物的原料，一般称为_____；由一种单体形成的高聚物，称为_____；由两种或多种单体共同形成的高聚物，称为_____。
2. 高聚物的形成反应分为_____和_____两类。
3. 聚合反应按反应介质和条件不同，分为_____、_____、_____、_____4种。
4. 聚氯乙烯是由单体_____经_____而得的高分子材料，其性能优良，具有极好的耐化学腐蚀性。
5. 聚氯乙烯的制造方法主要有_____、_____、_____、_____四种，_____法是聚氯乙烯生产的主流方法。

任务二　聚氯乙烯的生产

任务目标

1. 理解聚氯乙烯生产的原理；
2. 理解聚氯乙烯生产的工艺影响因素，能分析选择工艺条件；
3. 了解聚氯乙烯生产主要设备，能识读工艺流程图，具有流程分析组织的初步能力。

一、基本原理

氯乙烯聚合属于自由基连锁聚合，聚合反应的基本过程包括链引发、链增长、链终止。反应式可表示为

$$n\text{CH}_2=\text{CHCl} \longrightarrow \text{\textsf{+}CH}_2-\text{CH}\text{\textsf{+}}_n$$
$$\phantom{n\text{CH}_2=\text{CHCl} \longrightarrow \text{\textsf{+}CH}_2-}|$$
$$\phantom{n\text{CH}_2=\text{CHCl} \longrightarrow \text{\textsf{+}CH}_2-}\text{Cl}$$

聚合反应，首先是引发剂分解产生初级活性自由基，该自由基引发氯乙烯单体使之形成新的单体自由基，链引发过程吸热，需要外界提供能量。单体自由基与单体迅速发生聚合反应，形成大分子长链自由基，同时放出大量的聚合热，氯乙烯链增长的方式为头-尾结合，

反应速率极快。链终止反应非常复杂，有偶合终止、歧化终止、长链自由基与引发剂的活性自由基链终止。

在正常聚合条件下，由于引发剂的量与单体的量相比很少，故长链自由基与单体间的链增长和链转移可能性很大。这种增长链向单体的转移，影响着产物的分子量。

二、工艺影响因素

1. 聚合原料

（1）单体

氯乙烯单体纯度影响聚氯乙烯的质量。实践证明，单体中微量乙炔将导致产物平均分子量的降低，同时产物中形成的不饱和键使其热稳定性降低；单体中含有不饱和多氯化物时，不但降低聚合速率和产物的聚合度，还容易产生支链，使产品的性能变坏等。单体纯度要求在 99.9% 以上，氯乙烯的纯度指标见表 11-3。

表 11-3 氯乙烯的纯度指标

成分	含量	成分	含量	成分	含量
氯乙烯	>99.9%	丙烯	$<2\times10^{-6}$	二氯化物	$<10^{-6}$
乙烯	$\leqslant 2\times10^{-6}$	丁二烯	$<5\times10^{-6}$	铁	$<1\times10^{-7}$
乙炔	$<2\times10^{-6}$	1-丁烯-3-炔	$<1\times10^{-6}$		

（2）聚合用水

水是悬浮聚合的分散介质，所用水必须是经净化处理的去离子水。严格控制水中氯离子、铁和氧的含量，氯离子含量应控制在 2×10^{-5} 以下，否则聚氯乙烯树脂颗粒不均匀，"鱼眼"增多。表 11-4 为聚合用去离子水的技术指标。

表 11-4 聚合用去离子水的技术指标

项目	数值	项目	数值	项目	数值
电导率/(μS/cm)	0.5	硬度	0	氯含量/%	0
pH 值	7.0	SiO_2 含量/%	0	蒸发残留物含量/%	0
氧含量/%	0.00001	SO_3 含量/%	0.00001		

在保证聚合物能分散成颗粒、不结块的前提下，水量与所要求的树脂内部结构有关。如疏松型聚氯乙烯（以聚乙烯醇为分散剂）单体与水的质量比为 1:1.4～1:2.0，紧密型聚氯乙烯（以明胶为分散剂）单体与水的质量比为 1:1.1～1:1.3。

2. 助剂

（1）引发剂

氯乙烯悬浮聚合，使用不溶于水而溶于单体的引发剂，常用的有过氧化二碳酸二乙基己酯、偶氮二异丁腈等。引发剂可单独使用，也可复合使用，一般复合使用比单独使用效果好。

引发剂对聚合反应及产品质量均有很大影响。引发剂种类不同，对氯乙烯悬浮聚合及产品均产生不同的影响，如对聚合时间、放热速率、聚氯乙烯热稳定性及"鱼眼"等产生影响。引发剂用量对聚合反应也有着很大的影响。引发剂用量增多，单位时间产生的自由基增加，反应速率加快，聚合时间缩短，设备利用率提高；若用量过多，则反应剧烈，聚合热难以移出，甚至造成爆炸性聚合的危险；若引发剂用量较少，则反应速率较慢，聚合时间过长，设备利用率低。

（2）分散剂

又称悬浮剂，是悬浮聚合不可少的助剂。常用的分散剂有聚乙烯醇、明胶、甲基纤维素、羟乙基纤维素、羟丙基甲基纤维素等，它们能使单体液滴保持分离，增强悬浮液的稳定性。部分水解的聚乙烯醇可改善氯乙烯的颗粒状态，使聚氯乙烯树脂孔隙率高，增强对增塑剂的吸收，提高树脂的塑化性能。

工业上，还常加入辅助分散剂，如非离子山梨醇酯、一月桂酸酯、一硬脂酸酯或三硬脂酸酯等。

（3）其他助剂

主要有 pH 值调节剂、防黏釜剂、链终止剂等助剂。

氯乙烯悬浮聚合在偏碱性条件下进行，pH 值为 7～8。介质的 pH 值影响聚合速率、聚合质量。加入 pH 值调节剂，使引发剂具有良好的分解速率、分散剂具有良好的稳定性，防止产物分解产生氯化氢带来的悬浮液不稳定，导致"黏釜"现象，影响釜传热，增加清釜工作。常用 pH 值调节剂有水溶性碳酸盐、磷酸盐、醋酸钠等。

"黏釜"是指聚氯乙烯树脂黏结在釜内壁上的现象。黏釜影响釜传热效率和产品质量，增加人工清洗釜的劳动强度和危害。为防止聚合中的黏釜现象，需要加入防黏釜剂。常用防黏釜剂有水浴黑、亚硝基 R 盐、多元酚的缩合物等。如发现黏釜现象，可用 14.7～39.2MPa 的高压水冲洗清除。

此外，为使聚合反应在设定转化率终止，或防止因停电停水或因聚合速率很快而发生意外事故，需及时加入链终止剂以终止聚合反应，双酚 A 是常用的链终止剂。为在较低温度下聚合得到分子量较低的树脂，需要加入链转移剂。为防止出现"鱼眼"，需加入抗鱼眼剂 3-叔丁基-4-羟基苯甲醚等助剂。

表 11-5 是聚合度为 800 的氯乙烯悬浮聚合的典型配方。

表 11-5 聚合度为 800 的氯乙烯悬浮聚合的典型配方

物料名称	质量份	物料名称	质量份	物料名称	质量份
氯乙烯	100	聚乙烯醇	0.018	辅助分散剂	0.015
水	140	羟丙基甲基纤维素	0.027	抗鱼眼剂	适量
偶氮二异丁腈	0.036	巯基乙醇（链转移剂）	0.008	防黏釜剂	适量

3. 杂质

杂质影响聚合反应。杂质主要是氧、铁及高沸物等。

（1）氧

氧对聚合反应具有缓聚、阻聚作用；氧与单体作用生成的过氧化高聚物容易水解成酸类，进而破坏聚合体系的 pH 值和产品稳定性。杂质氧的来源主要是由水带入聚合釜的。减少氧的措施是在加入水后，抽真空来降低釜内氧的含量。

(2) 铁

铁的存在会延长反应的诱导期，加重黏釜现象，降低产品的热性能和电性能。杂质铁的来源，主要是生产氯乙烯时由原料氯化氢带入的。因此，要严格控制氯乙烯中铁的含量，也可加入铁离子螯合剂降低铁的影响。

(3) 高沸物

指乙烯基乙炔、乙醛、二氯乙烷等杂质。在聚合反应中，高沸物使增长中的分子链发生链转移而降低反应速率和聚合度。减小高沸物的影响，关键是提高单体氯乙烯的纯度，单体中高沸物含量要求小于 10^{-6}。

聚氯乙烯生产对杂质的要求见表 11-6。

表 11-6　聚氯乙烯生产对杂质的要求

组分	含量/%	组分	含量/%	组分	含量/%
乙烯	0.0002	1-丁烯-3-炔	0.0001	HCl	0
丙烯	0.0002	乙醛	0	铁	0.00001
乙炔	0.0002	二氯化物	0.0001		
丁二烯	0.0002	水	0.005		

三、工艺流程与聚合设备

1. 悬浮法聚合工艺流程

氯乙烯悬浮聚合采用间歇法生产，工艺过程包括聚合、碱处理、水洗和干燥等工序，工艺流程如图 11-6 所示。

先将去离子水用泵由贮槽打入聚合釜中，启动搅拌器，依次将分散剂及其他助剂（除引发剂和链终止剂外）加入聚合釜，然后聚合釜进行试压，试压合格后，用氮气置换釜内空气。单体由氯乙烯贮槽经过滤器加至聚合釜内，之后夹套通蒸汽或热水，当聚合釜内的温度升至规定的 50~58℃时，加入引发剂，聚合反应随即开始，聚合釜夹套改通冷却水，聚合温度控制在规定温度±0.5℃范围内。

当转化率达到 60%~70%时，聚合出现自加速现象，反应速率加快，放热剧烈，此时应加大冷却水用量。当转化率达到 80%~85%范围时，聚合压力下降。当釜内压力由 0.687~0.981MPa 降至 0.294~0.196MPa 时反应结束。然后泄压出料，使聚合物膨胀。聚氯乙烯颗粒疏松程度与泄压膨胀压力有关，根据产物的不同要求控制泄压的压力。

未反应的氯乙烯气体，经泡沫捕集器滤掉夹带的少量树脂后，排入氯乙烯气柜循环使用。过滤下的少量树脂流至沉降池作为次品处理。

釜内聚合悬浮液送碱处理釜，用 36%~42%的氢氧化钠溶液处理，除去其中的助剂及低聚物，之后送至离心机，经刮刀式离心机过滤脱水，聚合物树脂含水量降至 20%~30%。然后将树脂送至气流干燥管，经流化床干燥器干燥，得含水量小于 0.3%的聚氯乙烯树脂，再经振动筛除去大颗粒，获得成品聚氯乙烯，送去包装入库。

2. 主要工艺参数及控制

(1) 主要工艺参数

① 聚合　聚合温度为 50~58℃（依 PVC 型号而定）；聚合压力，初始为 0.687~

项目十一 聚氯乙烯的生产

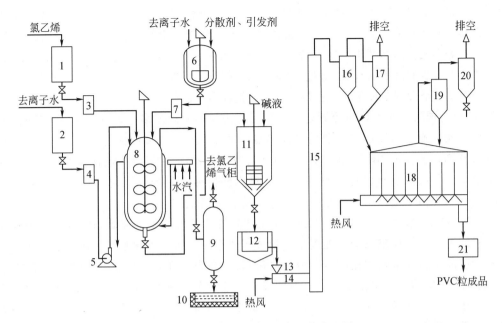

图 11-6 氯乙烯悬浮法聚合工艺流程图

1—氯乙烯贮槽；2—去离子水贮槽；3,4,7—过滤器；5—水泵；6—配制釜；8—聚合釜；9—泡沫捕集器；10—沉降池；11—碱处理釜；12—离心机；13—料斗；14—螺旋输送器；15—气流干燥管；16,17,19,20—旋风干燥器；18—流化床干燥器；21—振动筛

0.981MPa，结束时为 0.294～0.196MPa；聚合时间为 8～12h，聚合转化率为 90%。

② 碱处理　用氢氧化钠碱液处理，以破坏残存引发剂、分散剂、低聚物和挥发性物质，使其转变成能溶于水的物质，便于水洗清除。碱液浓度为 36%～42%，加入量是聚合浆液的 0.05%～0.2%，用直接蒸汽加热至 70～80℃，处理时间为 1.5～2.0h，用氮气吹气降温至 65℃ 以下，送过滤。

③ 脱水　紧密型树脂含水率为 8%～15%；疏松型树脂含水率为 15%～20%。

④ 干燥　第一段用气流干燥管干燥，脱除树脂表面水，干燥温度为 40～150℃，风速为 15m/s，物料停留时间为 1.2s，物料含水率小于 4%。第二段用流化床干燥，脱除树脂内部的结合水，干燥温度为 120℃，物料停留时间为 12min，含水率小于 0.3%。

(2) 工艺条件的控制

① 聚合温度　配料比一定，聚氯乙烯的平均分子量主要取决于聚合温度。聚合温度与聚合度的关系见表 11-7。

生产中，温度波动不大于 ±0.5℃，以控制在 ±0.2℃ 最好。氯乙烯聚合热较大，为维持聚合温度，必须及时移出反应热。否则，聚合温度上升，聚合速率加快，致使反应放热更加剧烈，造成恶性循环，引起爆炸性聚合。温度调节要平

表 11-7 聚合温度与聚合度的关系

聚合温度/℃	聚合度/%	平均聚合度
30	74	6000
40	80	2400
50	90	1000

稳，要有一定的降温手段，为强化传热能力，一般采用大流量、低温差循环方式强制换热，采用计算机数控联机质量控制系统，实现聚合的自动控制。

② 搅拌　氯乙烯悬浮聚合，搅拌的作用十分重要。搅拌使釜内物料在轴向、径向流动均匀混合，釜内温度分布比较均匀，有利于传热；搅拌桨叶旋转产生的剪切力，使单体分散

形成微小的液滴，均匀分散并悬浮于水中，对聚氯乙烯颗粒形态及粒度分布有很大的影响。

搅拌器桨叶形式分为低黏度用和高黏度用两类。低黏度用桨叶有桨式、推进式、涡轮式、三叶后掠式等形式；高黏度用桨叶有锚式、框式、螺带式等。搅拌效果与桨叶的形式、转速、桨叶尺寸及聚合釜的高径比有关。为达到良好的搅拌效果，搅拌器桨叶形式、尺寸及转速，根据聚合釜等实际情况选择确定。氯乙烯悬浮聚合搅拌器采用低黏度桨叶形式，见表11-8。

③ 黏釜的预防　氯乙烯悬浮聚合，产生黏釜现象的原因很多。例如，釜壁的粗糙程度、搅拌器形式及转速、引发剂与分散剂的种类与数量等。避免和防止黏釜的主要措施有：选择适宜的引发剂；加入水相阻聚剂，如亚甲基蓝、硫化钠等；在釜壁、搅拌器上喷涂一定量的防黏釜剂，将某些极性有机化合物涂在聚合釜内壁，形成阻聚剂固定薄层，使聚合釜内壁"钝化"，具有光洁釜壁作用，这是一种有效的防黏釜措施。

④ 防"鱼眼"产生　所谓"鱼眼"，是由于聚氯乙烯大分子链彼此缠结成团或有少量交联，这样的聚氯乙烯树脂在加工温度下，形成了不熔融、难于塑化加工的聚氯乙烯颗粒，使聚氯乙烯制品上呈现未能塑化的斑点或透明硬粒。"鱼眼"降低了树脂的塑性和制品的质量。

"鱼眼"产生的原因比较复杂，原料纯度较低、引发剂使用不当、搅拌状况、生产中混入机械杂质等，都会增加树脂中的"鱼眼"。防止"鱼眼"产生的一般措施有：提高原料的质量，降低杂质含量；根据生产要求、设备及工艺条件选择合适的分散剂、引发剂；减少黏釜现象；严格控制聚合温度等。

3. 聚合设备

氯乙烯悬浮聚合设备为釜式反应器，简称聚合釜。聚合釜是压力容器，装有强有力搅拌装置，外设夹套、内设U形管传热装置，以冷却水为传热介质。聚合釜材质有复合钢板、全不锈钢和衬搪瓷三种。聚合釜的容积日趋大型化，国内多采用 $33m^3$ 的复合钢板聚合釜；国外聚合釜容积可达 $127m^3$，甚至 $200m^3$。国内氯乙烯悬浮聚合釜的主要参数见表11-8。

表11-8　国内氯乙烯悬浮聚合釜的主要参数

材质		复合钢釜						搪瓷釜	
体积/m^3		13.5	仿朝33	LF-30	80	国产33	日立127	7	14
直筒高度/mm		6150	5400	5000	5000	5400	7900	3050	3700
内径/mm		1600	2600	2600	4000	2600	4200	1600	2000
高径比		3.85	2.08	1.92	1.25	2.08	1.88	1.9	1.85
传热面积	夹套/m^2	34.5	52	50	90	52	90	17.5	28
	内冷/m^2	—	28	20	16	15	16	—	—
夹套比传热面/(m^2/m^3)		2.55	1.58	—	1.12	1.85	1.12	2.5	2
搅拌桨叶形状和数量		3层斜桨，3层螺旋	2层三叶桨，加一小桨	3层斜桨，3层螺旋	6层45°斜桨	底伸式三叶后掠桨	3层二叶桨	3~4层一枚指形	5~6层一枚指形
挡板		无	8组U形管	8根圆管	3组12根圆管	4组圆管	一块矩形	挡板	挡板

目标自测

判断题

1. 氯乙烯悬浮聚合设备为釜式反应器，简称聚合釜，是压力容器。（　　）

2. 氯乙烯悬浮聚合常用的有过氧化二碳酸二乙基己酯、偶氮二异丁腈等,作为引发剂。( )

3. 为防止聚合中的黏釜现象,需要加入防黏釜剂。( )

4. "鱼眼"产生的原因比较单一,原料纯度较低、引发剂使用不当不会增加树脂中的"鱼眼"。( )

5. 氧对聚合反应具有缓聚、阻聚作用,减少氧的措施是在加入水后,抽真空来降低釜内氧的含量。( )

填空题

1. 氯乙烯聚合属于_____聚合,聚合反应的基本过程包括_____、_____、_____。

2. 杂质影响聚合反应,聚氯乙烯生产中的杂质主要是_____、_____及高沸物等。

3. 配料比一定,聚氯乙烯的平均分子量主要取决于_____。

4. _____又称悬浮剂,是悬浮聚合不可少的助剂,常用的有_____、_____等。

5. 氯乙烯悬浮聚合中_____对传热和聚氯乙烯颗粒形态有很大的影响。

叙述题

识读氯乙烯悬浮法聚合工艺流程图,叙述其工艺流程。

任务三 聚氯乙烯的改性

任务目标

1. 理解聚氯乙烯改性的目的;
2. 了解聚氯乙烯的化学改性技术;
3. 了解聚氯乙烯的物理改性技术。

一、聚氯乙烯改性目的及方法

1. 聚氯乙烯改性目的

聚氯乙烯具有优良的综合力学性能、一定的耐化学腐蚀性;加之资源丰富,相对价格低廉,其制品又为社会建设和人们生活所需求,因而被普遍重视并得到广泛的应用。但 PVC 也存在一些性能上的缺陷或不足。

① 聚氯乙烯热稳定性差 当温度到达 100℃时,PVC 开始分解放出氯化氢,温度高到 150℃时,分解速率更大;PVC 硬制品的维卡软化温度通常低于 80℃,使 PVC 应用受到限制。

② 硬质 PVC 制品呈脆性 常温下聚氯乙烯缺口冲击强度,只有 $2.2kJ/m^2$,低温时更容易脆裂,不能做结构材料。硬质品使用温度下限为 -15℃,软质品温度下限为 -30℃。

③ 聚氯乙烯的增塑剂的增塑作用不稳定 软质 PVC 的生产通常采用小分子增塑剂,加工过程中增塑剂会溶出,挥发迁移,这不但污染了环境,还会使制品变硬,失去应用价值。

④ PVC 分子链含有强极性 C—Cl 键,当 PVC 用于生产医疗制品时,亲水性和生物相容性差,影响使用。

为克服上述缺点，赋予PVC优良的性能，拓宽其应用范围，就必须进行改性。

2. 聚氯乙烯改性的方法

聚氯乙烯改性方法大致分为化学改性和物理改性两大类。

化学改性是通过共聚、接枝、氯化、交联等化学方式，使PVC结构发生变化，从而达到改性目的。PVC化学改性可以从根本上改善PVC分子结构缺陷，赋予PVC产品各种性能的一种重要、快捷、有效的手段，但化学改性一般都是通过复杂的化学反应，对于工艺条件和设备要求比较高，生产控制难度大。

物理改性则是通过添加各种助剂或是对聚氯乙烯进行填充、共混等工艺加工来改善其性能。物理改性方法不涉及PVC分子结构的改变，比化学改性方法更易实施。作为生产成本低、效用高的一种改性方法，物理改性在PVC实际生产中得到了广泛应用。

二、聚氯乙烯的化学改性

化学改性的途径有共聚合反应和大分子反应两种。共聚合是PVC化学改性的主要方法，常采用无规共聚和接枝共聚两种方式。大分子化学反应改性对PVC而言常采用氯化和交联两种方式。

1. 无规共聚改性

无规共聚可根据共聚单体性质的不同来降低PVC加工温度和熔体黏度，改进PVC的耐热性和共聚物的力学特性。氯乙烯与各种单体或PVC与其他单体共聚，它们的反应机理和反应动力学不同于氯乙烯均聚，而共聚物的结构也复杂多样。如氯乙烯-乙酸乙烯酯（VC-VAC）共聚物俗称氯醋树脂，是开发最早、产量最大和应用最广的共聚PVC品种，VAC的内增塑作用使VC-VAC共聚物具有低的塑化温度和熔体黏度，改善了加工性能。氯乙烯-乙酸乙烯基苯基酯共聚物是最近开发的VC共聚物品种，具有优良的热稳定性、着色性和透明性等，芳基结构提高了PVC分子链的稳定性，能有效地抑制氯化氢的释放，提高PVC的热稳定性，乙酸乙烯基苯基酯也是刚性单体，能提高PVC的耐热性，是一种很有发展前途的树脂品种。

2. 接枝共聚改性

接枝共聚是将改性聚合物体主链接上其他单体，如将VC单体接到柔韧性好的聚合物链上，或PVC主链上连接柔性单体，这样可提高PVC的抗冲击等性能。接枝共聚改性可分为氯乙烯接枝共聚和聚氯乙烯接枝共聚两类方法。

氯乙烯接枝共聚是指以其他聚合物为主链与氯乙烯单体的接枝共聚，如氯化聚乙烯（CPE）与氯乙烯接枝共聚，即CPE-g-VC。其作用主要有两个：一是改进硬质PVC的抗冲性能。接枝PVC的存在能提高均聚PVC与基体聚合物（抗冲改性剂）的相容性，从而提高接枝产物的抗冲性能。二是改进软质PVC的增塑稳定性。其采用的基体聚合物往往是柔性聚合物，在接枝产物中含量较高，从而达到增塑效果。

聚氯乙烯接枝共聚是指以PVC分子为主链，接上其他单体形成支链。这种共聚改性的主要目的是：提高硬质PVC的抗冲性能和耐热性；增加软质PVC的增塑稳定性。抗冲改性和增塑改性主要接枝软单体，如乙酸乙烯酯、丁二烯和丙烯酸丁酯等。耐热改性则主要接枝刚性单体，如甲基丙烯酸甲酯、N-苯基马来酰亚胺、α-甲基苯乙烯和苯乙烯等。悬浮溶胀和乳液法是制备PVC接枝共聚物的主要方法。

3. 大分子化学反应

PVC 的大分子化学反应改性有交联和氯化两种方法，目的是提高 PVC 的耐热变形能力。

聚氯乙烯的交联是指在 PVC 加工过程中加入少量交联剂或采用放射线辐照，使 PVC 分子链间产生一定程度的交联，交联剂可以和 PVC 共聚合成交联聚氯乙烯，也可与 PVC 主链反应生成交联聚氯乙烯，还可以与无规或接枝共聚到 PVC 上的基团反应生成交联聚氯乙烯。通过交联可提高 PVC 的拉伸强度和耐热性，使软质 PVC 具有更优的弹性。

聚氯乙烯的氯化是指将 PVC 氯化制得氯化聚氯乙烯（CPVC），含氯量比 PVC 增加 5%～8%，由于分子的极性增强，使玻璃化温度、软化点、耐热性均有提高。玻璃化温度约比 PVC 高 50℃，可在 90～100℃下长期使用，具有优异的耐老化性、耐腐蚀、高阻燃等特点，广泛用于化工建材、电器、纤维等生产领域。

三、聚氯乙烯的物理改性

填充、复合、共混是 PVC 物理改性的主要手段。

1. 聚氯乙烯填充改性

聚氯乙烯填充改性是在聚合物中均匀掺混一定量的微粒填充剂（简称填料）经混炼改性。填充改性的目的是：提高制品的硬度与耐磨性，提高制品的热变形温度，提高物料的热稳定性和耐候性，降低制品的成型收缩率和挤出胀大效应，降低制品的成本。

填料的种类、粒径以及表面处理情况对 PVC 制品的性能影响很大。聚氯乙烯填充改性常用的填料有碳酸钙、高岭土、二氧化硅、滑石粉、二氧化钛等，还可以采用金属粉，如铁粉、锌粉、黄铜粉、铝粉、铅粉等。

2. 聚氯乙烯纤维复合增强改性

增强改性是指在聚合物中掺入高模量、高强度的天然或人造纤维，从而使制品的力学性能大大提高的改性方法。纤维复合改性可提高塑料的硬度、耐磨性、热变形温度，降低制品的成型收缩率和挤出胀大效应。因为由于纤维的长径比很大，且增强塑料中的纤维多与塑料基体有强的界面键的存在，使聚合物分子链的运动能力受到限制和束缚，并影响 PVC 的塑化速度和塑化程度，所以纤维增强塑料具有较高的力学性能、耐疲劳性和抗蠕变性。在重复外力作用下，经纤维复合改性的 PVC 材料的性能不会明显降低，这是其他改性方法无法与之媲美的。

玻璃纤维是最有代表性的增强剂，常用其纤维材料，有时也使用其织物，如玻璃布、玻璃毡等。除玻璃纤维外，还有石棉纤维、有机聚合物纤维及其织物、碳纤维、硼纤维、金属须晶等。

3. 聚氯乙烯共混增韧改性

聚氯乙烯共混的目的是改善其加工性能、提高冲击强度、增强耐热性和降低成本（如利用废料与新料共混制再生品）等，其中共混增韧是目前研究最多的改性方法。PVC 增韧改性的目的是解决脆性和缺口敏感性，使硬质 PVC 能用作工程塑料或建筑材料。

增韧改性有两种方式，一种是用橡胶弹性体与 PVC 共混均匀，另一种是用刚性粒子（RF）与 PVC 共混，然后再通过一系列的加工操作来提高 PVC 材料的韧性。弹性体增韧 PVC 是一种传统的物理增韧改性方法，发展较为成熟。如 PVC 与 MBS（甲基丙烯酸甲酯-丁二烯-苯乙烯共聚物）共混物制得兼有韧性和透光性的新型 PVC 材料，几乎占领了要求高冲击、高透明PVC制品的应用领域。刚性粒子对PVC的增韧度不及弹性体，但可明显地提高冲击和拉伸强度。因此，人们提出将刚性粒子和弹性体同时使用，协同增韧PVC，这是近年来PVC共混改性方面较为活跃的研究领域之一。

目标自测

判断题

1. 化学改性作为生产成本低、效用高的一种改性方法，在PVC实际生产中得到了广泛应用。（　　）
2. 共聚合是聚氯乙烯化学改性的主要方法。（　　）
3. PVC的大分子化学反应改性有交联和氯化两种方法，目的是提高PVC的耐热变形能力。（　　）
4. 填充改性中填料的种类、粒径以及表面处理情况对PVC制品的性能影响很大。（　　）
5. 共混增韧改性的目的是解决脆性和缺口敏感性，使硬质PVC能用作工程塑料或建筑材料。（　　）

填空题

1. 聚氯乙烯改性方法大致分为_____改性和_____改性两大类。
2. 聚氯乙烯的化学改性包括_____和_____两大类。
3. 聚氯乙烯物理改性的主要手段有_____、_____、_____。

任务四　聚氯乙烯生产的安全控制

任务目标

1. 了解聚氯乙烯工艺安全控制方式；
2. 理解聚合工序异常工况及处理；
3. 了解聚氯乙烯生产的防护与紧急处置；
4. 树立规范操作、安全防护的意识。

一、工艺安全控制要求

聚合工艺具有以下危险特点：①聚合原料具有自聚和燃爆危险性。②如果反应过程中热量不能及时移出，随物料温度上升发生裂解和爆聚所产生的热量，使裂解和爆聚过程进一步加剧，进而引发反应器爆炸。③部分聚合助剂危险性较大。

聚合工艺的重点监控工艺参数包括：聚合反应釜内温度、压力，聚合反应釜内搅拌速率；引发剂流量；冷却水流量；料仓静电、可燃气体监控等。

聚合工艺安全控制的基本要求：反应釜温度和压力的报警和联锁；紧急冷却系统；紧急切断系统；紧急加入反应终止剂系统；搅拌的稳定控制和联锁系统；料仓静电消除、可燃气体置换系统，可燃和有毒气体检测报警装置；高压聚合反应釜设有防爆墙和泄爆面等。

聚合工艺宜采用的控制方式：①将聚合反应釜内温度、压力与釜内搅拌电流、聚合单体流量、引发剂加入量、聚合反应釜夹套冷却水进水阀形成联锁关系，在聚合反应釜处设立紧急停车系统。②当反应超温、搅拌失效或冷却失效时，能及时加入聚合反应终止剂。③安全泄放系统。

二、聚合工序异常工况及处理

在生产期间操作人员应随时监控釜内温度、压力，夹套循环水流量、温度等参数，并观察其变化趋势，对各种操作信息和报警信息，要认真进行分析和确认，发现异常及时处理解决。聚氯乙烯聚合工序常见异常工况、原因及处理方法，主要有以下几种情况。

1. 聚合釜内温度、压力剧增

事故原因：①冷却水量不足或温度过高；②引发剂用量过多；③悬浮液稠水比过小；④分散剂加入量过少、分散剂变质或分散剂漏掉；⑤搅拌异常；⑥体系 pH 值过高或过低；⑦单体加入量过多；⑧粘釜严重，传热效果差；⑨仪表控制失灵。

处理方法：①检查水量不足原因，联系调度提高水量或降低水温，可采取适当滴加些许终止剂的办法控制釜温，同时做好紧急终止的准备；②加大冷水量、降低水温，检查聚合配方，可采取适当滴加终止剂的办法控制釜温，同时做好紧急终止反应的准备，下次入料前严格校验引发剂用量；③增加二次注水的流量，监控釜温、釜压，再次入料时调整水油比；④根据反应情况及釜底取样结果决定是否应终止反应，本釜处理完毕后检查入料操作和配方，确保下次入料的准确性；⑤加入终止剂，终止反应，根据反应程度及釜底取样结果决定是否出料或回收处理，检修搅拌设备；⑥监控反应进程，做好紧急终止的准备；⑦加大冷却水量，做好紧急终止的准备；⑧出料后进行清釜；⑨找仪表检查自控系统，同时加强釜温、釜压监控，尽量采取降温、控温措施，同时做好紧急终止的准备。

2. 聚合釜压力上涨而温度不升

事故原因：①釜内残存惰性气体；②入料不准造成反应过程釜满；③釜内物料等待放料时间过长。

处理方法：①釜下取样，无异常则维持反应，回收时注意分析氯乙烯含氧量；②停止釜上注水，在釜下取样，如无异常维持聚合反应，根据当时情况可部分出料；③根据情况及时出料。

3. 聚合反应出现粗料

事故原因：①分散剂计量不准，单体、水加料计量不准；②分散剂加料时泄漏损失。

处理方法：①操作人员发现异常（从反应搅拌功率和冷却水通水量曲线可以发现），取样后确认为粗料，加终止剂出料；②通知仪表人员校正入料仪表、称量计量仪表；③检修相关的泄漏阀门。

三、聚氯乙烯生产的防护与紧急处置

悬浮法聚氯乙烯生产过程中存在的固有风险一般是高温物体或介质、易燃易爆有毒化学品、过氧化物、腐蚀性化学品、转动设备等，出现的事故一般为烫伤、爆炸、火灾、中毒、化学品腐蚀、机械伤害、触电等。生产过程接触到的有害物质有氯乙烯、二氯乙烷、氯气等，其中尤以氯乙烯、二氯乙烷更具危险性，如果发生突然泄漏或操作失控情况，会发生火灾爆炸和人员中毒事故。企业从业人员应掌握所接触化学品的理化性质、毒性信息、职业接触限值、急救和消防措施等。

聚合工段防止反应超温、超压，防止氯乙烯泄漏是聚合反应的重要环节。生产中严格监督聚合釜投料前气密性实验确保无泄漏，各安全阀、静电接地和终止剂等部位完好。要严格实施氯乙烯气密程序，认真检查易泄漏部位，一旦发现氯乙烯泄漏，要及时消除，防止泄漏扩大。

聚合釜要进行清釜作业必须按清釜作业要求办理"入釜作业证"；清釜前，必须先置换，排除釜内残留氯乙烯，取样分析釜内氯乙烯浓度小于0.4%（体积分数）、含氧大于18%（体积分数）后方可进入作业。作业中要向釜内继续吹送压缩空气或釜底抽真空排除清釜物内残存挥发的氯乙烯；作业人员必须穿戴适用的个人防护用品，系好安全带，并将安全绳系于釜外的人孔旁，清釜人员还应戴好安全帽，釜外应备有长管式面具和其他急救器材，以便紧急情况使用。必须由熟悉聚氯乙烯生产并能进行救护工作的人员釜外守釜监护，密切监视作业状况，发现异常情况时，应及时采取有效措施。

氯乙烯可引起急性和慢性中毒。空气中氯乙烯最高允许浓度为 $30mg/m^3$，当空气中浓度超标时，需佩戴过滤式防毒面具。不慎接触皮肤后要用肥皂水和清水彻底清洗，接触眼睛后用流动清水或生理盐水冲洗。

聚氯乙烯生产企业要针对可能发生的事故类别，制定相应的专项应急预案和现场处置方案，并定期进行培训和应急演练。

目标自测

判断题

1. 聚氯乙烯反应过程中热量不能及时移出，可能会引发反应器爆炸事故。（　　）
2. 聚合釜压力上涨而温度不升的原因可能是釜内残存惰性气体。（　　）
3. 聚合工段防止反应超温、超压，防止氯乙烯泄漏是聚合反应的重要环节。（　　）
4. 清釜前已经将釜内残存气体置换，所以清釜作业中不需要向釜内继续吹送压缩空气或釜底抽真空。（　　）

填空题

1. 高压氯乙烯聚合反应釜应设有防爆墙和_____等。
2. 当反应超温、搅拌失效或冷却失效时，应及时加入_____，终止反应防止出现事故。
3. 聚合釜内温度、压力剧增的原因可能是引发剂_____或单体加入_____亦或是_____严重，造成了传热效果差。
4. 氯乙烯可引起急性和慢性中毒，接触眼睛后用流动清水或_____冲洗。

思考题与习题

11-1　高聚物形成反应的类型有哪些？各有什么特点？
11-2　已知聚氯乙烯链节数为1000，求其分子量。
11-3　聚氯乙烯有哪些性质？列举出几种常见的聚氯乙烯制品。
11-4　聚氯乙烯的生产方法有哪些？工业上一般采用哪种方法？其优点是什么？
11-5　氯乙烯悬浮聚合中需要加入哪些助剂？其作用是什么？
11-6　氯乙烯聚合为什么要控制氧的含量？
11-7　为什么要严格控制氯乙烯悬浮聚合温度的波动范围？

11-8　氯乙烯悬浮聚合中，聚合温度与聚合度有什么关系？
11-9　采取什么措施可以防止出现黏釜现象？
11-10　什么是"鱼眼"？"鱼眼"存在什么危害？
11-11　聚氯乙烯为什么要进行改性？
11-12　分析聚氯乙烯生产时聚合釜内温度、压力剧增的原因有哪些？

能力拓展

1. 结合"白色污染"，查找国内外聚氯乙烯的消费市场、再生方式、回收利用情况等信息资料，写一篇有关"废旧聚氯乙烯回收利用"的小论文。

2. 结合某一企业聚氯乙烯生产操作规程，分析讨论生产中的主要操作要点。

阅读园地

高分子材料

合成高分子材料，主要有通用型、高性能和高功能以及复合型高分子材料。

1. 通用型高分子材料

包括六大塑料，即聚乙烯、聚丙烯、聚氯乙烯、聚苯乙烯、酚醛塑料、氨基塑料；五大橡胶，即丁苯橡胶、顺丁橡胶、氯丁橡胶、丁基橡胶、异戊橡胶；三大纤维，即聚酰胺、聚酯、聚丙烯腈。

塑料是指以合成树脂或化学改性的天然高分子为主要成分，加入各种添加剂制成的高分子材料。橡胶是指受力形变量大，除去力后能迅速而有力地恢复原状的一类高弹性材料。纤维是指长径比很大，并具有一定韧性的纤细材料。

2. 高性能高分子材料

这种材料具有高强度、高模量、高耐光性、高电绝缘性和高耐腐蚀性等。高性能工程塑料如聚芳酯、聚苯酯、聚砜、聚芳醚酮等，这类塑料既能耐低温又能耐高温，且能耐高低温的交变冲击，在液氮（—196℃）甚至液氢（—253℃）中，它仍能保持韧性。热变形温度至少170℃，拉伸强度至少45MPa，弯曲模量至少是2000MPa，在180℃空气中能保持50%的力学性能，在115℃下至少能使用11.5年，在80℃或更高温度下能耐多种化学介质。这种塑料是为满足电子、电气、航空、航天、军工、汽车等领域的要求而发展的，如聚苯酯可用于机械传动的轴承、齿轮等，聚芳醚酮可用作战斗机的机翼、座椅、舱门把手和操纵杆的材料。

3. 高功能高分子材料

这种材料具有优异的生物医学性、催化活性、光电导性、电磁特性、高吸水性等。如泡沫塑料（丙烯酸-丙烯酰胺）可用于动脉接合、二尖瓣更换、食管更换；由环氧树脂制成的泡沫塑料可以制造假肢，具有良好的透气性；聚丙烯酸钠是一种优良的吸水高分子材料，可制作尿不湿等；聚酯类可制作光盘。

4. 复合型高分子材料

将两种或多种高性能高分子材料复合，使之具有更优异的综合性能。如在聚丙烯中加入聚乙烯可以改善聚丙烯的加工流动性、低温抗冲击性能，适合大型容器的注射成型；聚苯乙烯中加入聚乙烯可以改善其性脆的缺点。

模块三
项目化教学案例

项目十二　合成氨实训项目教学案例

学习导言

实训项目的教学有利于学生理论与实践的结合，从而提高学生操作技能以及专业素养。合成氨实训项目教学案例以氨合成工段实训教学为例，介绍了结合现代信息化技术培养学生生产岗位操作技能及职业素质的过程。

学习目标

知识目标：了解化工生产岗位的安全及生产规章制度；熟悉化工生产工艺文件及岗位制度；了解化工生产管理的内容。

能力目标：能根据化工装置现场绘制带控制点工艺流程图；能够根据岗位操作规程进行DCS及现场生产操作；能对生产操作中异常现象进行分析判断和处理；具有初步编写工艺技术文件的能力。

素质目标：具有遵守和执行安全及生产规章制度的意识；有全局思想和分析问题的能力；培养吃苦耐劳、实事求是的优良作风；培养化工生产中的初步管理能力。

任务一　氨合成岗位上岗培训

任务目标

1. 了解化工生产岗位的安全及生产规章制度；
2. 熟悉化工生产岗位操作规程；
3. 了解化工生产的岗位制度及职责。

一、"安全第一"——化工生产活动的前提

化工生产是危险性较高的工业生产过程，其原料、半成品及成品，绝大部分是易燃、易爆、有毒、有腐蚀的化学危险品；其生产工艺复杂、条件苛刻、操作要求严格；生产装置大型化、过程连续化和自动化。因此，安全生产十分重要。

安全生产是保护劳动者的生命与健康，避免国家财产遭受损失，保证和促进生产的必要措施。"安全第一，预防为主"是化工安全生产的原则和前提。我国政府十分重视安全生产，通过立法，颁布实施了一系列法律、法规和规章制度。例如，《工业企业设计卫生标准》、《工

厂安全卫生规程》、《压力容器安全监察规程》、《化工生产安全技术规程》、《化肥生产安全技术规程》、《化工企业安全管理制度》、《职业病诊断管理办法》、《化学工业部安全生产禁令》等。

安全生产规章制度是保证化工生产安全的科学总结；安全生产禁令是由鲜血和生命凝结的。自觉遵守和执行安全生产规章制度，是安全生产的必由之路。

作为化工生产者，必须熟悉和遵守各项安全生产规章制度，牢记"十四不准"、"六严格"、"六大禁令"和"八个必须"等禁令。

二、化工生产活动的"四大规程"

化工生产活动的"四大规程"指的是工艺规程、岗位操作规程、分析检验规程和安全技术规程。化工生产是现代工业生产活动，是生产人员按科学分工，有组织的、协调性的生产活动。为实现生产的安全、高效、有序，生产人员必须依据一定的规程，约束相互关系、规范生产者行为。工艺规程、岗位操作规程、分析检验规程和安全技术规程集中体现了生产过程的客观规律，是生产者从事生产活动的主要依据，也是化工企业各种管理制度的基础和依据。了解、熟悉和掌握"四大规程"是从事化工生产活动的重要依据。

1. 工艺规程

是阐述某产品生产的原理、工艺路线、生产方法等一系列技术规定性的文件，它反映了化工生产的客观规律，是化工生产活动的主要依据。一般包括：产品及原料的说明及规程要求；各生产工序工作原理和生产（反应）条件的说明；工艺控制点的技术指标及其控制范围；带有控制点的工艺流程图；生产中可能发生的异常现象及其处理方法；物料消耗定额及其说明；生产装置的开、停车步骤与方法；设备一览表；主要设备的维护保养要求与方法；安全生产要点和劳动保护设施等。

2. 岗位操作规程

操作岗位是根据化工生产过程要求划分的。操作岗位界定了化工装置中的设备、管道、控制仪表和阀门等的责任区划。岗位操作规程是操作者在岗位范围内，合理运用生产资料、劳动工具进行生产活动的准则，是规定操作者进行生产活动的技术文件。岗位操作规程，包括岗位责任和操作技术规程两部分。

岗位责任明确了岗位任务、从属关系、权利与责任。岗位任务规定操作者负责所属设备的管理与操作，对本岗位设备按时进行检查、维护和保养，熟知设备的运行状况，认真执行操作规程，严格控制工艺指标，做好岗位记录，发现问题及时处理或报告，对已发生事故认真分析并如实报告。操作者接受班组长的领导，副操作工接受主操作工领导，对于厂调度室或车间直接下达的指示或命令，当班操作者应立即报告班组长，并按照班组长的指示实施，发现异常现象或事故，应及时报告班组长，并按班组长的指示处置。岗位权利与责任则规定了操作者的权利和责任，如操作者应熟知技术规程和各种制度，懂工艺流程，懂设备结构、原理和性能，会操作，会处理常见故障，会维护保养，能处理事故；有权对设备、仪表的检修和安装提出意见或建议，有权动用和维护本岗位的设备、防护器材，有权处理事故，有权阻止无证人员进入车间或工段。

岗位操作规程也称操作法，它包括岗位生产原理和流程、主要设备规格与技术特征、正常操作及工艺指标、开停车操作及其注意事项、常见故障及其处理方法。

分组研读氨合成岗位操作规程，了解岗位操作规程文件的组成，并熟悉生产设备及参数。

3. 分析检验规程

是原辅材料质量标准、检验方法等一系列技术规定性文件。它包括质量检验标准、产品质量技术标准、产品质量检验内容与方法、检验规则等。

4. 安全技术规程

是根据化工生产的特点，为保证生产安全、约束在岗人员行为而制定的一系列规定性文件，反映了安全生产的客观规律。安全技术规程包括车间生产特点、有害物质的性质、防护措施、预防和急救、安全操作规定和安全生产责任制等。

安全生产，人人有责。工段长、班组长、班组安全员和操作者，在安全生产中分工明确，互相配合，各司其职。工段长、班组长负责岗位安全规程及交接班制度的实施，组织岗位安全教育，督促职工做好机电设备、安全装置、消防器材与设施的维护与保养，组织人员消除不安全因素，组织事故的处理与抢救。班组安全员负责安全检查与安全教育，发现不安全因素，及时报告并处理，检查、督促正确使用防护用品，制止违章作业。操作者严格执行岗位操作规程，严格控制工艺指标，严禁超温、超压操作，严格履行交接班制度，工作时间严禁串岗或离岗，不准睡觉或做与生产无关的事情，随时检查设备运行情况，按规定做好记录，遇有生产不正常现象及时报告并及时采取措施。遇有紧急情况，可按紧急停车要求处置，保证设备安全装置齐备并处于良好状态。

三、化工生产的岗位记录与交接班

化工生产记录，包括生产岗位记录和生产调度记录。化工生产记录是生产过程的原始档案和客观记载，是生产成本核算、工艺技术评价、技术改变、事故分析等工作的重要依据。认真、如实地填写生产岗位记录是化工工艺操作工的职责和任务。怎样正确填写生产岗位记录呢？一般要求是：

① 使用蓝色或黑色钢笔，根据记录项目和时间要求填写；
② 填写记录，字迹必须清楚、工整，不得涂改，项目完整；
③ 生产记录必须按时填写，不得后补追记；
④ 生产记录严禁涂改、伪造数据；
⑤ 认真填写交（接）班的内容并由当班者签字，不得由他人代签；
⑥ 生产记录按日收集，分岗位按月装订成册，妥善保存。

生产记录的格式，因产品、原料和工艺路线不同而异。

生产岗位交接班是实现安全生产的重要一环，也是岗位责任之一。交班前 1h，做好本岗设备及环境清洁卫生；交班前 20min 将本班生产的真实情况及存在问题做详细记录，以备交班。交班时，交班者如实向接班者介绍生产、设备以及安全情况，接班者签字后方可离岗。

接班者应提前 15min 到岗，做好接班准备，听取交班者的生产情况介绍，双方认可，接班者签字，接班上岗。

当本岗设备、电器仪表存在故障而未处理时，无正当理由违反工艺指标、备用设备未处于完好状态、生产处于不正常状态或发生事故时，不能交接班。

任务二 合成氨带控制点工艺流程图的绘制

任务目标

1. 熟悉氨合成设备主要结构及作用；
2. 能根据化工装置现场绘制带控制点工艺流程图；
3. 理解氨合成的主要工艺条件及控制要点。

一、氨合成岗位上岗培训

新员工上岗前，常要求其先"导流程"。"导流程"是熟悉化工生产过程的重要方法之一。怎样正确"导流程"？如何才能较快地"导流程"？

（1）了解该产品的名称、生产规模、原料路线和采用的生产方法、反应器类型与操作方式等。这些信息可来自工艺规程等技术文件，也可从车间主任、工程师等生产技术人员处获得。如能获得工艺流程图、主要设备的装配图和设备一览表，可仔细阅读，了解工艺过程及生产控制技术、主要设备的结构原理与性能要求，这样往往事半功倍。

（2）"导流程"是生产现场的实地"勘查"，一般分为以下三步。

① 首先从原料出发，循着物料主管线，逐设备、逐工序依次进行勘查，直至产品。勘查内容包括：物料经过了哪些物理或化学的变化，采用何种单元操作，如计量、贮存、蒸发、结晶、过滤、干燥、沉降、精馏、吸收、反应等，所采用设备的结构类型、数量；化学反应过程是均相还是非均相，采用何种催化剂和反应设备；各工序使用的辅助物料的名称、来源和供给方式；各化工单元过程的控制手段和工艺指标如何；产品形态及包装、输送方式等。这些均需一一弄清楚，并画出工艺流程草图。

② 然后逐个对化工单元或生产工序进行详细勘查，了解各工艺设备进、出口位置；各工艺管线和阀门的类型、位置和作用等，例如，平衡连通管线与阀门，循环物料管线及阀门、事故槽、事故管线及阀门，吹扫及排污管线与阀门，紧急放空管线及阀门，控制调节、计量、旁路管线及阀门；防爆安全阀或膜板等装置的位置；转动设备的开关启动形式及位置；分析检验取样口的位置；产品规格、等级；蒸汽等公用工程管线与阀门等。这些也均需一一弄清楚，并标绘在所画工艺流程草图上。

③ 进一步详细了解重点工序或岗位的生产操作过程。例如，物料配比与流量、温度、压力、液位等工艺条件的调控方法与指标；加料方式、次序、数量及速度；卸料方式与要求；催化剂的装填量、使用周期及再生回收方法；常见故障的现象、处理方法及注意事项；重要设备，如化学反应器、精馏塔、蒸发器等的特征尺寸与操作特性，操作记录的项目与要求；交接班的形式与内容等；安全注意事项；开、停车的要求与注意事项等。

"导流程"是从生产实际出发，运用所学专业知识与理论，采用现场勘查的方法学习一个化工生产过程。因此，"导流程"一定要深入现场，从实际出发，认真学习、调查、分析、研究实际生产过程，切忌想当然。"导流程"要不耻下问，虚心向操作工、班组长及技术人员学习请教，他们熟悉工艺过程的技术变革，有丰富的生产经验。

"导流程"是学习的过程，没有生产任务和操作要求；因此，不得启动设备开关或关闭阀门，要遵守安全规章制度，防止人身和生产事故。"导流程"应测绘实际工艺流程，画出工艺流程图，标注生产操作的控制点（阀门）、测量点（温度、压力、流量、液位等）和主要工艺指标。"导流程"是走上化工生产岗位的第一步，作为一名合格的化工工艺操作工，还需要在生产实践中不断学习、不断研究、不断总结经验、不断进步。

二、合成氨带控制点工艺流程图的绘制

带控制点的工艺流程图是组织和实施化工生产的技术文件，合成氨带控制点工艺流程图的绘制训练过程如表 12-1 所示。

表 12-1 合成氨带控制点工艺流程图的训练设计

任务名称	拟实现教学能力目标	相关的知识支撑点	训练的方法与步骤	结果展示
任务 1 氨合成生产设备列表	1. 能熟练运用专业资料并能对收集的信息进行处理； 2. 熟悉氨合成设备主要结构； 3. 掌握氨合成设备主要作用	1. 氨、氢气、氮气的理化性质； 2. 氨合成的基本原理； 3. 氨合成的工艺影响因素及条件	1. 任务下达：氨合成生产设备列表。 2. 完成项目的方式及步骤 (1) 课下学生分组，按所下达的任务和要求，根据教材所学内容列出氨合成所需物料理化性质、主要设备名称。 (2) 教师告知学生本次实训的目标、要求及评分标准。 (3) 以组为单位，利用实训车间氨合成实物（见图12-1），结合实训设备二维码知识信息系统，绘制设备列表，重点学习氨合成塔的结构及控制。 (4) 由各组选派代表对列表进行讲解，教师根据具体情况进行提问，指出存在问题，并作出相应评价。 (5) 班组长结合任务完成过程对其他组成员作出评价。 (6) 课下修改存在问题，完善生产设备列表	氨合成生产设备列表 扫描封底二维码 动画：主要设备的结构
任务 2 氨合成带控制点工艺流程图的绘制	1. 能熟练运用专业资料并能对收集的信息进行处理； 2. 掌握氨合成工艺流程组织； 3. 掌握 PID 图规范绘制方法； 4. 熟悉氨合成的主要工艺条件	1. 氨合成的方框流程图； 2. 氨合成的工艺影响因素及条件； 3. 化工制图相关知识	1. 任务下达：氨合成带控制点工艺流程图的绘制。 2. 完成项目的方式及步骤 (1) 课下学生分组，按所下达的任务和要求，查阅 PID 图图例，熟悉绘图方法。 (2) 教师告知学生本次实训的目标、要求及评分标准，讲解 PID 图重点知识。 (3) 利用实训车间氨合成实物流程，通过课程素材实物车间学习流程组织，绘制带控制点工艺流程图。 (4) 由各组选派代表，对流程进行讲解，教师根据具体情况进行提问，指出存在问题，并作出相应评价。 (5) 班组长结合任务完成过程对其他组成员作出评价。 (6) 课下修改存在问题，完善氨合成生产工艺 PID 图	扫描封底二维码 视频：流程组织 素材：氨合成带控制点工艺流程图

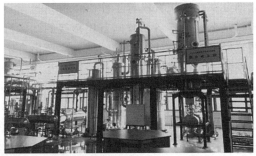

扫描封底二维码
实训车间彩图

图 12-1　实训车间氨合成实物

任务三　合成氨工艺的操作与控制

任务目标

1. 掌握氨合成工段设备的操作；
2. 能够根据岗位操作规程进行 DCS 及现场生产操作；
3. 能对生产操作中异常现象进行分析判断和处理；
4. 具有规范操作的意识及吃苦耐劳的作风。

一、化工生产装置的开停车

化工生产过程具有一定的周期性，一套化工生产装置具有"开车-正常运行-停车-系统检修-开车"的周期循环。化工操作工不仅要能操作控制装置的正常运行，还应掌握装置开、停车的技术要求。因此，了解和学习装置的开、停车是必需的。

1. 化工装置开车

化工装置开车是生产过程的启动，要求安全、平稳、正点运转，为生产正常运行建立良好条件。化工装置的开车，分为原始开车、长期停车后的开车、短期停车后的开车、紧急停车后的开车。

原始开车是新建装置的开车。开车前先要进行预试车，再进行化工投料试车。原始开车由于对新装置的性能尚不熟悉、设备存在问题尚未暴露，开车需谨慎小心，严格按照规程进行。

预试车是在新装置或大修工程验收完工后，化工投料试车前进行的试车。预试车包括试车前的检查准备、吹扫清洗、耐压和气密性试验、烘炉煮炉、装填催化剂或填充剂、单机试车、联动试车、系统置换等工作。

投料试车是进行各装置间首尾衔接的试运行,按设计文件规定的介质打通生产流程,以检验装置经济指标以外的全部性能,生产出合格产品。

长期停车后的开车是指大修后的开车。由于大修,很多设备被拆卸重新安装或更换,开车也需要进行预试车。其他原因的长期停车后,开车前要对设备进行全面检查,必要时,部分设备也要进行预试车。

短期停车或紧急停车后的开车,一般不需要预试车,但需按操作规程做开车前的准备,按照规定程序开车。

2. 化工装置停车

化工装置的停车,分为长期停车、短期停车和紧急停车。长期停车是装置需要大修或计划长时间停车的停车。长期停车要求将生产装置恢复到常温、常压,设备内无积存物料,达到能够进入设备内部进行检修的条件要求。短期停车是指装置因中修或小修需要的停车。一般短期停车,生产装置仍保持运行时的温度和压力,设备内仍存有物料。紧急停车是指因全厂性停电、停水、跳闸,或是重大设备事故等紧急情况下的停车。

长期停车,应使装置平稳降温、降压(或升温、升压),恢复至常态;按操作规程将物料安全地输送至仓库或指定设备;然后进行氮气置换、空气吹扫;经分析检验符合规定指标后,即可进行检修。长期停车期间,应按设备管理规程对停用设备进行防腐、防冻、防潮、盘车和注油等维护保养。

二、合成氨生产的操作与控制

合成氨生产的操作训练首先训练仿真操作,然后再进行半实物生产装置的操作训练,训练过程如表 12-2 所示。

表 12-2 合成氨 DCS 及半实物生产装置操作与控制的训练设计

名称	拟实现教学能力目标	相关的知识支撑点	训练的方法与步骤	结果展示
1. 氨合成仿真软件的操作	1. 能识读操作规程生产文件; 2. 能正确实施氨合成的冷态开车、正常停车、异常工况处理操作; 3. 能根据产品质量要求调节和控制工艺参数; 4. 掌握主要设备的使用操作方法; 5. 能理解参数及符号表达的意义	1. 氨合成的工艺影响因素、条件及工艺流程的组织; 2. 操作规程相关知识; 3. DCS 操作系统相关知识; 4. 化工安全知识	1. 任务下达:氨合成仿真系统正常开车操作。 2. 完成项目的方式及步骤 (1)课下学生分组,按所下达的任务和要求,查阅资料了解化工操作规程内容。 (2)教师告知学生本次实训的目标、要求及评分标准,讲解操作规程知识、DCS 冷态开车、正常停车、异常工况处理操作要点。 (3)以班组为单位对氨合成的操作规程进行研读,理解操作主要过程。 (4)每个学生根据操作规程进行氨合成仿真系统冷态开车、正常停车、异常工况操作,主要包括换热器投用、新鲜气导入、系统注氨、氨分离、氨外送五部分操作过程。 (5)教师进行巡回指导;总结归纳操作要点及注意事项。 (6)每个学生完善操作过程,考核	成绩单(由软件评价系统给出) 扫描封底二维码 微课:氨合成原理及工艺条件的选择

续表

名称	拟实现教学能力目标	相关的知识支撑点	训练的方法与步骤	结果展示
2. 氨合成半实物生产装置的操作	1. 能根据操作规程正确实施氨合成的冷态开车、停车生产操作； 2. 能正确操作计量、输送、换热、塔器等实物设备； 3. 能根据产品质量要求调节和控制工艺参数，进行中控系统操作； 4. 能理解现场仪表、中控系统参数及符号表达的意义	1. 氨合成的工艺影响因素、条件及工艺流程的组织； 2. 化工设备及单元操作相关知识； 3. 操作规程相关知识； 4. 化工安全知识	1. 任务下达：氨合成半实物生产装置的开车操作。 2. 完成项目的方式及步骤 (1)课下学生分组，以班组为单位根据开车操作规程，掌握操作主要过程，并分工确定岗位。 (2)教师告知学生本次实训的目标、要求及评分标准，讲解氨合成半实物生产装置的开车、停车操作要点。 (3)以班组为单位对氨合成半实物生产装置的开车、停车过程，主要包括换热器投用、新鲜气导入、系统注氨、氨分离、氨外送五部分操作过程进行模拟训练。 (4)教师现场提问考核评分，合格后方可上岗操作。 (5)根据教师指令，结合操作规程进行氨合成正常开车、停车半实物操作。 (6)教师进行巡回指导；总结归纳操作要点及注意事项。 (7)班组成员互评，教师评价	评分表 微课：氨合成操作控制及安全生产要点

任务四　化工生产过程的管理

任务目标

1. 了解化工生产工艺管理的内容；
2. 具有初步编写工艺技术文件的能力。

一、化工生产因素的分析

化工生产的目标是安全、稳定、优质、高产、低耗。产品质量好、原料消耗低是生产好坏的重要标志之一，而影响化工生产的因素是多方面的，主要有：

① 公用工程因素　包括循环水、盐水、地下水、工艺水的压力、温度和质量；水蒸气的供应量或压力的波动、停汽等；仪表用空气压力低或停气，造成启动仪表失灵或停运，停电造成电动仪表停运等影响；电力不足或停电对工艺生产造成的影响等。

② 设备仪表因素　仪表的校验质量和失灵带来的影响；设备制造和检修质量的影响；传热设备的传热效果和传热能力的影响；设备的设计能力是否满足实际生产的要求等。

③ 工艺因素　生产人员的操作水平与责任心；工艺参数制定的合理性；化工原料以及中间体产品的质量因素等。

④ 其他因素　主要是生产管理和指挥机构的组织形式和效能的发挥；各项规章制度是否健全及其相互间的制约和有机联系，生产各环节、各部门的协调与配合情况等。

化工原料消耗或产品质量因素的分析，一般可采用因果分析图，即将各种影响因素列出，进行综合分析，如图 12-2 所示。

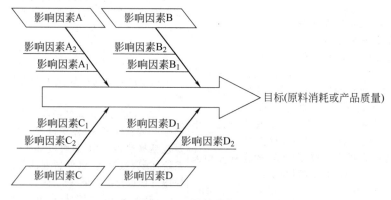

图 12-2　因果分析图

对于一名化工生产人员来讲，应当具有全局系统思想和分析问题等能力，才能在复杂的化工生产中，处于积极主动的位置，控制和调节一个化工产品的生产过程，实现安全、稳定、优质、高产、低耗的生产目的。

二、化工工艺管理

化工生产管理是化工企业管理的重要组成部分，是指企业内部产品制造过程的组织管理工作，是以实现产品的产量和进度为目标的管理。内容包括生产计划和生产作业计划的安排、生产控制和调度等日常管理工作。

化工工艺管理是生产技术管理的一部分，其任务是稳定工艺操作指标，保证产品质量，同时力求将新技术应用于化工过程，实现化工过程的最优化。化工生产过程的工艺管理，主要由企业生产、技术部门和各工艺车间的工艺技术人员实施。

工艺管理的内容是工艺文件的贯彻，工艺纪律的监督、检查及宣传教育，生产工艺的整顿和改造。

工艺管理贯彻的工艺文件，有工艺规程、安全规程、操作规程、分析化验规程、事故管理制度等。只有贯彻执行这些工艺文件，才能保证生产安全、高效。工艺管理部门应建立严格的检查制度，工艺管理人员依章监督检查，保证工艺文件的正确执行和生产的安全有序。操作人员和技术人员应熟练掌握并严格遵守有关规程，管理部门要对职工进行技术教育和技能培训，不断提高其业务能力，增强其遵守工艺纪律和职业道德的自觉性。

工艺管理要负责工艺文件的优化，即整顿改造。随着生产的发展，产品的工艺文件要根据市场对产品质量、规格等方面的新要求以及实际生产状况进行必要的补充与修订，使之不断得到优化，从而保证产品的生命力。工艺管理人员应不断总结生产实践中的经验教训，集中职工的智慧，从合理化建议中找到改进工艺技术的措施，并积极通过正常渠道使合理化建议得以试验验证,以保证能及时将新的科技成果和来自生产的实践经验、技术革新经审批后纳入工艺文件。

在化工生产组织管理中,化工工艺人员具有重要作用。生产一线的车间主任、工段长,技术组的技术管理、改造、核算、安全等,均由工艺技术人员来承担;新产品的开发、试验、设计等工作,也需要工艺人员来完成;其他管理部门也需要一定的工艺人员完成工作。所以,企业需要大量既有真才实学又有良好职业道德的工艺人员组织、实施和管理化工生产。

三、实训项目的组织与管理

在实施实训项目时,根据项目任务的需要,将全体同学分为若干个生产班组(每组5人),并进行人员分工(其中班组长1名,主操2名,副操2名)且在不同实训项目中要担任不同岗位角色。班组长负责生产实训的协调、指挥和全班组成员的管理,确保班组学习和安全生产的进行;主操主要负责实训生产的DCS操作及工艺参数的运行管理,确保生产装置稳定运行;副操主要负责实训项目的现场设备的操作,并协助班组长和主操完成生产任务。教师担任生产主管角色,对学员进行培训,合格学员进入相应生产岗位,并根据实训情况下达生产指令,对生产班组的操作进行指导检验。

每个任务注重过程性评价。过程性评价由学生评价、操作考核成绩(教师或系统评价)与职业关键能力的考核(教师评价)成绩组成。

项目完成时以组为单位完成氨合成岗位工艺技术规程的编制。岗位工艺技术规程主要包括三个部分:岗位工艺内容、岗位操作内容、实训总结报告。岗位工艺内容主要包括:

① 岗位任务。
② 岗位生产原理:a. 氨合成化学反应及特点;b. 氨合成催化剂。
③ 岗位物料理化性质:a. 物料理化性质;b. 主要用途及使用方法须知。
④ 工艺流程叙述及附图:a. 工艺流程文字叙述;b. 氨合成带控制点工艺流程图。
⑤ 主要工艺参数。
⑥ 设备一览表。
⑦ 安全技术:a. 安全生产的储存、运输要点;b. 安全及防护。
⑧ 环境保护:a. 三废排放;b. 副产物回收的综合治理。

岗位操作内容主要包括:

① 开车操作规程。
② 停车操作规程。
③ 事故处理操作程序:a. 事故现象;b. 事故原因;c. 事故处理操作。

能力拓展

1. 查阅有关岗位操作规程编制的资料,讨论化工工艺操作人员掌握和遵守岗位操作规程对生产的意义。

2. 查阅化工工艺管理内容、管理要素、管理制度等相关资料,写一篇有关"化工工艺管理"的小论文。

阅读园地

化工过程的开发

化工过程的开发是指从实验室研究到工业装置的全过程，其任务是发展满足国民经济各部门所需要的新产品，对老工艺技术进行改造。现代化工企业为进行化工过程的开发，一般都建立了"研究与开发"部（R&D），使研究与开发紧密相连。

某项化工过程的开发，需具备以下基本条件：①过程所开发的产品具有一定的经济价值，能满足国民经济的需要；②有关化学反应经过了实验室研究，并获得了反应及其效果随条件变化的规律及数据；③根据物料的性质设计出可能的分离方法和步骤，以及产品的分析、检测方法；④项目经济指标先进，能解决原料供应、产品及副产品的销路、"三废"处理等问题；⑤综合考虑工艺过程的技术风险、竞争状态以及发展。

化工过程开发的主要内容有：①从实验室研究成果中获得必要的数据和资料，并用工程观点收集和整理有关技术信息资料；②提出初步方案；③对方案进行技术与经济评价；④进行模型实验或中间实验；⑤实验结果的分析、整理；⑥工业装置的初步设计、建设及优化。

一般化工新产品开发过程为：计划决策阶段→探索实验阶段→实验室研究阶段→中间实验阶段→工业化试验阶段→批量生产阶段。

化工过程开发的目的，是要把实验室研究成果的"设想"变成工业生产的"现实"。这一过程能否实现，需要研究开发工作者作出正确的评价。评价原则是符合国家环境保护的要求，以及技术可靠性和经济合理性。过程开发的不同阶段，评价的侧重点有所不同，要求也有所差异。如实验室研究的评价目的是决定是否开发，评价内容是工艺的先进性、原料来源是否方便、产品成本估算；中间实验阶段之后的评价目的是决定是否继续开发，评价内容是工艺流程、工艺条件、设备、能源、"三废"以及设备放大的可能性等。

当代化学工业发展迅速，化工产品日新月异，工艺方法和设备不断更新，化工过程的技术开发，将促进其发展，增加市场竞争力。

参 考 文 献

[1] 米镇涛. 化学工艺学. 2版. 北京：化学工业出版社，2006.
[2] 陆辟疆，李春燕. 精细化工工艺. 北京：化学工业出版社，1996.
[3] 葛婉华，陈鸣德. 化工计算. 北京：化学工业出版社，1998.
[4] 曾凡芯. 化学工艺学概论. 2版. 北京. 化学工业出版社，2010.
[5] 段世铎. 工业化学概论. 北京：高等教育出版社，1995.
[6] 张洪渊，万海清. 生物化学. 2版. 北京：化学工业出版社，2006.
[7] 闵恩泽，吴巍等. 绿色化学与化工. 北京：化学工业出版社，2000.
[8] 朱炳辰. 化学反应工程. 5版. 北京：化学工业出版社，2012.
[9] 黄锐. 塑料工程手册. 北京：机械工业出版社，2000.
[10] 黄伯琴. 合成树脂. 3版. 北京：中国石化出版社，2012.
[11] 赵德仁，张慰盛. 高聚物合成工艺学. 3版. 北京：化学工业出版社，2015.
[12] 陶宏，吴本仁，顾迪龙. 合成树脂与塑料加工. 北京：中国石化出版社，1992.
[13] 赵德仁. 高聚物合成工艺学. 2版. 北京：化学工业出版社，1997.
[14] 吴指南. 基本有机化学工艺学. 修订版. 北京：化学工业出版社，2014.
[15] 陈五平. 无机化工工艺学. 3版. 北京：化学工业出版社，2010.
[16] 郑永铭. 硫酸与硝酸. 北京：化学工业出版社，1998.
[17] 汪寿建. 氨合成工艺及节能技术. 北京：化学工业出版社，2001.
[18] 赵育祥. 合成氨生产工艺. 3版. 北京：化学工业出版社，2008.
[19] 王小宝. 无机化学工艺学. 北京：化学工业出版社，2019.
[20] 程殿彬. 离子膜制碱生产技术. 北京：化学工业版社，2004.
[21] 曾之平，王扶明. 化工工艺学. 北京：化学工业出版社，2007.
[22] 方度等. 氯碱工艺学. 北京：化学工业出版社，1990.
[23] 崔恩选. 化学工艺学. 北京：高等教育出版社，1990.
[24] 孙广庭，吴玉峰等. 中型合成氨厂生产工艺与操作问答. 北京：化学工业出版社，1985.
[25] 宋永辉，汤洁莉. 煤化工工艺学. 北京：化学工业出版社，2016.
[26] 汪建新，陈晓娟，王昌. 煤化工技术及装备. 北京：化学工业出版社，2015.
[27] 孙鸿，张子峰，黄健. 煤化工工艺学. 北京：化学工业出版社，2012.
[28] 高晋生，张德祥. 煤液化技术. 北京：化学工业出版社，2005.
[29] 鄂永胜，刘通. 煤化工工艺学. 北京：化学工业出版社，2015.
[30] 杨丽庭，高俊刚，李燕芳. 改性聚氯乙烯新材料. 北京：化学工业出版社，2002.
[31] 杨丽庭. 聚氯乙烯改性及配方. 北京：化学工业出版社，2011.
[32] 黄仲九，黄鼎业. 化学工艺学. 北京：高等教育出版社，2011.
[33] 李秀清. 浅谈硫酸生产装置安全防控措施及建议. 云南化工，2018，45（7）：187-189.
[34] 应雄伟. 硫酸生产危险因素及其安全对策. 工业生产，2018，1144（11）：180-186.
[35] 国家安全生产监督管理总局. 硫酸生产企业安全生产标准化实施指南. 2010.
[36] 张全明. S氯碱企业安全生产保障体系的设计. 哈尔滨：哈尔滨工业大学，2016.
[37] 国家安全生产监督管理总局. 氯碱生产企业安全生产标准化实施指南. 2009.
[38] 程桂花，张志华. 合成氨. 2版. 北京：化学工业出版社，2016.
[39] 张永红. 乙烯装置硫化氢泄漏预防及应急处置. 安全管理，2018，18（8）.
[40] 谭捷. 我国邻苯二甲酸二辛酯的生产及市场分析. 乙醛醋酸化工，2017，（12）.
[41] 范红俊. 工业生产聚氯乙烯的危险性及安全防范措施的思考. 山东化工，2014，43（9）.
[42] 孙荣健. 聚氯乙烯树脂生产过程安全控制技术探讨. 工业生产，2018，44（3）.